U0155997

航天发射场质量安全环境一体化管理体系建立与实施

于志坚　李浪元　张科昌　著

中国宇航出版社

·北京·

图书在版编目（CIP）数据

航天发射场质量安全环境一体化管理体系建立与实施/
于志坚，李浪元，张科昌著．－－北京：中国宇航出版社，
2020.10

ISBN 978 - 7 - 5159 - 1862 - 4

Ⅰ.①航… Ⅱ.①于… ②李… ③张… Ⅲ.①航天器
发射场－质量管理－安全管理－环境管理－一体化－研究
Ⅳ.①V55

中国版本图书馆 CIP 数据核字（2020）第 192606 号

责任编辑　张丹丹　　　　**封面设计**　宇星文化

出　版 发　行	**中国宇航出版社**	
社　址	北京市阜成路 8 号　**邮　编**　100830	**版　次**　2020 年 10 月第 1 版
	（010）60286808　　（010）68768548	2020 年 10 月第 1 次印刷
网　址	www.caphbook.com	**规　格**　787×1092
经　销	新华书店	**开　本**　1/16
发行部	（010）60286888　　（010）68371900	**印　张**　16
	（010）60286887　　（010）60286804（传真）	**字　数**　389 千字
零售店	读者服务部　　　　（010）68371105	**书　号**　ISBN 978 - 7 - 5159 - 1862 - 4
承　印	北京中科印刷有限公司	**定　价**　98.00 元

本书如有印装质量问题，可与发行部联系调换

前　言

在航天发射场引入国际通用的质量管理体系、职业健康安全管理体系、环境管理体系标准，拓展安全管理范围，建立质量安全环境一体化管理体系，规范各项工作和任务中的质量、安全、环境管理活动，是航天发射场提高质量效益、科学防范风险、实现持续发展、推进治理体系和治理能力现代化的战略决策和有益探索。

本书运用现代管理理念，依据 GB/T 19001—2016《质量管理体系　要求》、GB/T 45001—2020《职业健康安全管理体系　要求及使用指南》、GB/T 24001—2016《环境管理体系　要求及使用指南》等标准，结合航天发射场工作和任务实际，构建了航天发射场质量安全环境一体化管理体系标准，阐述了航天发射场质量安全环境一体化管理体系标准的理解要点、实施要点、审核要点及常见问题，凝练了航天发射场质量安全环境一体化管理体系建立、实施和保持的基本经验，回答了普遍关注的问题，具有创新性、系统性、实践性等特点。

本书既可作为航天发射场建立实施质量安全环境一体化管理体系的指南，也可作为其他类型组织、管理体系工作人员、专业技术人员、教学科研人员的参考书。

全书共分为 4 章，主要内容包括：

第 1 章　概述。简要介绍管理体系的有关概念，质量、环境及职业健康安全管理体系标准的产生和发展，管理体系标准的基本遵循，管理体系标准在我国的实施及认证情况，航天发射场建立实施质量安全环境一体化管理体系的意义及建设历程。

第 2 章　《航天发射场质量安全环境一体化管理体系要求》标准。简要阐述构建航天发射场质量安全环境一体化管理体系的基本原则，依据 GB/T 19001—2016《质量管理体系　要求》、GB/T 45001—2020《职业健康安全管理体系　要求及使用指南》、GB/T 24001—2016《环境管理体系　要求及使用指南》，结合实际构建航天发射场质量安全环境一体化管理体系，形成《航天发射场质量安全环境一体化管理体系要求》。

第 3 章　《航天发射场质量安全环境一体化管理体系要求》理解与实施。阐述《航天发射场质量安全环境一体化管理体系要求》的理解要点、实施要点、审核要点及常见问题。

第 4 章　质量安全环境一体化管理体系的建立运行。简要介绍质量安全环境一体化管理体系建立的基本步骤，初始状态评审的主要内容，管理体系的实施、保持和持续改进，以及管理体系认证等有关内容。

本书由于志坚、李浪元、张科昌著，王金龙、赵海峰、游彦雯、王淼、贾慧、王丹等在本书的成稿过程中给予了有益的辅助工作。

本书在写作过程中得到了上级机关、太原卫星发射中心、酒泉卫星发射中心、西昌卫星发射中心、航天工程大学等单位的大力帮助与支持，在此一并表示感谢！

由于认识水平的局限性，本书难免有不当和疏漏之处，恳请读者批评指正！

作　者

2020 年 6 月

目　录

第1章 概　述

本章简要介绍管理体系的有关概念，质量、环境及职业健康安全管理体系标准的产生和发展，管理体系标准的基本遵循，管理体系标准在我国的实施及认证情况，航天发射场建立实施质量安全环境一体化管理体系的意义及建设历程。

1.1　有关概念

1.1.1　管理体系

"管理"（GB/T 19000—2016 标准中 3.3.3）是指"指挥和控制组织的协调活动"。管理可包括制定方针和目标，以及实现这些目标的过程。

"组织"（GB/T 19000—2016 标准中 3.2.1）是指"为实现目标，由职责、权限和相互关系构成自身功能的一个人或一组人"。

"管理体系"（GB/T 19000—2016 标准中 3.5.3）是指"组织建立方针和目标以及实现这些目标的过程的相互关联或相互作用的一组要素"。一个管理体系可以针对单一的领域或几个领域，如质量管理、安全管理或环境管理。管理体系要素规定了组织的结构、岗位和职责、策划、运行、方针、惯例、规则、理念、目标，以及实现这些目标的过程。

1.1.2　一体化管理体系

"一体化管理体系"有时也称为"整合的管理体系"，是指对组织绩效的多方面进行管理，以满足两个或多个管理体系标准要求的、具有一定一体化程度的单一管理体系。管理体系可以是分别按照每个标准建立的单个管理体系组合而成的结合体系，也可以是共享单一体系文件、管理体系要素和职责的一体化管理体系。一体化管理体系的特征包括（但不限于）：

1）一套整合的文件，适宜时，包括适度融合的作业文件；

2）考虑总体经营战略和计划的管理评审；

3）对内部审核采用的一体化方法；

4）对方针和目标采用的一体化方法；

5）对体系过程采用的一体化方法；

6）对改进机制（绩效评价、改进）采用的一体化方法；

7）一体化的管理支持和管理职责。

1.1.3　标准

标准是指为了在一定的范围内获得最佳秩序，经协商一致制定并由公认机构批准，共同使用的或重复使用的一种规范性文件。

国际标准是指国际标准化组织（ISO）、国际电工委员会（IEC）和国际电信联盟（ITU）制定的标准，以及国际标准化组织确认并公布的其他国际组织制定的标准。

国际标准化组织是由世界各地标准机构组成的联合会，制定标准的工作由各技术委员会完成。

我国的标准包括国家标准、行业标准、地方标准和团体标准、企业标准。国家标准分为强制性标准、推荐性标准，行业标准、地方标准是推荐性标准。强制性标准必须执行。国家鼓励采用推荐性标准。

对保障人身健康和生命财产安全、国家安全、生态环境安全以及满足经济社会管理基本需要的技术要求，应当制定强制性国家标准。

对满足基础通用、与强制性国家标准配套、对各有关行业起引领作用等需要的技术要求，可以制定推荐性国家标准。

对没有推荐性国家标准、需要在全国某个行业范围内统一的技术要求，可以制定行业标准。

为了满足地方自然条件、风俗习惯等特殊技术要求，可以制定地方标准。

国家鼓励学会、协会、商会、联合会、产业技术联盟等社会团体协调相关市场主体共同制定满足市场和创新需要的团体标准，由本团体成员约定采用或者按照本团体的规定供社会自愿采用。

企业可以根据需要自行制定企业标准，或者与其他企业联合制定企业标准。

推荐性国家标准、行业标准、地方标准、团体标准、企业标准的技术要求不得低于强制性国家标准的相关技术要求。

国家鼓励社会团体、企业制定高于推荐性标准相关技术要求的团体标准、企业标准。

1.1.4　管理体系标准

管理体系标准是针对某一方面的管理体系制定的标准。管理体系标准中能够用于认证目的的标准为管理体系认证标准。

2005 年，ISO 技术管理委员会成立了一个技术顾问组，负责开发一个对所有管理体系都有共识的高阶结构。在此基础上，技术顾问组制定了管理体系标准要求，将其作为 ISO/IEC 导则的附录 SL 在 2011 年公布。附录 SL 的高阶结构有 10 个要素：1）范围；2）规范性引用文件；3）术语和定义；4）组织环境；5）领导作用；6）策划；7）支持；8）运行；9）绩效评价；10）改进。附录 SL 的目标是通过提供统一和达成共识的高阶结构、相同的核心文本以及共同的术语和核心定义，从而增强现有和未来的 ISO 管理体系标准的一致性和协调性。附录 SL 的影响是使所有 ISO 管理体系要求标准都能保持一致，ISO 将寻求通过促进条款名称、条款名称的次序、文本、术语和定义的共通性来加强这些标准的相容性。ISO 要求，自 2012 年起，所有新制定及新修订的管理体系标准均使用通用的新高阶结构。

1.1.5 认证

认证是指由认证机构证明产品、服务、管理体系符合相关技术规范、相关技术规范的强制性要求或者标准的合格评定活动。认证结论为产品、服务、管理体系符合认证要求的，认证机构应当及时向委托人出具认证证书。

组织的管理体系认证是由认证机构对组织的管理体系是否符合相关管理体系标准进行的合格评定活动，认证的结论为组织的管理体系是否符合相关管理体系标准的要求，认证通过的标志为认证机构向申请认证的组织出具认证证书。

组织通过管理体系认证是其管理能力现代化的重要标志，是消除贸易壁垒、开拓国内外市场的通行证，是向公众展示良好形象和社会责任的佐证和媒介，也能够产生直接或间接的经济效益和社会效益。

1.2 质量、环境及职业健康安全管理体系标准简介

1.2.1 质量管理体系标准简介

1.2.1.1 ISO 9000 族标准的产生

1979 年，ISO 成立了第 176 技术委员会，即 ISO/TC 176（国际标准化组织/质量管理和质量保证技术委员会），负责制定质量管理和质量保证领域的国际标准及相关文件。ISO 9000 族标准是由 ISO/TC 176 制定的一系列关于质量管理的国际标准、技术规范、技术报告的统称。

1986 年，ISO/TC 176 发布了 ISO 8402《质量管理和质量保证 术语》，1987 年发布了 ISO 9000《质量管理和质量保证标准 选择和使用指南》、ISO 9001《质量体系 设计、开发、生产、安装和服务的质量保证模式》、ISO 9002《质量体系 生产、安装和服务的质量保证模式》、ISO 9003《质量体系 最终检验和试验的质量保证模式》以及 ISO 9004《质量管理和质量体系要素 指南》。这 6 项国际标准被统称为 ISO 9000 系列标准，史称 1987 版 ISO 9000 系列国际标准。

1.2.1.2 1994 版 ISO 9000 族标准的修订情况

1990 年，ISO/TC 176 对 ISO 9000 系列标准进行了修订，于 1994 年发布了 ISO 8402《质量管理和质量保证 术语》、ISO 9000 - 1《质量管理和质量保证 第 1 部分：选择和使用指南》、ISO 9000 - 2《质量管理和质量保证 第 2 部分：ISO 9001、ISO 9002 和 ISO 9003 的实施通用指南》、ISO 9000 - 3《质量管理和质量保证 第 3 部分：ISO 9001 在软件开发、供应和维护中的使用指南》、ISO 9000 - 4《质量管理和质量保证 第 4 部分：可信性大纲管理指南》、ISO 9001《质量体系 设计、开发、生产、安装和服务的质量保证模式》、ISO 9002《质量体系 生产、安装和服务的质量保证模式》、ISO 9003《质量体系 最终检验和试验的质量保证模式》、ISO 9004 - 1《质量管理和质量体系要素 第 1 部分：指南》、ISO 9004 - 2《质量管理和质量体系要素 第 2 部分：服务指南》、ISO 9004 - 3

《质量管理和质量体系要素　第 3 部分：流程性材料指南》、ISO 9004 - 4《质量管理和质量体系要素　第 4 部分：质量改进指南》等国际标准，这些标准统称为 1994 版 ISO 9000 族标准，取代了 1987 版 6 项 ISO 9000 系列标准。

1.2.1.3　2000 版 ISO 9000 族标准的修订情况

ISO/TC 176 充分考虑了 1987 版和 1994 版标准以及其他管理体系标准的使用经验，对 ISO 9000 族标准进行了第二次修订，并于 2000 年 12 月正式发布 2000 版 ISO 9000 族标准。2000 版标准在总结质量管理实践经验的基础上，给标准注入了更为丰富的内涵。2000 版标准以质量管理的八项原则作为 ISO 9000 族质量管理体系标准的理论基础，表述了建立和运行质量管理体系应遵循 12 个方面的质量管理体系基础知识，体现了八项质量管理原则的具体应用。

2000 版 ISO 9000 族标准主要包括 ISO 9000：2000《质量管理体系　基础和术语》、ISO 9001：2000《质量管理体系　要求》、ISO 9004：2000《质量管理体系　业绩改进指南》和 ISO 19011：2002《质量和（或）环境管理体系审核指南》。从结构和内容看，2000 版质量管理体系具有以下特点：标准可适用于所有产品类别、不同规模和各种类型的组织，并可根据实际需要删减某些质量管理体系要求；采用了以过程为基础的质量管理体系模式，强调了过程的联系和相互作用；更重视质量管理体系的有效性和持续改进，减少了对形成文件的程序的强制性要求。

1.2.1.4　2008 版 ISO 9001 标准的修订情况

2004 年，各成员国对 ISO 9001：2000 进行了系统评审。根据评审结果，ISO/TC 176 决定成立项目组，对 ISO 9001：2000 进行有限修订。修订 ISO 9001 的目的是更加准确地表述 2000 版 ISO 9001 标准的内容，并加强与 ISO 14001：2004 标准的相容性。在管理体系标准中，"相容性"意味着标准的共同要素能够以共享的方式实施，而不会在整体或部分上形成重复或冲突的要求。与 ISO 14001：1996 相比，ISO 14001：2004 已经提高了与 ISO 9001：2000 的相容性，2008 版 ISO 9001 目的之一就是提高与 ISO 14001：2004 的相容性。

1.2.1.5　2015 版 ISO 9001 标准的修订情况

2012 年年初，ISO/TC 176/SC 2 成立了 WG 24（第 24 工作组），负责修订 ISO 9001：2008《质量管理体系　要求》标准。2015 年 9 月，ISO 9001：2015 标准正式发布。

与 ISO 9001：2008 相比较，2015 版的 ISO 9001 是按照 ISO/IEC 导则第 1 部分附录 SL 中的结构修订，以提高与其他管理体系标准的相容性，简化了的语言和写作风格，有助于对要求的理解和解释的一致性，给予组织更多的灵活性；用"产品和服务"替代"产品"，用"外部提供的过程、产品和服务"替代"采购"，用"成文信息"替代"文件化的程序和记录"；新增"理解组织及其处境""理解相关方的需求和期望""应对风险和机遇的措施""组织的知识"等条款；去掉了"预防措施"术语及针对"质量手册"和"管理者代表"的具体要求；强调将管理体系要求融入组织的业务过程。

我国等同采用 ISO 9001：2015《质量管理体系　要求》标准，形成了 GB/T 19001—
2016《质量管理体系　要求》标准。

1.2.2　环境管理体系标准简介

1.2.2.1　ISO 14000 系列标准的产生

ISO/TC 207 是 ISO 负责环境管理标准化的技术委员会，成立于 1993 年 1 月。ISO/
TC 207 的工作领域是环境管理体系和环境工具的标准化，而不包括具体的技术，如污染
物测试方法、污染物和排放物的极限值、环境质量标准、产品标准等方面内容。

ISO 14000 系列标准是对常用的环境管理技术的总结与提高。这些环境管理技术，是
近半个多世纪以来人们反省工业与社会发展的结果，是人们为了保护环境，实现可持续发
展所开发的最新管理工具。

1.2.2.2　1996 版 ISO 14001 标准的制定情况

ISO 14001 是 ISO 14000 系列标准的龙头标准，第 1 版 ISO 14001：1996《环境管理
体系　规范及使用指南》发布于 1996 年 10 月，它是在对各种环境管理体系进行分析总结
的基础上，提取其中合理的、有共性的内容而设计的。其中，它较多参考了英国标准 BS
7750 规定的环境管理体系，但在结构上做了许多修改，包括要素的分解、合并、补充和
重新分组，尤其是注入了一些新的思路和理念，形成了它的环境管理体系模式。

1.2.2.3　2004 版 ISO 14001 标准的修订情况

根据 ISO 国际标准制修订规则的规定，为了保证 ISO 国际标准内容和思路能够适应
时代的变化，2000 年 6 月，ISO/TC 207 开始对 ISO 14001 进行修订，修订的主要目的是
进一步明确环境管理体系的要求，并加强与其他管理体系标准之间的兼容性。2004 年 11
月，ISO/TC 207 正式发布了 ISO 14001：2004《环境管理体系　要求及使用指南》。2004
版 ISO 14001 国际标准相对于 1996 版而言，在标准结构、基本思想和内容方面均发生了
一定变化。除了对一些术语和定义做了编辑性修改，使之表述更为准确和简洁之外，对一
些要素进行了合并和拆分。此外，还丰富了原标准附录的内容，段落结构也更加合理。

1.2.2.4　2015 版 ISO 14001 标准的修订情况

根据国际标准制修订程序的要求，ISO/TC 207/SC 1 国际标准化组织环境管理分技术
委员会于 2011 年成立工作组，组织对 ISO 14001：2004 国际标准的修订工作。2015 年 9
月，ISO 14001：2015《环境管理体系　要求及使用指南》标准正式发布。

修订后的 ISO 14001：2015 标准采用了高阶管理体系通用结构，提出战略环境管理的
思维，采用基于风险的思维，运用生命周期观点，新增保护环境的理念，强化领导作用，
强化提升环境绩效，强调履行合规义务，强调将管理体系要求融入组织的业务过程。

我国等同采用 ISO 14001：2015《环境管理体系　要求及使用指南》标准，形成 GB/
T 24001—2016《环境管理体系　要求及使用指南》标准。

1.2.3　职业健康安全管理体系标准简介

1.2.3.1　OHSAS 标准的产生与发展

职业健康安全管理体系是在 20 世纪 80 年代后期兴起的，当时一些跨国公司和大型现代化联合企业，为强化自己的社会关注力和控制损失的需要，开始建立自律性的职业健康安全管理制度。

1996 年，英国标准协会（BSI）制定并颁布了英国国家标准 BS 8800：1996《职业健康安全管理体系　指南》；同年，美国工业卫生协会（AIHA）制定了《职业健康安全管理体系》的指导性文件；1997 年，澳大利亚、新西兰提出了《职业健康安全管理体系原则、体系和支持技术通用指南》草案；同年，日本工业安全卫生协会（JISHA）提出了《职业健康安全管理体系导则》，挪威船级社（DNV）制定了《职业健康安全管理体系认证标准》。

1999 年，英国标准协会、挪威船级社等 13 个组织组成的职业健康安全评价系列（OHSAS）技术联盟联合制定了 OHSAS 18001：1999《职业健康安全管理体系　规范》。

2000 年，OHSAS 技术联盟又联合制定了 OHSAS 18002：2000《职业健康安全管理体系　指南》，以作为 OHSAS 18001：1999 的配套标准，用于指导组织实施 OHSAS 18001：1999。

2007 年，OHSAS 技术联盟修订了 OHSAS 18001：1999，形成并发布了 OHSAS 18001：2007《职业健康安全管理体系　要求》。当时，OHSAS 技术联盟共包含 43 个组织。2007 版标准明确指出职业健康安全管理体系仅管理问题涉及"人身伤害"和"健康损害"的职业健康安全风险，而不再像 1999 版那样还涉及"工作环境破坏"和"财产损失"。

2008 年，OHSAS 技术联盟又联合制定了 OHSAS 18002：2008《职业健康安全管理体系 OHSAS 18001：2007 的实施指南》，作为 OHSAS 18001：2007 的配套标准，用于指导组织实施 OHSAS 18001：2007。当时，参与 OHSAS 技术联盟的组织共 50 个。

我国等同采用 OHSAS 18001：1999、OHSAS 18001：2007、OHSAS 18002：2000、OHSAS 18002：2008 标准，先后发布了 GB/T 28001—2001《职业健康安全管理体系　规范》、GB/T 28001—2011《职业健康安全管理体系　要求》、GB/T 28002—2002《职业健康安全管理体系　指南》、GB/T 28002—2011《职业健康安全管理体系　实施指南》标准。

1.2.3.2　ISO 45001 标准的制定情况

2013 年，国际标准化组织开始编制 ISO 45001《职业健康安全管理体系　要求及使用指南》，ISO 45001 的目标是提高各个组织的职业健康和安全绩效，帮助全球所有不同规模和不同行业的组织减少工伤和疾病。ISO 45001 标准由职业健康和安全管理体系项目委员会（ISO/PC 283）负责开发，英国标准协会担任委员会秘书处。

2018 年 3 月，国际标准化组织发布 ISO 45001：2018 标准，正式取代职业健康安全管理体系 OHSAS 18001、OHSAS 18002 标准。

ISO 45001 的构建是在 OHSAS 18001 已有的规范上，其主要目标是相同的，都是为了提高组织的职业健康安全绩效。其主要不同之处：使用了 ISO 管理体系的高阶结构、更加关注组织环境、采用了基于风险的思维、强调最高管理者的职责和领导作用、注重职业健康安全绩效的改进提升，强调将管理体系要求融入组织的业务过程。

我国等同采用 ISO 45001：2018《职业健康安全管理体系　要求及使用指南》标准，形成 GB/T 45001—2020《职业健康安全管理体系　要求及使用指南》标准。

1.2.4　质量、环境及职业健康安全管理体系标准的比较

1.2.4.1　三项管理体系标准的共同点

GB/T 19001、GB/T 24001、GB/T 45001 标准在属性、理念原则、实施方法、运行模式，以及标准结构、条款内容和审核方法等方面基本相同或相似，相互之间存在一定的兼容性。其相同、相似及兼容性主要表现在以下方面：

1）都采用管理体系高阶结构；

2）都采用相同的核心正文，以及具有核心定义的通用术语；

3）都采用过程方法，结合了"策划—实施—检查—处置"（PDCA）循环和基于风险的思维；

4）都要求确定组织所处的环境；

5）都强调领导作用和承诺，明确岗位的职责权限；

6）都要求建立方针和目标；

7）都提出遵守法律法规要求和其他要求；

8）都要求确定需要应对的风险和机遇，策划应对措施；

9）都要求确定并提供所需的资源；

10）都要求人员具备相应的能力、意识；

11）都要求建立文件化的管理体系；

12）都要求组织内部审核和管理评审；

13）都要求通过体系运行实现持续改进；

14）都适用于任何规模、类型和活动的组织。

1.2.4.2　三项管理体系标准的差异点

GB/T 19001、GB/T 24001、GB/T 45001 标准虽然存在诸多相同、相似及兼容性，但其在关注对象、控制重点、覆盖范围等方面还是存在一定的差异，主要表现在如下方面：

1）三项管理体系标准的关注对象和受益主体不同，见表 1 - 1。

表 1－1　三项管理体系标准的关注对象、受益主体的差异

认证标准	GB/T 19001	GB/T 24001	GB/T 45001
关注对象	产品和服务质量	活动、服务中的环境影响	工作人员的健康、安全
受益主体	顾客	社会	员工、组织

2）三项管理体系标准的主线、控制重点及控制的主要准则不同，见表 1－2。

表 1－2　三项管理体系标准的主线、控制重点及控制准则的差异

认证标准	GB/T 19001	GB/T 24001	GB/T 45001
标准主线（起点）	以顾客为关注焦点	环境因素	危险源
控制重点	质量控制点	重要环境因素	安全风险
主要控制准则	合同要求	法律法规要求和其他要求	

3）三项管理体系标准的覆盖范围有所不同。一是覆盖的标准条款（要素）不同。在实施 GB/T 19001 时，在特定的条件下可对某些条款进行删减，而 GB/T 24001 和 GB/T 45001 不能删减。二是覆盖的部门可能有所不同。质量管理体系可以只覆盖组织内与产品和服务质量相关的部门，而职业健康安全、环境管理体系通常应覆盖组织的所有部门。

4）在认证审核时，在审核范围、审核准则及审核重点等方面也存在一定差异。

1.3　质量、环境及职业健康安全管理体系标准的基本遵循

1.3.1　质量管理原则

质量管理原则是构建质量管理体系标准的基础。1995 年，ISO/TC 176 小组专门成立第 15 工作组（WC15），负责质量管理原则的总结凝练工作，该工作组广泛征集世界知名质量管理专家意见，最终形成了八项质量管理原则，并于 1997 年提交 ISO/TC 176 年会通过后，该原则一直为 ISO 9001 标准采用。ISO 9000：2015《质量管理体系　基础和术语》标准将质量管理原则修订为七项。

原则一：以顾客为关注焦点

质量管理的首要关注点是满足顾客要求并且努力超越顾客期望。

原则二：领导作用

各级领导建立统一的宗旨和方向，并创造全员积极参与实现组织的质量目标的条件。

原则三：全员积极参与

整个组织内各级胜任、经授权并积极参与的人员，是提高组织创造和提供价值能力的必要条件。

原则四：过程方法

将活动作为相互关联、功能连贯的过程组成的体系来理解和管理时，可更加有效和高效地得到一致的、可预知的结果。

原则五：改进

成功的组织持续关注改进。

原则六：循证决策

基于数据和信息的分析和评价的决策，更有可能产生期望的结果。

原则七：关系管理

为了持续成功，组织需要管理与有关相关方（如供方）的关系。

GB/T 19000—2016《质量管理体系　基础和术语》中阐述了每项原则的制定依据、主要益处以及可开展的活动。

1.3.2　过程方法

1.3.2.1　总则

过程方法使组织能够策划过程及其相互作用。

将相互关联的过程作为一个体系加以理解和管理，有助于组织有效和高效地实现其预期结果。这种方法使组织能够对其体系的过程之间相互关联和相互依赖的关系进行有效控制，以提高组织整体绩效。

过程方法包括按照组织的方针和战略方向，对各过程及其相互作用进行系统的规定和管理，从而实现预期结果。可通过采用 PDCA 循环以及始终基于风险的思维对过程和整个体系进行管理，旨在有效利用机遇并防止发生不良结果。

单一过程的各要素及其相互作用如图 1-1 所示。每一过程均有特定的监视和测量检查点以用于控制，这些检查点根据相关的风险有所不同。

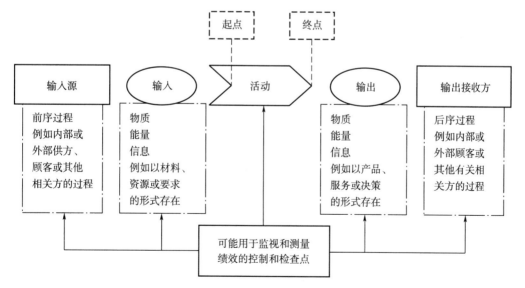

图 1-1　单一过程的各要素及其相互作用

1.3.2.2 PDCA 循环

PDCA 循环使组织能够确保其过程得到充分的资源和管理，确定改进机会并采取行动。PDCA 循环能够应用于所有过程以及整个管理体系。

PDCA 循环可以简要描述如下：

P——策划（Plan）：建立管理体系的目标及其过程，确定实现结果所需的资源，并识别和应对风险和机遇；

D——实施（Do）：执行所做的策划；

C——检查（Check）：根据方针、目标、要求和所策划的活动，对过程、结果进行监视和测量（适用时），并报告结果；

A——处置（Act）：必要时，采取措施提高绩效。

1.3.2.3 基于风险的思维

基于风险的思维是实现管理体系有效性的基础。基于风险的思维使组织能够确定可能导致其过程和管理体系偏离策划结果的各种因素，采取预防控制，最大限度地降低不利影响，并最大限度地利用出现的机遇。

为了满足管理体系标准的要求，组织需策划和实施应对风险和机遇的措施。应对风险和机遇，可为提高管理体系有效性、获得改进结果以及防止不利影响奠定基础。

某些有利于实现预期结果的情况可能导致机遇的出现。利用机遇所采取的措施也可能包括考虑相关风险。风险是不确定性的影响，不确定性可能有正面的影响，也可能有负面的影响。风险的正面影响可能提供机遇，但并非所有的正面影响均可提供机遇。

1.4 管理体系标准在我国的实施及认证情况

国际标准化组织（ISO）发布的管理体系标准包括：ISO 9001（质量管理体系）、ISO 14001（环境管理体系）、ISO 45001（职业健康安全管理体系）、ISO 50001（能源管理体系）、ISO 27001（信息安全管理体系）、ISO 22000（食品安全管理体系）、ISO 13485（医疗器械质量管理体系）、ISO 22301（业务连续性管理体系）、ISO 10012（测量管理体系）、ISO/IEC 20000（信息技术服务管理体系）、IATF 16949：2016《质量管理体系——汽车行业生产件与相关服务件的组织实施 ISO 9001 的特殊要求》等。

我国发布的管理体系标准包括：GB/T 19001《质量管理体系 要求》、GB/T 24001《环境管理体系 要求及使用指南》、GB/T 45001《职业健康安全管理体系 要求及使用指南》、GB/T 31950《企业诚信管理体系》、GB/T 33173《资产管理 管理体系 要求》、GB/T 22080《信息技术 安全技术 信息安全管理体系 要求》、GB/T 22000《食品安全管理体系》、GB/T 23331《能源管理体系》、GB/T 29490《企业知识产权管理规范》、GB/T 33000《企业安全生产标准化基本规范》、GB/T 50430《工程建设施工企业质量管理规范》、GB/T 19022《测量管理体系 测量过程和测量设备的要求》、GB/T 29490《企业知识产权管理规范》等。

截至 2019 年 12 月 31 日，我国各认证机构颁发现行有效认证证书 1 314 768 份，其中质量管理体系认证证书 285 440 份、环境管理体系认证证书 129 975 份、职业健康安全管理体系认证证书 117 744 份、食品安全管理体系认证证书 11 638 份、信息安全管理体系认证证书 8 185 份。由此可以看出，质量管理体系、环境管理体系、职业健康安全管理体系是在我国广泛应用的三大管理体系。

我国各类组织通过建立、实施管理体系，取得认证证书，保持并予以持续改进，取得了良好的社会、经济和环境效益，其作用主要表现在：

1）提高组织科学管理水平；

2）有效应对有关风险和机遇；

3）促使组织自觉遵纪守法；

4）促进组织加快技术改造及调整产业结构，实现提升质量、保障健康安全、保护环境、提高效益的有机统一和组织的协调发展；

5）促进组织打破贸易壁垒，提高国际竞争力，提升组织形象和品牌形象；

6）促进组织不断提升质量、健康安全、环境等绩效。

1.5　航天发射场建立实施质量安全环境一体化管理体系的意义

质量、环境及职业健康安全管理体系标准是世界范围内管理经验的科学总结，适用于任何规模、类型和管理水平的组织，适用于各种地理、社会和文化条件。可以说，任何工作的开展都可以从管理体系的角度找到遵循的标准，任何问题的出现都可以从管理体系角度找出原因。航天发射场建立实施质量安全环境一体化管理体系主要有以下方面的作用和意义：

1）有利于提高科学管理水平。航天发射活动是集高技术、高投入、高风险于一体，同时涉及质量、安全、环境的系统性工程。多年来，虽然发射场积累了较为丰富的实践经验，但随着航天发射密度的增大、可靠性要求的提高，传统的管理模式不同程度表现出制度不够健全、职责不够清晰、流程不够科学、准则不够具体、过程不易受控、结果难以保证、问题重复发生等弊端。质量、环境及职业健康安全管理体系标准采用过程方法，遵循 PDCA 循环和基于风险的思维，为航天发射场进一步规范其质量、安全、环境管理活动，有效克服传统管理的弊端提供了科学遵循的依据。在航天发射场推行质量、职业健康安全、环境管理体系标准，将有助于提高其科学管理水平。

2）有利于航天发射任务圆满成功。质量管理体系标准系统提出了产品和服务的质量管理要求，在航天发射场引入质量管理体系，规范航天发射各系统、专业、岗位的质量管理活动，将使航天发射任务的策划工作更系统、设计开发更规范、过程准则更明确、过程控制更严格、支持工作更充分、风险管控更科学，形成质量管理的长效机制，为航天发射任务的持续圆满成功奠定坚实的制度基础。

3）有利于创造良好的安全条件。航天发射活动涉及供配电、推进剂、火工品、高压气体、特种设备、特种作业、包装储运、放射、辐射、噪声、振动、冲击、火灾、爆炸、自然灾害等多种危险源，工作过程中一旦发生安全问题，会不同程度地造成人身伤害、健康损害、财产损失、工作环境破坏，也会对航天发射质量、进度等带来不同程度的影响，甚至导致箭毁人亡的灾难，损失难以挽回。在航天发射场引入职业健康安全管理体系，用以规范发射场的安全管理活动，将有效降低其安全风险，保障人员安全与健康，保证设施设备、航天产品及其他财产安全，为航天发射活动的顺利进行奠定良好的安全基础。

4）有利于预防污染和保护环境。航天发射活动要消耗大量推进剂、水、电、气、油、煤等资源，有关废气、废液、废水、固废的排放处置会带来不同程度的环境影响。在航天发射场引入环境管理体系，将有利于其运用生命周期观点，预防或减轻航天发射活动对环境的不利影响，遵守法律法规要求，采取有效措施增强有益影响，提升环境绩效，是航天发射场有效预防污染、保护环境的制度保证。

5）有利于航天发射场协调持续发展。航天发射活动与质量、安全、环境管理密不可分，质量问题可能引发安全问题，造成环境污染；安全问题也可能影响发射质量，造成环境污染；环境污染也可能引发安全问题，影响发射质量。在航天发射场建立实施质量安全环境一体化管理体系，将为航天发射场的协调发展、持续发展提供系统化的解决方案。

6）有利于强化法规制度落实。法规制度不但明确告诉人们什么可以做，什么不可以做，哪些行为是合法的，哪些行为是不合法的，还可以保障人们的权利和义务，矫正人们行为中偏离法规的行为，有着教育和预防的作用。质量、职业健康安全、环境管理体系都要求识别和遵守相关的法律法规要求和其他要求，对其遵守情况进行评价，对不符合要求的情况采取改进措施等。在航天发射场建立实施质量安全环境一体化管理体系，既是提高所属人员法规制度意识的有效方式，也是促进法规制度具体落实的重要抓手。

7）有利于涵养特色文化。质量、职业健康安全、环境管理体系都要求工作人员知晓组织的方针、目标，自身对管理体系有效性的贡献和改进绩效的益处，以及不符合管理体系要求带来的后果。在航天发射场建立实施质量安全环境一体化管理体系，将有利于一体化管理体系要求入耳、入脑、入心，逐步将要求形成习惯，使习惯成为文化。

8）有利于提升国际竞争实力。随着航天技术的快速发展和广泛应用，国际航天市场在合作范围越来越广的同时，竞争亦愈演愈烈，世界各航天大国都在通过合作与竞争加速提升自己的实力。在航天竞争与合作中，质量、环境及职业健康安全管理体系标准已被作为相互认可的基础，在航天发射场推行这些管理体系标准，可有效应对质量、安全、环境等方面的风险和机遇，既是其与国际航天接轨的主要方式，也是其参与国际航天活动、增强竞争实力的重要途径。

1.6　航天发射场一体化管理体系建设历程

2006 年以来，航天发射场按照"大质量观、大安全观、大环境观"的管理体系建设思路，坚持以提高质量和核心竞争力为中心，坚持底线思维和安全发展理念，坚持节约资

源和保护环境的基本国策，管理体系建设经历了单一质量管理体系、质量和职业健康安全
管理体系一体、质量环境职业健康安全管理体系一体、质量安全环境管理体系一体等建设
阶段；体系范围逐步实现了从以航天发射测控任务为主到覆盖发射场所有工作和任务，从
覆盖大部分单位、部分场所到覆盖所有单位、所有场所的转变；管理方法实现了从简单模
仿体系架构、机械对照标准条款到实施"本地化战略"、将标准要求有效融入各项工作和
任务过程，从单纯引入管理体系理念、方法到实现体系方法与"精细化""零缺陷""6S"
等方法有机结合的转变。体系建立运行过程中，广大科研人员和各级管理人员始终坚持管
理绩效导向，坚持从实践中来、到实践中去，创新提出了一系列管理体系建设的理念、原
则、方法，探索了管理体系建立、实施和保持的有效模式，形成了质量安全环境管理的基
本理念、意识和长效运行机制，涵养了航天发射场质量安全环境文化，加快了航天发射场
治理体系和治理能力现代化进程。

第2章 《航天发射场质量安全环境一体化管理体系要求》标准

本章简要阐述构建《航天发射场质量安全环境一体化管理体系要求》的主要原则，依据 GB/T 19001—2016《质量管理体系 要求》、GB/T 45001—2020《职业健康安全管理体系 要求及使用指南》、GB/T 24001—2016《环境管理体系 要求及使用指南》，结合实际构建航天发射场质量安全环境一体化管理体系，形成《航天发射场质量安全环境一体化管理体系要求》。

2.1 构建《航天发射场质量安全环境一体化管理体系要求》的主要原则

构建《航天发射场质量安全环境一体化管理体系要求》主要遵循以下原则：

1）符合标准。符合 GB/T 19001—2016《质量管理体系 要求》、GB/T 45001—2020《职业健康安全管理体系 要求及使用指南》、GB/T 24001—2016《环境管理体系 要求及使用指南》标准要求，使其能用于实施 GB/T 19001—2016、GB/T 45001—2020、GB/T 24001—2016 标准和评价其符合性的要求。采用过程方法，结合了 PDCA 循环和基于风险的思维。图 2-1 表明了《航天发射场质量安全环境一体化管理体系要求》第 4～第 10 章是如何构成 PDCA 循环的。

2）拓展内涵。鉴于航天发射场的安全不仅限于职业健康安全，且 GB/T 45001—2020《职业健康安全管理体系 要求及使用指南》的理念、方法也适用于对发射场其他方面安全的管理控制，因此，《航天发射场质量安全环境一体化管理体系要求》将安全管理的范围拓展到发射场的所有安全领域。

3）有机融合。以航天发射场各项工作和任务的质量管理为主线，充分考虑各个环节、各项活动涉及的安全控制及环境保护工作，一并提出要求，使得在航天发射测控过程中同时落实质量、安全、环境要求，进而提高质量安全环境管理的整体绩效。

4）就高定标。在应用 GB/T 19001—2016、GB/T 45001—2020、GB/T 24001—2016 标准要求过程中，当不同标准相应章节的要求存在差异时，采用就高不就低的原则提出要求。

5）符合实际。一体化管理体系要求只有符合实际，才能发挥其应有作用，具有生命力。因此，《航天发射场质量安全环境一体化管理体系要求》应紧贴各项工作和任务实际，提出先进、科学、完备、管用、实用、好用的质量安全环境管理标准。

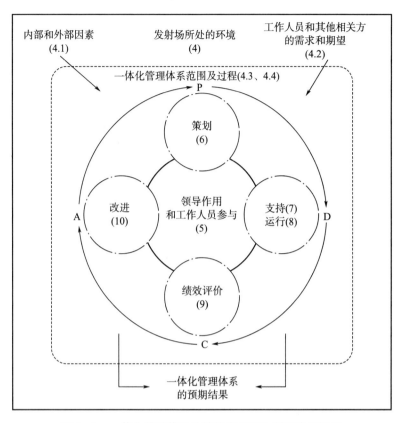

图 2-1　一体化管理体系的结构在 PDCA 循环中的展示

注：括号内的数字表示《航天发射场质量安全环境一体化管理体系要求》的相应章节。

2.2　《航天发射场质量安全环境一体化管理体系要求》的主要内容

　　基于 2.1 明确的构建原则，形成《航天发射场质量安全环境一体化管理体系要求》标准如下：

航天发射场质量安全环境一体化管理体系要求

1　范围

　　本标准规定了航天发射场质量安全环境一体化管理体系建立、实施、保持和持续改进的要求。

　　本标准适用于航天发射场（以下简称发射场）各项工作和任务的质量安全环境管理活动。

　　本标准可帮助发射场实现其质量安全环境一体化管理体系（以下简称一体化管理体系）的预期结果，包括：

　　a）持续提升质量安全环境绩效；

　　b）遵守法律法规要求和其他要求；

　　c）实现质量安全环境目标。

　　注：本标准中的"安全"涉及发射场的所有安全，包括"职业健康安全"。

2　引用文件

　　下列文件对于本标准的应用是必不可少的。凡是注日期的引用文件，仅注日期的版本适用于本标准。凡是不注日期的引用文件，其最新版本（包括所有的修改单）适用于本标准。

　　GB/T 19000—2016《质量管理体系　基础和术语》

　　GB/T 19001—2016《质量管理体系　要求》

　　GB/T 24001—2016《环境管理体系　要求及使用指南》

　　GB/T 45001—2020《职业健康安全管理体系　要求及使用指南》

　　GJB 2786《军用软件开发通用要求》

　　GJB 5000《军用软件研制能力成熟度模型》

　　GJB 8000《军用软件研制能力等级要求》

3　术语和定义

　　GB/T 19000—2016、GB/T 24001—2016、GB/T 45001—2020确立的以及下列术语和定义适用于本标准。

3.1　顾客

　　下达工作和任务或接受为其提供服务的个人或组织。

　　注：顾客可以是发射场内部的或外部的。

3.2　危险源

　　可能导致伤害、健康损害、财产损失、工作环境破坏的来源。

　　注：与伤害和健康损害有关的危险源可包括可能导致伤害或危险状态的来源，或可能因暴露而导致伤害和健康损害的环境。

3.3　事件

　　可能导致或已经导致质量损失、安全损害、环境破坏，或造成较大影响的情况。

　　注1：发生质量损失、安全损害、环境破坏，或造成较大影响的事件有时被称为"事故"。

　　注2：未发生但有可能发生质量损失、安全损害、环境破坏，或造成较大影响的事件可称为"未遂事件""未遂事故"或"事故隐患"。

4　发射场所处的环境

4.1　理解发射场及其所处的环境

　　发射场应确定与其宗旨和战略方向相关并影响其实现一体化管理体系预期结果的能力的外部和内部因素。这些因素应包括受发射场影响的或能够影响发射场的质量安全环境状况。

　　发射场应监视和评审这些外部和内部因素的相关信息。

注1：这些因素包括需要考虑的正面和负面要素或条件。

注2：考虑来自于国际、国家、军队、地方、行业的与政治、经济、文化、社会、技术、财政、监管、自然环境、法律法规、标准、竞争等有关的因素，有助于理解外部环境。

注3：考虑与发射场工作和任务、组织机构、管理模式、价值观、文化、知识、人力资源、基础设施、绩效水平等有关的因素，有助于理解内部环境。

4.2 理解工作人员和其他相关方的需求和期望

发射场应确定：

a）除工作人员之外的、与一体化管理体系有关的其他相关方；

b）工作人员及与一体化管理体系有关的其他相关方的需求和期望；

c）这些需求和期望中哪些是或将可能成为其法律法规要求和其他要求。

发射场应监视和评审相关方的信息及其相关要求。

注：发射场一体化管理体系的相关方主要包括上级机关、技术总体单位、运载火箭、航天器等研制、使用单位，发射场所属单位及人员，基础设施建设维护、物资器材供应及电力、电信、交通运输、金融服务等外部供方，进入发射场工作场所和辖区内的其他人员，驻地党委、政府、公安、消防、医疗、卫生、环保等部门机构及周边组织、居民等。

4.3 确定一体化管理体系的范围

发射场应确定一体化管理体系的边界和适用性，以确定其范围。

在确定范围时，发射场应：

a）考虑4.1所提及的各种外部和内部因素；

b）必须考虑4.2所提及的要求；

c）考虑其组织单元、职能和物理边界；

d）必须考虑其所计划的或实施的工作和任务及与其相关的过程和活动；

e）考虑其实施控制与施加影响的权限和能力。

一体化管理体系应包括在发射场控制下的工作和任务，或在其影响范围内可能影响发射场质量安全环境绩效的活动、产品和服务。

如果本标准的全部要求适用于发射场确定的一体化管理体系范围，发射场应实施本标准的全部要求。

范围一经界定，该范围内发射场的所有工作和任务均需纳入一体化管理体系。

范围应作为成文信息予以保持，并可为相关方所获取。该范围应描述所覆盖的工作和任务类型，如果发射场确定本标准中质量方面的某些要求不适用时，应说明理由。

只有当所确定的不适用的要求不影响发射场确保其工作和任务合格的能力或责任，对增强顾客满意也不会产生影响时，方可声称符合本标准的要求。

4.4 一体化管理体系及其过程

4.4.1 为实现发射场的预期结果，包括提升其质量安全环境绩效，发射场应根据本标准要求，采用过程方法，遵循 PDCA 循环及基于风险的思维，并考虑在 4.1 和 4.2 中所获得的知识，建立、实施、保持和持续改进一体化管理体系，包括所需的过程及其相互作用。

发射场应确定一体化管理体系所需的过程及其在工作和任务中的应用，且应：

a) 确定这些过程所需的输入和期望的输出；

b) 确定这些过程的顺序和相互作用；

c) 确定和应用所需的准则和方法（包括监视、测量和相关绩效指标），以确保这些过程的有效运行和控制；

d) 确定这些过程所需的资源并确保其可获得；

e) 分配这些过程的职责和权限；

f) 按照 6.1 的要求应对风险和机遇；

g) 评价这些过程，实施所需的变更，以确保实现这些过程的预期结果；

h) 按照 GJB 8000、GJB 5000 和软件工程化要求，建立并实施相应等级的软件工作过程（见 8.1.1）；

i) 改进过程和一体化管理体系。

4.4.2 在必要的范围和程度上，发射场应：

a) 保持成文信息以支持过程运行；

b) 保留成文信息以确信其过程按策划进行。

5 领导作用和工作人员参与

5.1 领导作用和承诺

5.1.1 总则

最高管理者应通过以下方面，证实其对一体化管理体系的领导作用和承诺：

a) 对一体化管理体系的有效性负责，对防止与工作和任务相关的伤害和健康损害以及提供健康安全的工作和任务场所及活动全面负责，并承担质量安全环境责任；

b) 确保建立一体化管理体系的方针和目标，并与发射场所处的环境相适应，与战略方向相一致；

c) 确保将一体化管理体系要求融入发射场的工作和任务过程之中；

d) 促进使用过程方法和基于风险的思维；

e) 确保可获得建立、实施、保持和改进一体化管理体系所需的资源；

f) 就有效的质量安全环境管理和符合一体化管理体系要求的重要性进行沟通；

g) 确保一体化管理体系实现其预期结果；

h) 促使人员积极参与，指导和支持他们为一体化管理体系的有效性做出贡献；

i) 确保并促进持续改进；

j) 支持其他相关管理人员在其职责范围内发挥领导作用；

k) 建立、引导和促进支持一体化管理体系预期结果的文化；

l) 保护工作人员不因报告质量问题、安全环境事件、危险源、风险和机遇而遭受报复；

m) 确保建立和实施工作人员协商和参与的过程（见 5.4）；

n) 支持安全委员会的建立和运行［见 5.4e) 1)］。

5.1.2 以顾客为关注焦点

最高管理者应通过确保以下方面，证实其以顾客为关注焦点的领导作用和承诺：

a) 确定、理解并持续地满足顾客要求以及适用的法律法规要求；

b) 确定和应对可能影响工作和任务合格以及增强顾客满意能力的风险和机遇；

c) 始终致力于增强顾客满意。

5.2 方针

5.2.1 制定方针

最高管理者应在界定的一体化管理体系范围内建立、实施和保持发射场的质量安全环境方针，方针应：

a) 适合于发射场的宗旨和所处的环境，包括其规模、工作和任务的性质、安全风险和安全机遇的特性、环境影响，并支持其战略方向；

b) 为建立质量安全环境目标提供框架；

c) 包括遵守适用的法律法规要求和其他要求的承诺；

d) 包括满足工作和任务适用要求的承诺；

e) 包括为防止与工作和任务相关的伤害和健康损害而提供安全和健康的工作和任务条件的承诺；

f) 包括消除危险源和降低安全风险的承诺［见 8.1.1h)］；

g) 包括工作人员及其代表（若有）的协商和参与的承诺；

h) 包括保护环境的承诺，其中包含污染预防及其他与发射场所处环境有关的特定承诺；

注：保护环境的其他特定承诺可包括资源的可持续利用、减缓和适应气候变化、保护生物多样性和生态系统。

i) 包括持续改进一体化管理体系以提升质量安全环境绩效的承诺。

5.2.2 沟通方针

方针应：

a) 保持成文信息并可被获取；

b) 在发射场内得到沟通、理解和应用；

c) 适宜时，可为有关相关方所获取；

d) 保持相关和适宜。

5.3 岗位、职责和权限

最高管理者应确保发射场各层次相关岗位的职责、权限得到分配、沟通和理解，且作为成文信息予以保持。发射场内每一层次的工作人员均应为其所控制部分承担一体化管理体系方面的职责。

最高管理者应分配职责和权限，以：

a）确保一体化管理体系符合本标准的要求；

b）确保各过程获得其预期输出；

c）报告一体化管理体系绩效和改进机会（见10.1），包括质量安全环境绩效，特别是向最高管理者报告；

d）确保在发射场推动以顾客为关注焦点；

e）确保在策划和实施一体化管理体系变更时保持其完整性。

注：尽管职责和权限可以被分配，但最高管理者仍应为一体化管理体系的运行承担最终责任。

5.4　工作人员的协商和参与

发射场应建立、实施和保持过程，用于在安全管理体系的开发、策划、实施、绩效评价和改进措施中与所有适用层次和职能的工作人员及其代表（若有）的协商和参与。

发射场应：

a）为协商和参与提供必要的机制、时间、培训和资源；

注1：工作人员代表可视为一种协商和参与机制。

b）及时提供明确的、易理解的和相关的安全管理体系信息的访问渠道；

c）确定和消除妨碍参与的障碍或壁垒，并尽可能减少那些难以消除的障碍或壁垒；

注2：障碍和壁垒可包括未回应工作人员的意见和建议，语言或读写障碍，报复或威胁报复，以及不鼓励或惩罚工作人员参与的政策或惯例等。

d）强调与非管理类工作人员在如下方面的协商：

1）确定相关方的需求和期望（见4.2）；

2）建立方针（见5.2）；

3）适用时，分配角色、职责和权限（见5.3）；

4）确定如何满足法律法规要求和其他要求（见6.1.5）；

5）制定目标并为其实现进行策划（见6.2）；

6）确定对外包、采购和承包方的适用控制（见8.4）；

7）确定所需监视、测量和评价的内容（见9.1）；

8）策划、建立、实施和保持审核方案（见9.2.2）；

9）确保持续改进（见10.3）。

e）强调非管理类工作人员在如下方面的参与：

1）确定其协商和参与的机制；

2）辨识危险源并评价风险和机遇（见6.1.3）；

3）确定消除危险源和降低安全风险的措施（见6.1.6）；

4）确定能力要求、培训需求、培训和培训效果评价（见7.2）；

  5）确定沟通的内容和方式（见 7.4）；

  6）确定控制措施及其有效实施和应用（见 8.1、8.5.6、8.8）；

  7）调查事件和不符合并确定纠正措施（见 10.2）。

注 3：强调非管理类工作人员的协商和参与，旨在适用于执行工作活动的人员，但无意排除其他人员，如受发射场内工作活动或其他因素影响的管理者。

注 4：需认识到，若可行，向工作人员免费提供培训以及在工作时间内提供培训，可以消除工作人员参与的重大障碍。

6 策划

6.1 应对风险和机遇的措施

6.1.1 总则

6.1.1.1 发射场应建立、实施和保持满足 6.1.1～6.1.6 的要求所需的过程。

发射场在策划一体化管理体系时，应考虑 4.1 所提及的因素、4.2 所提及的要求以及一体化管理体系的范围。并且，确定与一体化管理体系及其预期结果有关的需要应对的风险和机遇，以：

  a）确保一体化管理体系能够实现其预期结果；

  b）增强有利影响；

  c）预防或减少非预期（不利）影响，包括外部环境状况对发射场的潜在影响；

  d）实现持续改进。

在确定与一体化管理体系及其预期结果有关的需要应对的风险和机遇时，必须考虑 4.1 和 4.2 中识别的其他因素和要求以及质量风险（见 6.1.2）、危险源（见 6.1.3.1）、安全风险和其他风险（见 6.1.3.2）、安全机遇和其他机遇（见 6.1.3.3）、环境因素（见 6.1.4）、法律法规要求和其他要求（见 6.1.5）。

发射场应确定其一体化管理体系范围内的潜在紧急情况，包括那些可能具有影响的潜在紧急情况。

在策划过程中，应结合发射场及其过程或一体化管理体系的变更来确定和评价与一体化管理体系预期结果有关的风险和机遇。对于所策划的变更，无论是永久性的还是临时性的，这种评价均应在变更实施前进行（见 6.3、8.1.2、8.2.4、8.3.6、8.5.6）。

6.1.1.2 发射场应保持以下方面的成文信息：

  a）需要应对的风险和机遇；

  b）确定和应对其风险和机遇（见 6.1.1～6.1.6）所需的过程和措施。其详尽程度应足以让人确信这些过程和措施能按策划得到实施。

注 1：应对风险可选择规避风险，为寻求机遇承担风险，消除风险源，改变风险的可能性或后果，分担风险，或通过信息充分的决策而保留风险。

注 2：机遇可能导致采用新实践、建立合作伙伴关系、利用新技术和其他可行之处，以应对发射场或其相关方的需求。

6.1.2　质量风险评估

发射场应建立、实施和保持质量风险评估过程。该过程必须考虑:

　　a)工作和任务质量风险识别、分析、评价时,应考虑(但不限于):

　　　　1)组织计划、检查评审等因素;

　　　　2)人员及其能力、意识等因素;

　　　　3)基础设施、原辅材料等因素;

　　　　4)过程运行环境等因素;

　　　　5)设计和开发等因素;

　　　　6)工作和任务实施控制等因素;

　　　　7)可能影响工作和任务的意外情况。

　　b)质量风险识别、分析、评价方法应:

　　　　1)是主动的而不是被动的;

　　　　2)找出风险致因,分析发生概率、影响后果;

　　　　3)确定风险优先次序。

　　c)保持质量风险识别、分析、评价的成文信息。

6.1.3　危险源辨识及风险和机遇的评价

6.1.3.1　危险源辨识

发射场应建立、实施和保持用于持续和主动的危险源辨识的过程。该过程必须考虑(但不限于):

　　a)工作和任务如何组织,社会因素(包括工作负荷、工作时间、欺骗、骚扰和欺压),领导作用和发射场的文化;

　　b)常规和非常规的活动和状况,包括由以下方面所产生的危险源:

　　　　1)基础设施、设备、原料、材料和工作场所的物理环境;

　　　　2)工作和任务的设计、研究、开发、测试、实施、交付、处置等;

　　　　3)人的因素;

　　　　4)工作如何执行。

　　c)发射场内部或外部以往发生的相关事件(包括紧急情况)及其原因;

　　d)潜在的紧急情况;

　　e)人员,包括考虑:

　　　　1)那些有机会进入工作场所的人员及其活动,包括工作人员、承包方、访问者和其他人员;

　　　　2)那些处于工作场所附近可能受发射场活动影响的人员;

　　　　3)处于不受发射场直接控制的场所的工作人员。

　　f)其他议题,包括考虑:

　　　　1)工作区域、过程、装置、设施和(或)设备、操作程序和工作组织的设计,包括它们对所涉及工作人员的需求和能力的适应性;

2) 由发射场控制下的工作相关活动所导致的、发生在工作场所附近的状况；

3) 发生在工作场所附近、不受发射场控制、可能对工作场所内的人员造成伤害和健康损害以及造成发射场财产损失、工作环境破坏的状况。

g) 发射场、运行、过程、活动和一体化管理体系中的实际或拟定的变更（见 6.3、8.1.2、8.2.4、8.3.6、8.5.6）；

h) 危险源的知识和相关信息的变更。

6.1.3.2 安全风险和安全管理体系的其他风险的评价

发射场应建立、实施和保持过程，以：

a) 评价来自于已辨识的危险源的安全风险，同时必须考虑现有控制的有效性；

b) 确定和评价与建立、实施、运行和保持安全管理体系相关的其他风险。

发射场的安全风险评价方法和准则应在范围、性质和时机方面予以界定，以确保其是主动的而非被动的，并被系统地使用。有关方法和准则的成文信息应予以保持和保留。

6.1.3.3 安全机遇和安全管理体系的其他机遇的评价

发射场应建立、实施和保持过程，以评价：

a) 提升安全绩效的安全机遇，同时必须考虑所策划的对发射场及其方针、过程或活动的变更，以及：

1) 使工作、工作组织和工作环境适合于工作人员的机遇；

2) 消除危险源和降低安全风险的机遇。

b) 改进安全管理体系的其他机遇。

注：安全风险和安全机遇可能会给发射场带来其他风险和其他机遇。

6.1.4 环境因素识别评价

发射场应建立、实施和保持过程，以确定其工作和任务中能够控制和能够施加影响的环境因素及其相关的环境影响。此时应考虑生命周期观点。

a) 确定环境因素时，必须考虑：

1) 变更，包括已纳入计划的或新的开发，以及新的或修改的工作和任务；

2) 异常状况和可合理预见的紧急情况。

b) 应运用所建立的准则，确定那些具有或可能具有重大环境影响的环境因素，即重要环境因素；

c) 适当时，应在各层次和职能间沟通其重要环境因素；

d) 应保持以下内容的成文信息：

1) 环境因素及相关环境影响；

2) 用于确定其重要环境因素的准则；

3) 重要环境因素。

注：重要环境因素可能导致与不利环境影响（威胁）或有益环境影响（机会）相关的风险和机遇。

6.1.5 法律法规要求和其他要求的确定

发射场应建立、实施和保持过程，以：

a) 确定并获取最新的适用于发射场工作和任务的质量、危险源、安全风险、环境因素和一体化管理体系的法律法规要求和其他要求；

b) 确定如何将这些法律法规要求和其他要求应用于发射场，以及所需沟通的内容；

c) 在建立、实施、保持和持续改进一体化管理体系时，必须考虑这些法律法规要求和其他要求。

发射场应保持和保留有关法律法规要求和其他要求的成文信息，并确保及时更新以反映任何变化。

注：法律法规要求和其他要求可能会给发射场带来风险和机遇。

6.1.6 措施的策划

发射场应建立、实施和保持措施的策划的过程。

发射场应策划：

a) 采取措施管理其：

1) 质量风险（见6.1.2）；

2) 安全风险和机遇（见6.1.3.2和6.1.3.3）；

3) 重要环境因素（见6.1.4）；

4) 适用的法律法规要求和其他要求（见6.1.5）；

5) 6.1.1所识别的风险和机遇；

6) 对紧急情况做出准备和响应（见8.8）。

b) 如何：

1) 在一体化管理体系过程（见6.2、第7章、第8章和9.1）中或工作和任务过程中整合并实施这些措施（见4.4）；

2) 评价这些措施的有效性（见9.1）。

在策划措施时，必须考虑控制的层级（见8.1.1）和一体化管理体系的输出。

在策划措施时，还应考虑最佳实践、可选技术方案以及财务、运行等要求。

应对措施应与风险和机遇对工作和任务符合性的潜在影响相适应。

6.2 目标及其实现的策划

6.2.1 质量安全环境目标

发射场应针对相关职能、层次和一体化管理体系所需的过程建立质量安全环境目标，以保持和持续改进一体化管理体系和质量安全环境绩效（见10.3）。

目标应：

a) 与方针保持一致；

b) 可测量（如可行），或能够进行绩效评价；

c) 必须考虑：

1) 适用的要求，包括工作和任务要求、适用的法律法规要求和其他要求；

2) 与工作和任务合格以及增强顾客满意相关；

3) 质量风险评估结果（见 6.1.2）；

4) 安全风险和机遇的评价结果（见 6.1.3.2 和 6.1.3.3）；

5) 重要环境因素（见 6.1.4）；

6) 6.1.1 所识别的风险和机遇；

7) 与工作人员及其代表（若有）协商（见 5.4）的结果。

d）得到监视；

e）予以沟通；

f）适时更新。

6.2.2　实现目标的措施的策划

策划如何实现目标时，发射场应确定：

a）要做什么；

b）需要什么资源；

c）由谁负责；

d）何时完成；

e）如何评价结果，包括用于监视实现其可度量的目标的进程所需的参数（见 9.1.1）；

f）如何将实现目标的措施融入其工作和任务过程。

发射场应保持和保留目标和实现目标的措施策划的成文信息。

6.3　变更的策划

当确定需要对一体化管理体系进行变更时，变更应按所策划的方式实施（见 4.4），并应考虑：

a）变更目的及其潜在后果；

b）一体化管理体系的完整性；

c）资源的可获得性；

d）职责和权限的分配或再分配。

7　支持

7.1　资源

7.1.1　总则

发射场应确定并提供建立、实施、保持和持续改进一体化管理体系所需的资源。

发射场应考虑：

a）现有内部资源的能力和局限；

b）需要从外部供方获得的资源（如基础设施的建设、维护，物资器材、能源资源的供应，电信、交通运输、金融服务等）；

c）需要顾客提供的资源（如所需的设施、设备、人员、法规、标准、技术资料等）。

7.1.2 人员

发射场应确定并配备所需的人员,以有效实施一体化管理体系,并运行和控制其过程。

7.1.3 基础设施

发射场应确定、提供并维护所需的基础设施,以运行过程,圆满完成各项工作和任务。

注:基础设施可包括:

    a) 建筑物和相关设施;

    b) 设备,包括硬件和软件;

    c) 运输资源;

    d) 信息和通讯技术。

7.1.4 过程运行环境

发射场应确定、提供和维护所需的环境,以运行过程,圆满完成各项工作和任务。

发射场应:

a) 适用时,在成文信息中明确过程运行环境要求;

b) 采取有效措施,满足过程运行环境要求;

c) 对需要控制的环境物理因素,应保留监视、测量、控制和改进的成文信息。

注:适宜的过程运行环境可能是人为因素与物理因素的结合,例如:

    ——社会因素(如非歧视、安定、非对抗);

    ——心理因素(如减压、预防过度疲劳、稳定情绪);

    ——物理因素(如温度、湿度、照度、空气流通、卫生、噪声,以及洁净度、多余物、静电、电磁辐射、振动、含氧量、毒害气体浓度等)。

7.1.5 监视和测量资源

7.1.5.1 总则

当利用监视或测量来验证工作和任务符合要求、评价安全环境绩效时,发射场应确定并提供所需的资源,以确保结果有效和可靠。

发射场应确保所提供的资源:

a) 适合所开展的监视和测量活动的特定类型;

b) 得到适当使用和维护,以确保持续适合其用途;

c) 所包括的监视和测量设备的计量特性与监视和测量的要求相适应。

发射场应保留适当的成文信息,作为监视和测量资源适合其用途的证据。

注:计量特性是指能影响测量结果的特性,如测量范围、测量不确定度、最大允许误差、灵敏度等。

7.1.5.2 测量溯源

当要求测量溯源时,或认为测量溯源是信任测量结果有效的基础时,测量设备应:

a) 对照能溯源到国际或国家标准的测量标准,按照规定的时间间隔或在使用前进行校准和（或）检定，当不存在上述标准时，应保留作为校准或检定（验证）依据的成文信息；

b）予以识别，以确定其状态；

c）予以保护，防止由于调整、损坏或衰减所导致的校准状态和随后的测量结果的失效；

d）按照有关规定进行校准或检定合格，并保留成文信息。其中，用于监视和测量的计算机软件，初次使用前应经过验证和确认合格，需要时再次验证和确认合格，并保留成文信息。

当发现测量设备不符合预期用途时，应确定以往测量结果的有效性是否受到不利影响，必要时应采取适当的措施。

7.1.6　发射场的知识

发射场应确定必要的知识，以运行过程，保证工作和任务符合要求。

这些知识应予以保持，并能在所需的范围内得到。

为应对不断变化的需求和发展趋势，发射场应审视现有的知识，确定如何获取或接触更多必要的知识和知识更新。

注1：发射场的知识是发射场特有的知识，通常从其经验中获得，是为实现发射场目标所使用和共享的信息。

注2：发射场的知识可基于：

　　a）内部来源（如知识产权、从经验获得的知识、从成功和失败中汲取的经验和教训、获取和分享未成文的知识和经验，以及过程、工作和任务的改进结果）；

　　b）外部来源（如法规、标准、学术交流、专业会议、从顾客或外部供方收集的知识）。

7.2　能力

发射场应：

a）确定在其控制下工作，对其一体化管理体系绩效和有效性及履行法律法规要求和其他要求的能力具有影响的人员所需的能力；

b）基于适当的教育、培训或经历，确保工作人员具备胜任工作的能力（包括具备辨识危险源的能力）；

c）确定与其质量、安全风险、环境因素和一体化管理体系相关的培训需求；

d）适用时，采取措施以获得和保持所需的能力，并评价所采取措施的有效性；

e）保留适当的成文信息，作为人员能力的证据。

注：适用措施可包括对在职人员进行培训、辅导或重新分配工作，聘用或将工作外包给能胜任工作的人员等。

7.3　意识

发射场应确保在其控制下工作的人员知晓：

a) 发射场的质量安全环境方针；

b) 相关的质量安全环境目标；

c) 岗位的职责及与其相关的质量风险、危险源、安全风险、重要环境因素和相关的实际或潜在的质量安全环境影响，以及所确定的控制措施；

d) 其对一体化管理体系有效性的贡献作用，包括对提升绩效的益处及贡献；

e) 不符合一体化管理体系要求的影响和潜在后果，包括未遵守法律法规要求和其他要求的后果；

f) 所从事活动的重要性以及与其他活动的相关性；

g) 工作和任务不满足规定或预期要求的后果；

h) 道德行为的重要性；

i) 发射场的质量安全环境文化；

j) 与其相关的事件和调查结果；

k) 从其所认为的存在急迫且严重危及其生命或健康的工作状况中逃离的能力，以及为保护其免遭由此产生的不当后果所做出的安排。

7.4 信息交流

7.4.1 总则

7.4.1.1 发射场应建立、实施并保持与一体化管理体系相关的内部与外部信息交流所需的过程，包括确定：

a) 信息交流的主体；

b) 信息交流的内容；

c) 信息交流的时机；

d) 信息交流的对象，包括：

　　1) 发射场内不同层次和职能；

　　2) 进入工作场所的承包方和访问者；

　　3) 其他相关方。

e) 信息交流的方式。

7.4.1.2 策划信息交流过程时，应：

a) 必须考虑其法律法规要求和其他要求；

b) 必须考虑到各种差异（如性别、语言、文化、读写能力等）的沟通需求；

c) 确保外部相关方的观点被考虑；

d) 确保所交流的质量安全环境信息与一体化管理体系形成的信息一致且真实可信；

e) 对其一体化管理体系相关的信息交流做出响应；

f) 适当时，保留成文信息，作为其信息交流的证据。

7.4.2 内部信息交流

发射场应：

a) 在其各职能和层次间就一体化管理体系的相关信息进行内部信息交流，适当时，包括交流一体化管理体系的变更；

b）确保其信息交流过程能够使在其控制下工作的人员为持续改进做出贡献。

7.4.3　外部信息交流

发射场应按适用的法律法规要求和其他要求及其建立的信息交流过程就一体化管理体系的相关信息进行外部信息交流。

7.5　成文信息

7.5.1　总则

发射场的一体化管理体系应包括：

a）本标准要求的成文信息；

b）发射场确定的为确保一体化管理体系有效性所需的成文信息。

注：不同组织的一体化管理体系成文信息的复杂程度可能不同，取决于：

——组织的规模及其工作和任务的类型；

——证明履行其法律法规要求和其他要求的需要；

——过程的复杂性及其相互作用；

——在组织控制下工作的人员的能力。

7.5.2　创建和更新

在创建和更新成文信息时，发射场应确保适当的：

a）标识和说明（如标题、日期、承办单位及人员、文件编号等）；

b）形式（如语言文字、软件版本、图表）和载体（如纸质的、电子的）；

c）评审和批准，以确保适宜性和充分性。

7.5.3　成文信息的控制

7.5.3.1　发射场应控制一体化管理体系和本标准要求的成文信息，以确保：

a）在需要的场合和时机均可获得并适用；

b）得到充分的保护（如防止失泄密、不当使用或完整性受损）；

c）保持的成文信息协调一致，现行有效；

d）保留的成文信息完整、可追溯，并能证明工作和任务满足要求的程度；

e）工作和任务过程中需要的成文信息按有关规定归档。

7.5.3.2　适用时，应针对下列成文信息的活动进行控制：

a）分发、访问、检索和使用；

b）存储和防护，包括保持可读性；

c）更改的控制（如版本控制）；

d）保留和处置；

e）防止作废成文信息的非预期使用。

对于发射场确定的策划和运行一体化管理体系所必需的来自外部的成文信息，应进行适当识别，并予以控制。

对所保留的、作为符合性证据的成文信息应予以保护，防止非预期的更改。

注1：对文件的"访问"可能意味着仅允许查阅，或者意味着允许查阅并授权修改。

注2：电子化文件的管理，通常包括规定数据的保护过程，如防止丢失、未授权更
　　　改、非预期修改、损坏或物理损坏。

8　运行

8.1　运行的策划和控制

8.1.1　总则

为满足一体化管理体系要求及工作和任务实施的要求，并实施第 6 章所确定的措施，发射场应通过以下措施对所需的过程（见 4.4）进行策划、实施和控制：

a) 确定工作和任务的要求，包括质量安全环境方面的要求；

b) 建立下列内容的准则：

　　1) 过程运行；

　　2) 工作和任务的放行或接收。

c) 确定所需的资源以使工作和任务符合要求；

d) 确定工作和任务中质量安全环境风险识别、评价和控制等要求；

e) 按照 GJB 2786 的要求，编制软件开发计划，确定并实施软件需求分析、设计、实现、测试、验收、交付等过程，以及相关的策划与跟踪、文档编制、质量保证、配置管理等；

f) 使工作适合于工作人员；

g) 在多单位的工作场所，发射场应与其他单位协调一体化管理体系的相关部分；

h) 建立、实施和保持通过采用下列控制层级用于消除危险源和降低安全风险的过程：

　　1) 消除危险源；

　　2) 用危险性低的过程、操作、材料或设备替代；

　　3) 采用工程控制和重新组织工作；

　　4) 采用管理控制，包括培训；

　　5) 使用适当的个体防护装备。

i) 从生命周期观点出发，发射场应：

　　1) 适当时，制定控制措施，确保在工作和任务的设计和开发过程中，落实安全防护、环境保护要求，此时应考虑生命周期的每一阶段（见 8.3.2、8.3.3、8.3.5）；

　　2) 适当时，确定外部提供的过程、产品和服务的安全、环境要求（见 8.4.1、8.4.2）；

　　3) 与外部供方沟通发射场的相关安全、环境要求（见 8.4.3）；

　　4) 考虑提供与其工作和任务有关的运输或交付、使用、寿命结束后处理和最终处置相关的潜在重大安全、环境影响的信息的需求（见 8.3.5、8.6）。

j) 工作和任务有关信息的收集和分析要求，并应用于工作和任务的控制和改进；

k) 按照运行准则实施过程控制；

注：环境管理方面的运行控制可包括工程控制和程序。控制可按层级（例如：消
　　除、替代、管理）实施，并可单独使用或结合使用。

l) 在必要的范围和程度上，确定并保持、保留成文信息，以：

　　1）确信过程已经按策划得到实施；

　　2）证实工作和任务符合要求。

策划的输出应适合于发射场的运行。

发射场应确保外包过程受控（见8.4），确保对外包过程实施控制或施加影响。

8.1.2　变更管理

发射场应建立过程，用于实施和控制所策划的、影响工作和任务符合要求及质量安全环境绩效的临时性和永久性变更。这些变更包括（但不限于）：

a) 新的工作和任务、过程，或对现有工作和任务、过程的变更；

b) 法律法规要求和其他要求的变更；

c) 有关质量风险、危险源和安全风险、环境因素和环境影响的知识或信息的变更；

d) 知识和技术的发展。

发射场应评审非预期性变更的后果，必要时采取措施，以减轻任何不利影响，确保持续地符合要求。

注：变更可带来风险和机遇。

8.2　工作和任务要求

8.2.1　顾客沟通

发射场与顾客沟通的内容应包括：

a) 提供有关工作和任务的信息，包括安全防护、环境保护的要求；

b) 处理问询等事宜，包括更改；

c) 获取有关工作和任务的顾客反馈，包括顾客投诉；

d) 处置或控制顾客财产；

e) 关系重大时，制定应急措施的特定要求。

注："关系重大"是指因内部或外部原因，可能对实现顾客要求造成重大不利影响
　　的情况。

8.2.2　工作和任务要求的确定

在确定工作和任务的要求时，发射场应确保：

a) 工作和任务的要求得到规定，包括：

　　1）适用的法律法规要求；

　　2）发射场认为的必要要求。

b) 工作和任务的结果，能够满足声明的要求。

8.2.3　工作和任务要求的评审

8.2.3.1　发射场应确保有能力完成承担的工作和任务。在承诺能够完成工作和任务之前，发射场应对如下各项要求进行评审：

a) 顾客规定的要求，包括对交付及交付后活动的要求；

b) 顾客虽然没有明示，但规定的用途或已知的预期用途所必需的要求；

c) 发射场规定的要求；

d) 适用于工作和任务的法律法规要求和其他要求；

e) 与以前表述不一致的要求；

f) 主要质量风险、安全风险、重要环境因素及其控制措施。

发射场应确保与以前规定不一致的要求已得到解决。

若顾客没有提供成文的要求，发射场在接受顾客要求前应对顾客要求进行确认。

8.2.3.2　适用时，发射场应保留与下列方面有关的成文信息：

a) 评审结果；

b) 工作和任务的新要求。

8.2.4　工作和任务要求的更改

若工作和任务要求发生更改，发射场应确保相关的成文信息得到修改，并确保相关人员知道已更改的要求。

8.3　工作和任务的设计和开发

8.3.1　总则

发射场应建立、实施和保持适当的设计和开发过程，以确保后续的工作和任务的实施。

8.3.2　设计和开发策划

在确定设计和开发的各个阶段和控制时，发射场应考虑：

a) 设计和开发活动的性质、持续时间和复杂程度；

b) 所需的过程阶段，包括适用的设计和开发评审；

c) 所需的设计和开发验证、确认活动；

d) 设计和开发过程涉及的职责和权限；

e) 设计和开发所需的内部、外部资源；

f) 设计和开发过程参与人员之间接口的控制需求；

g) 顾客及组织管理、总体技术、指挥操作等相关人员参与设计和开发过程的需求；

h) 对后续工作和任务实施的要求；

i) 顾客和其他有关相关方所期望的对设计和开发过程的控制水平；

j) 落实软件开发计划的措施，确定软件需求分析、设计、编码、测试等要求，以及测试工作独立性的要求；

k) 工作和任务有关的安全防护、环境保护要求；

l) 工作和任务适用的法律法规要求和其他要求；

m) 证实已经满足设计和开发要求所需的成文信息。

发射场应保留设计和开发策划输出的成文信息，并及时更新。

8.3.3 设计和开发输入

发射场应针对具体工作和任务的设计和开发确定必需的要求，应考虑：

a) 功能和性能要求；

b) 有关设施设备的图纸、资料和使用说明书等；

c) 安全风险、环境因素控制要求，此时应考虑生命周期的每一阶段；

d) 以往类似工作和任务设计和开发活动的适用信息；

e) 适用的法律法规要求和其他要求；

f) 发射场承诺实施的标准或规范；

g) 由工作和任务性质所导致的潜在的失效后果。

针对设计和开发的目的，输入应是充分和适宜的，且应完整、清楚。

相互矛盾的设计和开发输入应得到解决。

发射场应保留有关设计和开发输入的成文信息。

发射场应对设计和开发输入的充分性和适宜性进行评审，并保留评审结果的成文信息。

8.3.4 设计和开发控制

发射场应对设计和开发过程进行控制，以确保：

a) 规定拟获得的结果；

b) 实施评审活动，以评价设计和开发的结果满足要求的能力；

c) 实施验证活动，以确保设计和开发输出满足输入的要求；

d) 实施确认活动，以确保工作和任务能够满足规定的要求；

e) 针对评审、验证和确认过程中确定的问题采取必要措施；

f) 保留这些活动的成文信息。

注 1：设计和开发的评审、验证和确认具有不同目的，可单独或以任意组合的方式进行。

注 2：计算机软件的验证和确认，包括软件过程的分析、评价、评审、审查、评估和测试等，确保满足预期用途和工作需要。

8.3.5 设计和开发输出

发射场应确保设计和开发输出：

a) 满足输入的要求；

b) 满足后续工作和任务实施的需要；

c) 包括或引用监视和测量的要求，适当时，包括工作和任务放行或接收准则；

d) 对实现预期目的、保证安全、保护环境和正常实施所必需的工作和任务特性做出规定。

发射场应保留有关设计和开发输出的成文信息。

8.3.6 设计和开发更改

发射场应对工作和任务在设计和开发期间以及后续所做的更改进行适当的识别、评审和控制，以确保这些更改对满足要求不会产生不利影响。发射场应保留下列方面的成文信息：

a）设计和开发更改；

b）评审的结果；

c）更改的授权；

d）为防止不利影响而采取的措施。

8.4　外部提供的过程、产品和服务的控制

8.4.1　总则

发射场应建立、实施和保持过程，确保外部提供的过程、产品和服务符合要求（包括一体化管理体系的要求以及质量、安全、环境方面的要求）。

在下列情况下，发射场应确定对外部提供的过程、产品和服务实施的控制（包括施加影响）：

a）外部供方的产品和服务将构成发射场自身的工作和任务的一部分；

b）外部供方代表发射场直接将产品和服务提供给顾客；

c）发射场决定由外部供方提供过程或部分过程。

发射场应基于外部供方按照要求提供过程、产品和服务的能力，确定并实施对外部供方的评价、选择、绩效监视以及再评价的准则（包括安全、环境方面的准则）。对于这些活动和由评价引发的任何必要的措施，应保留成文信息。

8.4.2　控制类型和程度

发射场应确保外部提供的职能和过程得到控制，确保外部提供的过程、产品和服务不会对发射场稳定地完成顾客赋予的工作和任务的能力以及安全、环境绩效产生不利影响。发射场应：

a）确保外部提供的过程保持在其一体化管理体系的控制之中，确保承包方及其工作人员满足其一体化管理体系要求；

b）确保其外包安排符合法律法规要求和其他要求，并与实现一体化管理体系的预期结果相一致；

c）规定对外部供方的控制及其输出结果的控制，包括安全、环境方面的控制；

d）考虑：

　　1）外部提供的过程、产品和服务对发射场稳定地提供满足顾客要求和适用的法律法规要求的能力以及安全、环境绩效的潜在影响；

　　2）由外部供方实施控制的有效性。

e）确定必要的验证或其他活动，以确保外部提供的过程、产品和服务满足要求。

8.4.3　提供给外部供方的信息

发射场应确保在与外部供方沟通之前所确定的要求是充分和适宜的。

发射场应与外部供方沟通以下要求：

a）需提供的过程、产品和服务；

b）对下列内容的批准：

　　1）产品和服务；

　　　　2）方法、过程和设备；

　　　　3）产品和服务的放行或接收。

　　c）能力，包括所要求的人员资格；

　　d）安全要求，以辨识由下列方面所产生的危险源并评价和控制安全风险：

　　　　1）对发射场造成影响的承包方的活动和运行；

　　　　2）对承包方工作人员造成影响的发射场的活动和运行；

　　　　3）对工作场所内其他相关方造成影响的承包方的活动和运行。

　　e）环境保护要求；

　　f）外部供方与发射场的互动；

　　g）发射场使用的对外部供方绩效的控制和监视；

　　h）发射场或其顾客拟在外部供方现场实施的验证或确认活动。

8.5　工作和任务的实施

8.5.1　工作和任务实施的控制

　　发射场应在受控条件下完成工作和任务。

　　适用时，受控条件应包括：

　　a）可获得成文信息，以规定以下内容：

　　　　1）拟实施的工作和任务的特性；

　　　　2）拟获得的结果。

　　b）可获得和使用适宜的监视和测量资源；

　　c）在适当阶段实施监视和测量活动，以验证是否符合过程或输出的控制准则以及工作和任务的放行或接收准则；

　　d）为过程的运行使用适宜的基础设施，并保持适宜的环境；

　　e）配备胜任的人员，包括所要求的资格；

　　f）实施质量安全环境风险识别、评价、控制；

　　g）若输出结果不能由后续的监视或测量加以验证，应对工作和任务过程实现策划结果的能力进行确认，并定期再确认。确认内容包括：

　　　　1）过程评审和批准的准则；

　　　　2）设备认可和人员资格鉴定；

　　　　3）特定的方法和程序的使用；

　　　　4）保留成文信息的要求。

　　h）采取措施防止人为错误；

　　i）实施放行或接收、交付和交付后活动。

8.5.2　标识和可追溯性

　　需要时，发射场应采用适当的方法识别输出，以确保工作和任务符合要求。

　　发射场应在工作和任务的整个过程中按照监视和测量要求识别输出状态。

　　当有可追溯要求时，发射场应控制输出的唯一性标识，并应保留所需的成文信息以实现可追溯。

8.5.3 顾客或外部供方的财产

发射场应爱护在发射场控制下或发射场使用的顾客或外部供方的财产。

对发射场使用的或构成工作和任务一部分的顾客和外部供方财产，发射场应予以识别、验证、保护和防护。

若顾客或外部供方的财产发生丢失、损坏或发现不适用情况，发射场应向顾客或外部供方报告，并保留所发生情况的成文信息。

注：顾客或外部供方的财产可能包括材料、零部件、工具和设备以及场所、知识产权和个人资料。

8.5.4 防护

发射场应在工作和任务中对输出进行必要的防护，以确保符合要求。

注：防护可包括标识、处置、污染控制、静电控制、包装、储存、传输或运输以及保护。

8.5.5 交付后的活动

发射场应满足与工作和任务相关的交付后活动的要求。

在确定所要求的交付后活动的覆盖范围和程度时，应考虑：

a）法律法规要求和其他要求；

b）与工作和任务相关的潜在不良的后果；

c）工作和任务的性质、使用和预期寿命；

d）顾客要求；

e）顾客反馈。

8.5.6 变更控制

发射场应对工作和任务实施的变更进行必要的评审和控制，以确保持续地符合要求。这些变更包括（但不限于）：

a）工作和任务组织；

b）工作和任务条件；

c）基础设施、原辅材料；

d）工作和任务人员，包括劳动力；

e）工作和任务场所的位置和周边环境。

发射场应保留成文信息，包括有关变更评审的结果、授权进行变更的人员以及根据评审所采取的必要措施。

8.6 工作和任务的放行

发射场应在适当阶段实施策划的安排，以验证工作和任务的要求已得到满足。

除非得到有关授权人员的批准，适用时得到顾客的批准，否则在策划的安排已圆满完成之前，不应向顾客放行、交付工作和任务。

发射场应保留有关工作和任务放行、交付的成文信息，包括：

a) 符合接收准则的证据；

b) 可追溯到授权放行人员的信息。

8.7 不合格输出的控制

8.7.1 发射场应确保对不符合工作和任务要求的输出进行识别和控制，以防止非预期的使用或交付。

发射场应根据不合格的性质及其对工作和任务符合性的影响采取适当措施。这也适用于在工作和任务过程中或交付之后发现的不合格输出。

发射场应通过下列一种或几种途径处置不合格输出：

a) 纠正；

b) 隔离、限制、更换或暂停工作和任务；

c) 告知顾客；

d) 获得让步接收的授权。

对不合格输出进行纠正之后应验证其是否符合要求。

8.7.2 发射场应保留下列成文信息：

a) 描述不合格；

b) 描述所采取的措施；

c) 描述获得的让步；

d) 识别处置不合格的授权。

8.8 应急准备和响应

发射场应建立、实施并保持对6.1.1中识别的潜在紧急情况进行应急准备并做出响应所需的过程，包括：

a) 通过策划的措施做好响应紧急情况的准备，包括提供急救，以预防或减轻它所带来的不利影响；

b) 为所策划的响应提供培训；

c) 定期测试和演练所策划的响应能力；

d) 对实际发生的紧急情况做出响应；

e) 根据紧急情况和潜在影响的程度，采取相适应的措施以预防或减轻紧急情况带来的后果；

f) 定期评审并修订过程和策划的响应措施，特别是发生紧急情况后或进行测试后；

g) 与所有工作人员沟通并提供与其义务和职责有关的信息；

h) 与承包方、访问者、应急响应服务机构、政府部门、当地社区（适当时）沟通相关信息；

i) 必须考虑所有有关相关方的需求和能力，适当时确保其参与制定所策划的响应。

发射场应保持和保留关于响应潜在紧急情况的过程和计划的成文信息，以确信过程能按策划得到实施。

9 绩效评价

9.1 监视、测量、分析和评价

9.1.1 总则

发射场应建立、实施和保持监视、测量、分析和评价绩效的过程。

发射场应确定：

a) 需要监视和测量的内容，包括（但不限于）以下方面：

1) 工作和任务的实施情况；

2) 满足顾客要求、法律法规要求和其他要求的程度；

3) 与所辨识的危险源、风险和机遇相关的活动和运行；

4) 与所识别的环境因素相关的活动和运行；

5) 实现目标的进展情况；

6) 过程绩效，包括运行控制和其他控制的有效性；

7) 本标准其他条款中要求的监视、测量。

b) 适用时的监视、测量、分析和评价的方法，以确保结果有效；

c) 评价其质量安全环境绩效所依据的准则和适当的参数；

d) 实施监视和测量的时机；

e) 监视和测量的主体；

f) 对监视和测量的结果进行分析、评价和沟通的时机；

g) 对监视和测量的结果进行分析和评价的主体。

发射场应评价其质量安全环境绩效并确定一体化管理体系的有效性。

发射场应按其应遵守的法律法规要求和其他要求及其建立的信息交流过程，就有关质量安全环境绩效的信息进行内部和外部信息交流。

发射场应保留适当的成文信息，作为监视、测量、分析和评价绩效的结果的证据。

9.1.2 顾客满意

发射场应监视顾客对其需求和期望已得到满足的程度的感受。发射场应确定获取、监视和评审该信息的方法。

9.1.3 安全环境合规性评价

发射场应建立、实施和保持对其遵守适用的安全、环境法律法规要求和其他要求（见6.1.5）的情况进行评价的过程。

发射场应：

a) 确定实施合规性评价的频次和方法；

b) 评价合规性，需要时采取措施（见10.2）；

c) 保持其合规状况的知识和对其合规状况的理解；

d) 保留成文信息，作为合规性评价结果的证据。

9.1.4 分析与评价

发射场应分析和评价通过监视和测量获得的适当的数据和信息。

应利用分析结果评价：

a）工作和任务的符合性，安全、环境绩效；

b）顾客满意程度；

c）一体化管理体系的绩效和有效性；

d）策划是否得到有效实施；

e）应对风险和机遇所采取措施的有效性；

f）外部供方的绩效；

g）一体化管理体系改进的需求。

分析和评价结果应用于一体化管理体系、工作和任务的改进。

注：数据分析方法可包括统计技术。

9.2　内部审核

9.2.1　发射场应按照策划的时间间隔实施内部审核，以提供一体化管理体系的下列信息：

a）是否符合：

1）发射场自身的一体化管理体系的要求，包括方针和目标；

2）本标准的要求。

b）是否得到有效的实施和保持。

9.2.2　发射场应：

a）依据有关过程的重要性、对发射场产生影响的变化以及以往的审核结果，策划、建立、实施和保持一个或多个内部审核方案，包括实施审核的频次、方法、职责、协商、策划要求和报告；

b）规定每次审核的审核准则和范围；

c）选择审核员并实施审核，以确保审核过程客观公正；

d）确保向相关管理者报告审核结果，确保向工作人员及其代表（若有）以及其他有关的相关方报告相关的审核结果；

e）采取措施，以应对不符合和持续改进其质量安全环境绩效（见第 10 章）；

f）保留成文信息，作为审核方案实施以及审核结果的证据。

9.3　管理评审

9.3.1　总则

最高管理者应按照策划的时间间隔对发射场的一体化管理体系进行评审，以确保其持续的适宜性、充分性和有效性，并与发射场的战略方向保持一致。

9.3.2　管理评审输入

策划和实施管理评审时应考虑下列内容：

a）以往管理评审所采取措施的情况；

b）以下方面的变化：

1）与一体化管理体系相关的内外部因素；

2）相关方的需求和期望；

3）法律法规要求和其他要求；

4）重要环境因素；

5）风险和机遇。

c）下列有关一体化管理体系绩效和有效性的信息，包括其趋势：

1）顾客满意和有关相关方的反馈；

2）方针和目标的实现程度；

3）过程绩效以及工作和任务的符合情况；

4）事件、不符合（不合格）、纠正措施和持续改进；

5）监视和测量结果；

6）对适用的安全、环境法律法规要求和其他要求的合规性评价的结果；

7）审核结果；

8）外部供方的绩效；

9）工作人员的协商和参与；

10）风险和机遇。

d）资源的充分性；

e）来自相关方的有关信息交流，包括抱怨；

f）应对风险和机遇所采取措施的有效性（见6.1.6）；

g）改进的机会。

9.3.3　管理评审输出

管理评审的输出应包括与下列事项相关的决定和措施：

a）一体化管理体系在实现其预期结果方面的持续适宜性、充分性和有效性；

b）持续改进的机会；

c）任何对一体化管理体系变更的需求；

d）资源需求；

e）如需要，目标未实现等情况需采取的措施；

f）如需要，改进一体化管理体系与其他工作和任务过程融合的机会；

g）对发射场战略方向的任何影响。

最高管理者应就相关的管理评审输出与工作人员及其代表（若有）进行沟通（见7.4）。

发射场应保留成文信息，作为管理评审结果的证据。

10　改进

10.1　总则

发射场应确定和选择改进机会（见第9章），并采取必要措施，以满足顾客要求，增强顾客满意，实现一体化管理体系的预期结果。这应包括：

a）改进工作和任务，以满足要求并应对未来的需求和期望；

　　b）纠正、预防或减少不利影响；

　　c）改进一体化管理体系的绩效和有效性。

　　注：改进的例子可包括纠正、纠正措施、持续改进、突破性变革、创新和重组。

10.2　事件、不符合（不合格）和纠正措施

10.2.1　发射场应建立、实施和保持包括报告、调查和采取措施在内的过程，以确定和管理事件和不符合（不合格）。当出现事件或不符合（不合格）时，包括来自投诉的不符合（不合格），发射场应：

　　a）及时对事件和不符合（不合格）做出反应，并在适用时：

　　　　1）采取措施予以控制和纠正；

　　　　2）处置后果，包括减轻不利影响。

　　b）在工作人员的参与（见5.4）和其他相关方的参加下，通过下列活动，评价是否需要采取措施，以消除产生事件或不符合（不合格）的根本原因，防止其再次发生或者在其他场合发生：

　　　　1）调查和评审事件或不符合（不合格）；

　　　　2）确定导致事件或不符合（不合格）的原因；

　　　　3）确定是否存在或可能发生类似的事件或不符合（不合格）。

　　c）按照控制层级（见8.1.1）和变更控制（见8.1.2、8.2.4、8.3.6、8.5.6），确定并实施任何所需的措施，包括纠正措施；

　　d）在采取措施前，评价与新的或变化的过程、危险源、重要环境因素相关的质量安全环境风险；

　　e）评审所采取的任何措施的有效性，包括纠正措施；

　　f）需要时，对现有的风险和机遇的评价进行评审，更新在策划期间确定的风险和机遇（见6.1）；

　　g）需要时，变更一体化管理体系。

纠正措施应与事件或不符合（不合格）所产生的影响或潜在影响相适应。

当工作和任务发生严重、重大质量问题时，发射场应实施问题的技术归零和管理归零。

　　注：技术归零的五条要求：定位准确、机理清楚、问题复现、措施有效、举一反三；管理归零的五条要求：过程清楚、责任明确、措施落实、严肃处理、完善规章。

当确认不符合（不合格）是外部供方的原因所致时，发射场应要求外部供方采取纠正和纠正措施，并评价措施的有效性。

10.2.2　发射场应保留成文信息，作为下列事项的证据：

　　a）事件、不符合（不合格）的性质以及随后所采取的任何措施；

　　b）任何措施和纠正措施的结果，包括其有效性。

发射场应就有关的成文信息与相关工作人员及其代表（若有）和其他有关的相关方

进行沟通。

　　注：及时报告和调查事件可有助于消除危险源和尽快降低相关安全风险。

10.3　持续改进

　　发射场应通过下列方式持续改进一体化管理体系的适宜性、充分性和有效性：

　　a）提升质量安全环境绩效；

　　b）促进支持一体化管理体系的文化；

　　c）促进工作人员参与一体化管理体系持续改进措施的实施；

　　d）就有关持续改进的结果与工作人员及其代表（若有）进行沟通；

　　e）考虑分析和评价的结果以及管理评审的输出，以确定是否存在需求或机遇，这些需求或机遇应作为持续改进的一部分加以应对。

　　发射场应保持和保留成文信息作为持续改进的证据。

第3章 《航天发射场质量安全环境一体化管理体系要求》理解与实施

本章主要阐述《航天发射场质量安全环境一体化管理体系要求》的理解要点、实施要点、审核要点及常见问题。

3.1 范围

▲ 标准条文

---

1 范围

本标准规定了航天发射场质量安全环境一体化管理体系建立、实施、保持和持续改进的要求。

本标准适用于航天发射场（以下简称发射场）各项工作和任务的质量安全环境管理活动。

本标准可帮助发射场实现其质量安全环境一体化管理体系（以下简称一体化管理体系）的预期结果，包括：

a) 持续提升质量安全环境绩效；

b) 遵守法律法规要求和其他要求；

c) 实现质量安全环境目标。

注：本标准中的"安全"涉及发射场的所有安全，包括"职业健康安全"。

▲ 理解要点

1)《航天发射场质量安全环境一体化管理体系要求》（以下简称本标准）旨在规定航天发射场（以下简称发射场）质量安全环境一体化管理体系（以下简称一体化管理体系）的要求。

2) 本章规定了本标准的适用范围。本标准适用于发射场所有工作和任务、所有单位、所有场所的质量管理、安全管理和环境管理活动。

3) 通常，三合一的一体化管理体系是指"质量、环境和职业健康安全管理体系"。发射场的一体化管理体系界定为"质量安全环境一体化管理体系"，其中的"安全"涉及发射场各个方面的安全，既包括职业健康安全，也包括装备、设施和财产等的安全。

"质量"（GB/T 19000—2016 标准中 3.6.2）是指"客体的一组固有特性满足要求的程度"。"固有"（其对应的是"赋予"）是指存在于客体中。

"客体"（GB/T 19000—2016 标准中 3.6.1）是指"可感知或可想象到的任何事物"。

客体可能是物质的（如一台设备、一张纸）、非物质的（如一个项目计划、转换率）或想象的（如组织的未来状态）。

"特性"（GB/T 19000—2016 标准中 3.10.1）是指"可区分的特征"。特性可以是固有的或赋予的，也可以是定性的或定量的。有各种类别的特性，如物理的（如机械的、电的、化学的或生物学的特性）、感官的（如嗅觉、触觉、味觉、视觉、听觉）、行为的（如礼貌、诚实、正直）、时间的（如准时性、可靠性、可用性、连续性）、人因工效的（如生理的特性或有关人身安全的特性）、功能的（如车辆的最高速度）等。

"安全"是指不发生人身伤害、健康损害、财产损失、工作环境破坏的状态。

"环境"（GB/T 24001—2016 标准中 3.2.1）是指"组织运行活动的外部存在，包括空气、水、土地、自然资源、植物、动物、人，以及它们之间的相互关系"。外部存在可能从组织内延伸到当地、区域和全球系统。外部存在可用生物多样性、生态系统、气候或其他特征来描述。

4）发射场的业务活动主要是提供发射测控服务，习惯上，将这类活动称为"工作和任务"，因此，GB/T 19001—2016《质量管理体系　要求》中的"产品和服务"在本标准中称为"工作和任务"。确切地讲，本标准中的"工作和任务"对应于 GB/T 19001—2016 标准中"产品和服务"的"服务"。

"产品"（GB/T 19000—2016 标准中 3.7.6）是指"在组织和顾客之间未发生任何交易的情况下，组织能够产生的输出"。

"服务"（GB/T 19000—2016 标准中 3.7.7）是指"至少有一项活动必须在组织和顾客之间进行的组织的输出"。

"顾客"（GB/T 19000—2016 标准中 3.2.4）是指"能够或实际接受为其提供的，或按其要求提供的产品或服务的个人或组织"。

"输出"（GB/T 19000—2016 标准中 3.7.5）是指"过程的结果"。

"过程"（GB/T 19000—2016 标准中 3.4.1）是指"利用输入实现预期结果的相互关联或相互作用的一组活动"。一个过程的输入通常是其他过程的输出，而一个过程的输出又通常是其他过程的输入。两个或两个以上相互关联和相互作用的连续过程也可作为一个过程。

5）本标准是在满足 GB/T 19001—2016《质量管理体系　要求》、GB/T 45001—2020《职业健康安全管理体系　要求及使用指南》、GB/T 24001—2016《环境管理体系　要求及使用指南》标准要求的基础上，增加 GJB 9001C—2017《质量管理体系要求》中的部分要求及发射场的特殊要求，形成的发射场一体化管理体系的规范性文件。因此，本标准能用于实施 GB/T 19001—2016、GB/T 45001—2020、GB/T 24001—2016 标准和评价其符合性的要求。

6）一体化管理体系预期结果包括：

a）提升质量安全环境绩效。"绩效"（GB/T 19000—2016 标准中 3.7.8）是指"可测量的结果"，质量安全环境绩效可体现在诸多方面，如人员的质量安全环境意识、法规意识、风险意识的建立与提高；工作流程的规范及优化，规章制度、标准的完善；工作和任务的圆满完成、质量问题的减少；本质安全程度的提高、安全风险的降低、安全事件的减少；资源能源消耗的降低、污染物产生和排放的减少、生态环境的改善；工作效率及效益的提高等。

b）遵守法律法规要求和其他要求。本标准"4.1 理解发射场及其所处的环境""4.2 理解工作人员和其他相关方的需求和期望""6.1.5 法律法规要求和其他要求的确定""6.1.6 措施的策划""7.4 信息交流""8.2.2 工作和任务要求的确定""8.3.2 设计和开发策划""8.3.3 设计和开发输入""8.4.2 控制类型和程度""9.1.3 安全环境合规性评价""9.3.2 管理评审输入"等条款要求发射场确定需要遵守的法律法规要求和其他要求，以及如何应用有关的法律法规要求和其他要求，并进行合规性评价。在工作和任务中落实这些要求，可以有效促进发射场遵守有关法律法规要求和其他要求。

c）实现质量安全环境目标。建立和实现质量安全环境目标，是发射场实现质量安全环境绩效的有效手段。发射场建立、运行一体化管理体系，规范质量安全环境管理的一系列活动，有利于其质量安全环境目标的实现。

7）本标准未针对发射场提出具体的质量安全环境绩效要求，发射场可根据其规模、类型和性质特点，其能够控制和施加影响的质量风险、安全风险、环境因素等情况，斟酌确定其质量、安全、环境目标和绩效。

◥ **实施要点**

1）发射场在建立、实施和保持其一体化管理体系时，应同时考虑与其工作和任务相关的质量、安全、环境管理要求。

2）发射场应明确其一体化管理体系的运行范围、认证范围（需要时）。

3.2 引用文件

◥ **标准条文**

> **2 引用文件**
>
> 下列文件对于本标准的应用是必不可少的。凡是注日期的引用文件，仅注日期的版本适用于本标准。凡是不注日期的引用文件，其最新版本（包括所有的修改单）适用于本标准。
>
> GB/T 19000—2016《质量管理体系 基础和术语》
>
> GB/T 19001—2016《质量管理体系 要求》
>
> GB/T 24001—2016《环境管理体系 要求及使用指南》
>
> GB/T 45001—2020《职业健康安全管理体系 要求及使用指南》
>
> GJB 2786《军用软件开发通用要求》
>
> GJB 5000《军用软件研制能力成熟度模型》
>
> GJB 8000《军用软件研制能力等级要求》

▲ 理解要点

1）本章明确了一体化管理体系的引用文件。建立、实施和保持一体化管理体系，除了满足本标准的要求外，还应满足引用文件中的相关要求。

2）落实引用文件中的相关要求时，应注意识别引用正确的文件版本。引用文件中凡是注日期的引用文件，仅注日期的版本适用于本标准。凡是不注日期的引用文件，其最新版本（包括所有的修改单）适用于本标准。

▲ 实施要点

具体实施本标准过程中，涉及相关引用标准时，应注意具体掌握相关引用标准的内容。

3.3 术语和定义

▲ 标准条文

3 术语和定义

GB/T 19000—2016、GB/T 24001—2016、GB/T 45001—2020 确立的以及下列术语和定义适用于本标准。

3.1 顾客

下达工作和任务或接受为其提供服务的个人或组织。

注：顾客可以是发射场内部的或外部的。

3.2 危险源

可能导致伤害、健康损害、财产损失、工作环境破坏的来源。

注：与伤害和健康损害有关的危险源可包括可能导致伤害或危险状态的来源，或可能因暴露而导致伤害和健康损害的环境。

3.3 事件

可能导致或已经导致质量损失、安全损害、环境破坏，或造成较大影响的情况。

注1：发生质量损失、安全损害、环境破坏，或造成较大影响的事件有时被称为"事故"。

注2：未发生但有可能发生质量损失、安全损害、环境破坏，或造成较大影响的事件可称为"未遂事件""未遂事故"或"事故隐患"。

▲ 理解要点

1）本章旨在明确本标准使用的术语和定义。

本标准采用 GB/T 19000—2016、GB/T 24001—2016、GB/T 45001—2020 标准中规定的术语和定义，并对其中"顾客""危险源""事件"的定义做了本地化处理。

顾客可以是发射场内部的或外部的。从内部顾客的角度看，下级应当完成上级赋予的工作和任务，上级即为其顾客；上级要为下级完成工作和任务创造条件，下级即为其顾客；具有连续性的工作和任务，上道工序的输出是下道工序的输入，下道工序的执行者即为上道工序执行者的顾客；对生活、医疗等服务保障类岗位而言，其服务保障对象即为其顾客。从外部顾客的角度看，发射场的上级机关，技术总体单位，运载火箭、航天器的研制、使用单位等即为其顾客。

危险源定义包括了职业健康安全涉及的危险源，但比其涉及的范围更为广泛。

2）除了本标准给出的术语和定义外，为防止错误理解，对本标准中的部分用词说明如下：

a）本标准使用的动词"应"表示要求，"可以"表示允许，"可、可能、能够"表示可能性或能力。

b）标记"注"的信息是理解或澄清相关要求的指南。

c）"持续"指发生在一段时期内的持续，但可能有间断；而"连续"指不间断的持续，因此应当使用"持续"来描述改进。

d）"考虑"意指有必要考虑，但可拒绝考虑；"必须考虑"意指有必要考虑，但不能拒绝考虑。

e）"适当的"与"适用的"不得互换。"适当的"意指适合于或适于……的，并意味着某种程度的自由；而"适用的"意指与应用有关或有可能应用，且意味着如果能够做到，就应该要做。

f）本标准使用了术语"相关方"，"利益相关方"是其同义词，代表了相同的概念。

g）"确保"一词意指职责可以委派，但责任不能委派。

h）"成文信息"被用于包含"文件"和"记录"。本标准使用短语"应作为成文信息予以保持"来表示文件，"保留成文信息作为……的证据"来表示记录。

▲ 实施要点

在实施本标准过程中，要注意准确把握相关术语和定义的含义，以便正确落实标准要求。

3.4　发射场所处的环境

3.4.1　理解发射场及其所处的环境

▲ 标准条文

4　发射场所处的环境
4.1　理解发射场及其所处的环境

发射场应确定与其宗旨和战略方向相关并影响其实现一体化管理体系预期结果的能力的外部和内部因素。这些因素应包括受发射场影响的或能够影响发射场的质量安全环境状况。

发射场应监视和评审这些外部和内部因素的相关信息。

注1：这些因素包括需要考虑的正面和负面要素或条件。

注2：考虑来自于国际、国家、军队、地方、行业的与政治、经济、文化、社会、技术、财政、监管、自然环境、法律法规、标准、竞争等有关的因素，有助于理解外部环境。

注3：考虑与发射场工作和任务、组织机构、管理模式、价值观、文化、知识、人力资源、基础设施、绩效水平等有关的因素，有助于理解内部环境。

▲ 理解要点

1）本章旨在使发射场能够在充分考虑内外部因素、相关方需求和期望的基础上，确定一体化管理体系的范围、过程及相互关系，以建立适用的一体化管理体系。

本条旨在确保发射场理解与其宗旨和战略方向相关并对其实现一体化管理体系预期结果的能力产生正面和负面影响的外部和内部因素。

2）发射场所处的环境是指与其宗旨和战略方向相关并影响其实现一体化管理体系预期结果的能力的外部和内部因素。

任何组织都无法避免与所处环境之间的相互作用。发射场同样受着各种环境因素的影响和制约，并在这种制约中寻求生存和发展。随着内外部环境的变化，发射场在制定与实施自身发展战略时必须考虑各种环境因素，并对这些因素的发展变化趋势做出正确合理判断。发射场应认识到其内外部环境是不断变化的，并应具备相应的能力，以调整自身的管理体系使其能够适应这种变化。

对发射场所处环境的分析把握，其目的就在于准确认清发射场所面临的内外部环境的现状和趋势，认清挑战和机遇，拿出应对和解决的办法，明确解决问题的思路和对策，切实在抓住机遇、发展优势、克服短板、预防风险、战胜挑战上有所作为。

3）发射场的外部和内部因素既包括正面的，也包括负面的；既涉及质量方面，也涉及安全、环境方面；包含了能够影响一体化管理体系的条件、特征或变化情况。

可使用诸如优势、劣势、机会与威胁分析（SWOT），政治、经济、社会、技术、法律、环境分析（PESTLE），以及头脑风暴、"假设分析（What if）"等多种方法、工具确定发射场所处的环境。无论所选择的方法或简或繁，其考虑的方面至少会涉及：

a）全面掌握发射场的条件和环境；

b）准确把握问题的现状与趋势；

c）充分识别与认识风险和机遇；

d）明确解决问题的方向与思路；

e）科学确定发射场的任务与目标。

　　4）有关外部和内部因素的信息有多种来源，如内部成文信息和会议、国家和国际媒体、网站、国家统计部门和其他政府部门的出版物、专业和技术出版物、与相关机构的会议、与顾客和有关相关方的会议，以及专业协会等。

　　5）发射场的外部环境可包括来自于国际、国家、军队、地方、行业的与政治、经济、文化、社会、技术、财政、监管、自然环境、法律法规、标准、竞争等有关的因素，例如：

　　a）国际方面，政治格局、经济形势、安全形势、军事态势、科技水平、气候变化、文化传统、公约标准、竞争对手等方面的情况；

　　b）国家方面，发展战略、政策法规、政治形势、经济形势、安全形势、自然环境（包括与地理、地质、气候、空气质量、水质量、土地利用、现存污染、自然资源的可获得性和生物多样性等相关的，可能影响发射场的目的或受其环境因素影响的环境状况）、教育水平、科技水平、医疗卫生、文化建设、竞争态势等方面的情况；

　　c）军队方面，发展战略、职能使命、体制机制、政策法规、文化建设、科技水平、军事实力等方面的情况；

　　d）地方方面，发展战略、法规制度、社会治安、自然环境、地域文化、协调机制等方面的情况；

　　e）行业方面，与行业或专业相关的、对发射场有影响的发展形势、竞争态势、标准体系、科技水平等方面的关键驱动因素和趋势；

　　f）相关方方面，周边组织、相关诉求，与其外部相关方之间的关系，以及外部相关方的观念和价值观；

　　g）与上述各项有关的变化。

　　6）发射场的内部环境可包括与发射场工作和任务、组织机构、管理模式、价值观、文化、知识、人力资源、基础设施、绩效水平等有关的因素，例如：

　　a）从事工作和任务的性质、规模，过程及活动的复杂程度等；

　　b）方针、目标及其实现的策略；

　　c）机构设置以及职责分配；

　　d）采用的管理模式及其成熟度；

　　e）特有的价值观、文化等；

　　f）知识的积累，包括经验教训的总结、科研学术成果等；

　　g）人员的数质量情况，包括能力、意识等；

　　h）设施设备的充分性、通用性、先进性、可靠性、维修性、安全性等；

　　i）过程运行环境，包括工作条件、工作时间安排等；

　　j）信息系统、信息流及决策过程（正式的和非正式的）；

　　k）绩效水平，包括完成工作和任务的能力、质量水平、安全效果、环境效益、守法情况、工作效率、短板弱项等；

　　l）与上述各项有关的变化。

7）由于外部和内部因素是在不断变化的，因此，发射场外部和内部因素的确定活动也不应是一劳永逸的活动，而应监视和评审这些外部和内部因素的相关信息，视情采取应对措施。发射场可以按照策划的时间间隔，通过诸如管理评审等活动评审其环境。

8）本条的输出应作为"4.3 确定一体化管理体系的范围""4.4 一体化管理体系及其过程""5.1 领导作用和承诺""5.2 方针""6.1 应对风险和机遇的措施""9.3 管理评审"等条的输入。

▲ **实施要点**

1）确定发射场的外部和内部因素。

a）在确定的主体上，发射场一体化管理体系主管部门通常牵头负责确定发射场的外部和内部因素，发射场所属部门、单位也应确定与其业务活动相关的外部和内部因素；

b）在确定的时机上，发射场通常在策划一体化管理体系、制定发展规划、筹划年度工作等时机应确定其外部和内部因素；

c）确定的内容要全面、充分，重点围绕与发射场宗旨和战略方向相关并影响其实现一体化管理体系预期结果的能力方面进行，应同时考虑与其质量、安全、环境有关的因素。本条"注 2""注 3"分别给出了外部、内部环境的示例，发射场应进一步结合实际具体确定其外部和内部因素。

2）监视和评审外部和内部因素的相关信息。可以考虑在制定发展规划、筹划年度工作、工作和任务策划、形势分析等时机对外部和内部因素的相关信息进行监视和评审，尤其在管理评审活动中应进行系统、全面评审，当内外部环境发生重大变化时应及时进行评审。

3）本条虽然没有明确要求保留确定外部和内部因素及对其监视和评审的成文信息，但结合实际适当保留有关成文信息更有益于规范和促进工作。

可以考虑在管理手册中总体描述发射场与一体化管理体系相关的质量、安全、环境等方面的外部和内部因素，也可以在有关规划、报告等其他成文信息中或者以单独成文的方式明确发射场或所属部门、单位的外部和内部因素。可以用文字表述，也可以用表格罗列，见表 3-1。

表 3-1　一体化管理体系外部和内部因素

因素类别	因素内容		
	质量方面	安全方面	环境方面
外部因素	1. 2. …	1. 2. …	1. 2. …
内部因素	1. 2. …	1. 2. …	1. 2. …

无论是否形成发射场外部和内部因素的成文信息以及形成何种形式的成文信息，只要能够达到发射场全面、具体确定与其宗旨和战略方向相关并影响其实现一体化管理体系预期结果的能力的外部和内部因素的目的即可。

审核要点

1）通过与领导层交流，了解发射场对其一体化管理体系外部和内部因素的理解认识及确定情况；通过对发射场一体化管理体系主管部门及有关部门、单位的审核，核查发射场及所属部门、单位对其一体化管理体系外部和内部因素的理解认识及确定情况；结合审核前收集的相关信息判断发射场对其一体化管理体系外部和内部因素的确定是否准确和充分，尤其要关注是否包括与质量、安全、环境有关的外部和内部因素。

2）通过与领导层交流，了解发射场对其一体化管理体系外部和内部因素的相关信息进行监视和评审的情况；通过对发射场一体化管理体系主管部门及有关部门、单位的审核，结合查阅发展规划、工作和任务筹划、形势分析、管理评审等有关成文信息，核查发射场及所属部门、单位对其一体化管理体系外部和内部因素的相关信息进行监视和评审的情况。

常见问题

1）对"4.1 理解发射场及其所处的环境""6.1.4 环境因素识别评价""7.1.4 过程运行环境"条款中"环境"的理解不够准确，存在概念混淆问题。

2）未充分考虑与质量、安全、环境有关的外部和内部因素，或将外部和内部因素简单固化。

3）未对外部和内部因素的相关信息进行监视和评审。

3.4.2　理解工作人员和其他相关方的需求和期望

标准条文

4.2　理解工作人员和其他相关方的需求和期望

发射场应确定：

a）除工作人员之外的、与一体化管理体系有关的其他相关方；

b）工作人员及与一体化管理体系有关的其他相关方的需求和期望；

c）这些需求和期望中哪些是或将可能成为其法律法规要求和其他要求。

发射场应监视和评审相关方的信息及其相关要求。

注：发射场一体化管理体系的相关方主要包括上级机关、技术总体单位，运载火箭、航天器等研制、使用单位，发射场所属单位及人员，基础设施建设维护、物资器材供应及电力、电信、交通运输、金融服务等外部供方，进入发射场工作场所和辖区内的其他人员，驻地党委、政府、公安、消防、医疗、卫生、环保等部门机构及周边组织、居民等。

▲ 理解要点

1）本条旨在确保发射场考虑有关相关方的要求，而不是仅考虑直接顾客的要求。

2）"相关方"（GB/T 19000—2016 标准中 3.2.3）是指"可影响决策或活动、受决策或活动所影响、或自认为受决策或活动影响的个人或组织"。

一体化管理体系有关的相关方既包括内部相关方，也包括外部相关方，既包括与质量有关的相关方，也包括与安全、环境有关的相关方。工作人员是相关方之一，单独列出的目的旨在突出强调充分保障其健康和安全，维护其应有权益。

预先考虑发射场的内外部因素（见 4.1），将有助于确定其有关相关方。

3）收集、确定相关方的需求和期望的方法可包括对工作和任务的要求进行评审、与监管或法律部门一同评审法律法规要求、访问或座谈、加入相关协会、标杆对比、对供应链关系进行评审、开展相关方调查、监视相关方的需求和期望及满意情况等。发射场相关方由于所处的立场不同，其需求和期望也是多维丰富的，例如：

a）上级机关期望发射场圆满完成其赋予的各项工作和任务，保持安全稳定，保护生态环境等；

b）运载火箭、航天器等研制、使用部门期望发射场提供良好的合作环境，提供优质、高效的服务；

c）监管、执法等部门期望发射场遵守相关法律法规要求；

d）驻地政府和周边组织期望发射场积极保护环境、减少各种污染物的排放、降低对周边环境的影响、消除安全隐患等；

e）发射场工作人员期望发射场提供健康、安全、舒心、和谐的工作、生活环境，提供良好的发展机遇等。

4）相关方的需求和期望不一定全部都是发射场必须满足的要求，有的可以作为努力的方向逐步实现。

发射场应确定哪些相关方的需求和期望是必须遵守的。应成为发射场需要遵守的法律法规要求和其他要求的相关方的需求和期望包括（但不限于）：

a）上级工作和任务指示等要求；

b）与顾客签订合同中的要求；

c）工作人员安全健康方面的合理要求；

d）涉及国家和当地的环境保护法律法规、标准的要求；

e）许可执照或其他形式授权中规定的要求；

f）法院或行政裁决；

g）与公共机构、社会团体、非政府组织等相关方达成的协议；

h）近邻和周边社区居民反映的有关保护环境、保障健康和安全的合理要求。

对于相关方的需求和期望中不属于法律法规要求的，可以选择遵守（如纳入合同关系或签署自愿性协议）。一旦采纳了这些需求和期望，就成为发射场应遵守的要求，在策划、实施一体化管理体系时必须得到考虑。

5）本条的输出应作为"4.3 确定一体化管理体系的范围""4.4 一体化管理体系及其过程""5.1 领导作用和承诺""5.2 方针""6.1 应对风险和机遇的措施""9.3 管理评审"等条的输入。

▲ 实施要点

1）确定相关方及其需求和期望。

a）明确确定的主体，即由谁确定。发射场一体化管理体系主管部门通常牵头负责确定发射场的相关方及其需求和期望，发射场所属部门、单位也应确定与其业务活动有关的相关方及其需求和期望。

b）明确确定的时机，即何时确定。通常，发射场在策划一体化管理体系、制定发展规划、筹划年度工作等时机应确定其相关方及其需求和期望。

c）明确确定的对象、内容和方法，即确定什么、如何确定。在确定需求和期望时要注意考虑全面、充分。本条的"注"给出了相关方的示例，发射场应进一步结合实际具体确定与其质量、安全、环境有关的相关方及其需求和期望。

在确定相关方的需求和期望时，应落实本标准 5.4d）1）条款的要求，与非管理类工作人员进行协商。

2）确定这些需求和期望中哪些将成为发射场应当遵守的法律法规要求和其他要求。该项工作应结合"6.1.5 法律法规要求和其他要求的确定"的要求协调开展。

3）监视和评审相关方的信息及其相关要求。可以考虑在制定发展规划、筹划年度工作、工作和任务策划、形势分析等时机对相关方的信息及其需求和期望进行监视和评审，尤其在管理评审活动中应进行系统、全面评审，当有相关方抱怨或投诉时应及时进行评审。

4）本条虽然没有要求保留相关方、相关方的需求和期望及监视和评审结果的成文信息，但结合实际适当保留有关成文信息更有益于规范和促进工作。

可以考虑在管理手册中总体描述发射场与一体化管理体系相关的相关方、相关方的需求和期望，也可以在有关规划、报告等其他成文信息中或者以单独成文的方式明确发射场或所属部门、单位的相关方、相关方的需求和期望。可以用文字表述，也可以用表格罗列，见表 3-2。

表 3-2　相关方、相关方的需求和期望

相关方	需求和期望		
	质量方面	安全方面	环境方面
工作人员	1. 2. …	1. 2. …	1. 2. …

续表

相关方	需求和期望		
	质量方面	安全方面	环境方面
其他相关方	1. 2. …	1. 2. …	1. 2. …

无论是否形成发射场相关方、相关方的需求和期望的成文信息以及形成何种形式的成文信息，只要能够达到发射场全面、具体确定工作人员及与一体化管理体系有关的其他相关方的需求和期望的目的即可。

▲ 审核要点

1）通过与领导层交流，了解发射场对其一体化管理体系有关的相关方及其需求和期望的理解认识及确定情况；通过对发射场一体化管理体系主管部门及有关部门、单位的审核，核查发射场及所属部门、单位对其一体化管理体系有关的相关方及其需求和期望的理解认识及确定情况；结合审核前收集的相关信息判断发射场确定的一体化管理体系有关的相关方及相关方的需求和期望是否全面、充分，尤其要关注是否包括与质量、安全、环境有关的相关方及其需求和期望。

2）通过与领导层交流，了解发射场确定的一体化管理体系有关的相关方的需求和期望中哪些成为其应当遵守的法律法规要求和其他要求的情况；通过对发射场一体化管理体系主管部门及有关部门、单位的审核，结合"6.1.5 法律法规要求和其他要求的确定"条款的审核，核查发射场确定的一体化管理体系有关的相关方的需求和期望中哪些成为其应当遵守的法律法规要求和其他要求的情况。

3）通过与领导层交流，了解发射场对其一体化管理体系相关方的信息及其相关要求进行监视和评审的情况；通过对发射场一体化管理体系主管部门及有关部门、单位的审核，结合查阅发展规划、工作和任务筹划、形势分析、管理评审等有关成文信息，核查发射场及所属部门、单位对其一体化管理体系相关方的信息及其相关要求进行监视和评审的情况。

▲ 常见问题

1）对相关方及其需求和期望的识别确定不够全面，未充分考虑与质量、安全、环境有关的相关方及其需求和期望。

2）未明确相关方的需求和期望中哪些属于应当遵守的法律法规要求和其他要求。

3）未对相关方的信息及其相关要求进行监视和评审。

3.4.3　确定一体化管理体系的范围

4.3　确定一体化管理体系的范围

发射场应确定一体化管理体系的边界和适用性，以确定其范围。

在确定范围时，发射场应：

a）考虑 4.1 所提及的各种外部和内部因素；

b）必须考虑 4.2 所提及的要求；

c）考虑其组织单元、职能和物理边界；

d）必须考虑其所计划的或实施的工作和任务及与其相关的过程和活动；

e）考虑其实施控制与施加影响的权限和能力。

一体化管理体系应包括在发射场控制下的工作和任务，或在其影响范围内可能影响发射场质量安全环境绩效的活动、产品和服务。

如果本标准的全部要求适用于发射场确定的一体化管理体系范围，发射场应实施本标准的全部要求。

范围一经界定，该范围内发射场的所有工作和任务均需纳入一体化管理体系。

范围应作为成文信息予以保持，并可为相关方所获取。该范围应描述所覆盖的工作和任务类型，如果发射场确定本标准中质量方面的某些要求不适用时，应说明理由。

只有当所确定的不适用的要求不影响发射场确保其工作和任务合格的能力或责任，对增强顾客满意也不会产生影响时，方可声称符合本标准的要求。

1）本条旨在确定一体化管理体系的边界和适用性，以便发射场满足要求和实现一体化管理体系的预期结果。

2）一体化管理体系的范围通常与发射场的使命、规模、性质、工作和任务的类型、活动和过程的特点等多方面有关。确定一体化管理体系范围时应：

a）考虑 4.1 条确定的内外部因素。在考虑发射场内外部因素及其与一体化管理体系相互关系的基础上确定一体化管理体系的边界和适用性。

b）必须考虑 4.2 所提及的要求。尤其是应遵守的法律法规要求和其他要求，应包括在一体化管理体系范围内。

c）考虑组织单元（部门、单位等）、职能和物理边界（区域、场所、建筑物等）。可选择在整个发射场实施本标准，也可选择只在发射场特定部分实施本标准，都应明确其职能和物理边界。如果选择在发射场的特定部分实施本标准，则该特定部分应当符合管理体系标准关于组织的定义，即具有职责、权限和相互关系等自身功能，最高管理者有权建立一体化管理体系，并能够实现自身的目标。

d）既必须考虑覆盖正在实施的工作和任务及与其相关的过程和活动，又必须考虑覆盖将要实施的工作和任务及与其相关的过程和活动。

e）考虑实施控制与施加影响的权限和能力。管理体系的范围可能包括整个发射场，发射场中可被明确识别的职能或可被明确识别的部门、单位。但不能人为把发射场能够控制的工作和任务以及能够施加影响的与质量、安全、环境有关的活动、产品和服务排除在外。

3）本标准中有关安全、环境方面的要求均应得到实施。如果认为本标准中质量方面的某些要求不适用时，可以进行删减，但应说明正当、充分的理由。在确定应用质量管理体系的要求时，应考虑各条款的每项要求，而不是仅判定整个条款都不适用。有时，某一条款的要求可能部分适用，或全部适用或都不适用。那些不适用的要求，不能影响发射场工作和任务合格以及增强顾客满意的能力或责任。在确定本标准中的某个要求不适用时或拟删减时，可以尝试回答下列问题来寻找答案：

a）如果没有这个要求会出现什么问题？

b）满足这个要求是否会增强顾客及相关方的信任？

c）如果发射场对该要求不承担责任，那么谁将对此负责？

d）将识别的过程外包给了第三方，发射场的责任是什么？

4）范围是对包含在其一体化管理体系边界内发射场运行的真实并具代表性的声明，范围不可用来排除影响或可能影响发射场质量安全环境绩效的工作和任务及其过程和活动，或规避法律法规要求和其他要求，也不应当对相关方造成误导。

▲ 实施要点

1）首先确定一体化管理体系的边界和适用性，其次确定其范围。在确定标准的某个要求不适用时或拟删减时，要特别慎重。例如：对于"8.3 工作和任务的设计和开发"过程的删减，只有当不对工作和任务增添任何技术细节时，方可认为无工作和任务的设计和开发活动；对于"8.4 外部提供的过程、产品和服务的控制"过程，由于包括了外部资源提供的内容，很难说 8.4 条的要求有"不适用"的情况。

2）发射场可以根据实际需要确定其一体化管理体系的运行范围、认证范围，运行范围、认证范围可以不同。注意一体化管理体系运行范围、认证范围、审核范围的区别与联系。管理体系运行范围最大，由发射场确定，包括了其边界和适用性；认证范围由发射场提出申请，由认证机构进行评审并与发射场沟通后初步确定，经过现场审核后由认证机构最终确定，包括覆盖的工作和任务、涉及的过程和活动、涉及的场所等；审核范围由发射场或认证机构根据审核目的确定，包括受审核方的工作和任务及其过程和活动、实际位置、组织单元、所覆盖的时期等。运行范围、认证范围、审核范围可以保持一致，也可以根据需要和目的有所不同。

3）保持一体化管理体系范围的成文信息，并可为相关方所获取。一体化管理体系范围的成文信息可以单独成文，也可以在管理手册等成文信息中加以明确。

审核要点

通过与领导层交流，结合对发射场所属部门、单位审核所获取的证据，从以下方面判断发射场一体化管理体系范围确定的适宜性：

1）发射场一体化管理体系的边界是否清晰并得到确定。

2）发射场确定的质量管理方面不适用要求是否合理，理由是否充分。

3）发射场在确定一体化管理体系范围时是否充分考虑了 4.1 所提及的外部和内部因素，4.2 所提及的要求，组织单元、职能和物理边界，发射场的工作和任务、过程和活动，以及发射场实施控制与施加影响的权限和能力。

4）发射场是否保持了一体化管理体系范围的成文信息。

常见问题

对一体化管理体系过程的适用性判断不够合理，如对实际存在的工作和任务的设计和开发、外部提供的过程等做了删减处理等。

3.4.4　一体化管理体系及其过程

标准条文

4.4　一体化管理体系及其过程

4.4.1　为实现发射场的预期结果，包括提升其质量安全环境绩效，发射场应根据本标准要求，采用过程方法，遵循 PDCA 循环及基于风险的思维，并考虑在 4.1 和 4.2 中所获得的知识，建立、实施、保持和持续改进一体化管理体系，包括所需的过程及其相互作用。

发射场应确定一体化管理体系所需的过程及其在工作和任务中的应用，且应：

a）确定这些过程所需的输入和期望的输出；

b）确定这些过程的顺序和相互作用；

c）确定和应用所需的准则和方法（包括监视、测量和相关绩效指标），以确保这些过程的有效运行和控制；

d）确定这些过程所需的资源并确保其可获得；

e）分配这些过程的职责和权限；

f）按照 6.1 的要求应对风险和机遇；

g）评价这些过程，实施所需的变更，以确保实现这些过程的预期结果；

h）按照 GJB 8000、GJB 5000 和软件工程化要求，建立并实施相应等级的软件工作过程（见 8.1.1）；

i）改进过程和一体化管理体系。

4.4.2　在必要的范围和程度上，发射场应：

　　a）保持成文信息以支持过程运行；

　　b）保留成文信息以确信其过程按策划进行。

▲　**理解要点**

1）本条旨在确保发射场按照本标准的要求确定一体化管理体系所需的过程，不仅包括工作和任务实施过程，还包括有效实施体系所需的过程，如内部审核、管理评审和其他过程（包括外部供方实施的过程），确保发射场确定所需成文信息的范围和程度。

过程识别是建立一体化管理体系最为基础性的工作。过程识别不全或者识别不正确，将直接影响所建立的管理体系的有效性。

"建立"是指依据本标准的要求，结合发射场实际，进一步规范和完善发射场质量安全环境管理的过程，包括一体化管理体系的策划、机构的设置、职责权限的分配、资源的配备、成文信息的保持等。

"实施"是指按照建立的一体化管理体系及所规定的要求在具体工作和任务中加以全面、具体落实，包括目标的实现、运行控制、绩效评价等。

"保持"是指在运行中根据内外部环境的变化，以及运行中发现的问题，及时对一体化管理体系进行调整和修正，以适应不断变化的情况。

"持续改进"（GB/T 19000—2016 标准中 3.3.2）是指"提高绩效的循环活动"。通过绩效评价、内部审核和管理评审等手段，确定改进的机会，并实施必要的措施，不断改进管理体系的适宜性、充分性和有效性，提升质量安全环境绩效。

2）建立、实施、保持和持续改进一体化管理体系的基本遵循包括：采用过程方法，遵循 PDCA 循环及基于风险的思维，并考虑在 4.1 和 4.2 中所获得的知识。

3）基于风险的思维使发射场能确定可能导致其过程和一体化管理体系偏离策划结果的各种因素，采取预防措施，最大限度地降低不利影响，并最大限度地利用出现的机遇。基于风险的思维要求从过程开始到结束的风险都应得到考虑。基于风险的思维在本标准很多条款中体现，如：

a）第 4 章　确定一体化管理体系过程并应对风险和机遇。如"4.4 一体化管理体系及其过程"中要求"遵循 PDCA 循环及基于风险的思维"。

b）第 5 章　促进使用过程方法和基于风险的思维。如"5.1 领导作用和承诺"中要求"促进使用过程方法和基于风险的思维"，"5.1.2 以顾客为关注焦点"中要求"确定和应对可能影响工作和任务合格以及增强顾客满意能力的风险和机遇"。

c）第 6 章　确定需要应对的风险和机遇及控制措施。如"6.1.1 总则"中要求"确定需要应对的风险和机遇""确定和评价与一体化管理体系预期结果有关的风险和机遇"，"6.1.2 质量风险评估"中要求"识别、评价质量风险"，"6.1.3 危险源辨识及风险和机遇的评价"中要求"评价安全风险和安全管理体系的其他风险"，"6.1.4 环境因素识别评价"中要求"确定其工作和任务中能够控制和能够施加影响的环境因素及其相关的环境影响"，"6.1.5 法律法规要求和其他要求的确定"中要求"确定并获取最新的适用于发射场工作和任务的质量、危险源、安全风险、环境因素和一体化管理体系的法律法规要求和其他要求"，"6.1.6 措施的策划"中要求"采取措施管理其：1）质量风险、安全风险、重要环境因素；2）应遵守的法律法规要求和其他要求；3）6.1.1 所识别的风险和机遇；4）对紧急情况做出准备和响应"，"6.2 目标及其实现的策划"中要求"必须考虑：有关的质量风险、安全风险、重要环境因素；适用的法律法规要求和其他要求；风险和机遇，包括安全风险和机遇的评价结果"。

d）第 7 章　确定并提供所需的资源。如"7.2 能力"中要求"确定与其质量、安全风险、环境因素和一体化管理体系相关的培训需求"，"7.3 意识"中要求"应确保在其控制下工作的人员知晓：岗位的职责及与其相关的质量风险、危险源、安全风险、重要环境因素和相关的实际或潜在的质量安全环境影响，以及所确定的控制措施"。

e）第 8 章　管理其运行过程。如"8.1.1 总则"中要求"确定工作和任务中质量安全环境风险识别、评价、控制等要求""建立、实施和保持通过采用下列控制层级用于消除危险源和降低安全风险的过程"，"8.2.3 工作和任务要求的评审"中要求"评审：主要质量风险、安全风险、重要环境因素及其控制措施"，"8.8 应急准备和响应"中要求"通过策划的措施做好响应紧急情况的准备"。

f）第 9 章　监视、测量、分析及评价应对风险和机遇措施的效果。如"9.1.4 分析与评价"中要求"应利用分析结果评价：应对风险和机遇所采取措施的有效性"，"9.3.2 管理评审输入"中要求"策划和实施管理评审时应考虑下列内容：风险和机遇的变化，应对风险和机遇所采取措施的有效性"。

g）第 10 章　纠正、预防或减少不利影响并改进管理体系，更新风险和机遇。如"10.2 事件、不符合（不合格）和纠正措施"中要求"需要时，对现有的风险和机遇的评价进行评审，更新在策划期间确定的风险和机遇""纠正措施应与事件或不符合（不合格）所产生的影响或潜在影响相适应"。

4）一体化管理体系相关标准要求建立的过程包括：

a）GB/T 19001—2016 要求建立的过程，见表 3-3。

表 3-3　GB/T 19001—2016 要求建立的过程

序号	应建立的过程	GB/T 19001—2016 条款
1	组织应按照本标准的要求,建立、实施、保持和持续改进质量管理体系,包括所需过程及其相互作用	4.4
2	为满足产品和服务提供的要求,并实施第 6 章所确定的措施,组织应通过以下措施对所需的过程(见 4.4)进行策划、实施和控制	8.1
3	组织应建立、实施和保持适当的设计和开发过程,以确保后续的产品和服务的提供	8.3.1

b）GB/T 45001—2020 要求建立的过程，见表 3-4。

表 3 - 4　GB/T 45001—2020 要求建立的过程

序号	应建立的过程	GB/T 45001—2020 条款
1	组织应按照本标准的要求建立、实施、保持和持续改进职业健康安全管理体系,包括所需的过程及其相互作用	4.4
2	组织应建立、实施和保持过程,用于在职业健康安全管理体系的开发、策划、实施、绩效评价和改进措施中与所有适用层次和职能的工作人员及其代表(若有)的协商和参与	5.4
3	组织应建立、实施和保持用于持续和主动的危险源辨识的过程	6.1.2.1
4	组织应建立、实施和保持过程,以:a)评价来自于已辨识的危险源的职业健康安全风险,同时必须考虑现有控制的有效性;b)确定和评价与建立、实施、运行和保持职业健康安全管理体系相关的其他风险	6.1.2.2
5	组织应建立、实施和保持过程,以评价:a)提升职业健康安全绩效的职业健康安全机遇;b)改进职业健康安全管理体系的其他机遇	6.1.2.3
6	组织应建立、实施和保持过程,以:a)确定并获取最新的适用于组织的危险源、职业健康安全风险和职业健康安全管理体系的法律法规要求和其他要求;b)确定如何将这些法律法规要求和其他要求应用于组织,以及所需沟通的内容;c)在建立、实施、保持和持续改进其职业健康安全管理体系时,必须考虑这些法律法规要求和其他要求	6.1.3
7	组织应建立、实施并保持与职业健康安全管理体系有关的内外部沟通所需的过程	7.4.1
8	为了满足职业健康安全管理体系要求和实施第 6 章所确定的措施,组织应策划、实施、控制和保持所需的过程	8.1.1
9	组织应通过采用下列控制层级,建立、实施和保持用于消除危险源和降低职业健康安全风险的过程	8.1.2
10	组织应建立过程,用于实施和控制所策划的、影响职业健康安全绩效的临时性和永久性变更	8.1.3
11	组织应建立、实施和保持用于控制产品和服务采购的过程,以确保采购符合其职业健康安全管理体系	8.1.4.1
12	为了对 6.1.2.1 中所识别的潜在紧急情况进行应急准备并做出响应,组织应建立、实施和保持所需的过程	8.2
13	组织应建立、实施和保持用于监视、测量、分析和评价绩效的过程	9.1.1
14	组织应建立、实施和保持用于对法律法规要求和其他要求(见 6.1.3)的合规性进行评价的过程	9.1.2
15	组织应建立、实施和保持包括报告、调查和采取措施在内的过程,以确定和管理事件和不符合	10.2

c) GB/T 24001—2016 要求建立的过程,见表 3 - 5。

表 3 - 5　GB/T 24001—2016 要求建立的过程

序号	应建立的过程	GB/T 24001—2016 条款
1	为实现组织的预期结果,包括提升其环境绩效,组织应根据本标准的要求建立、实施、保持并持续改进环境管理体系,包括所需的过程及其相互作用	4.4
2	组织应建立、实施并保持满足 6.1.1~6.1.4 的要求所需的过程	6.1.1
3	组织应建立、实施并保持与环境管理体系有关的内部与外部信息交流所需的过程	7.4.1

续表

序号	应建立的过程	GB/T 24001—2016 条款
4	组织应建立、实施、控制并保持满足环境管理体系要求以及实施 6.1 和 6.2 所识别的措施所需的过程	8.1
5	组织应建立、实施并保持对 6.1.1 中识别的潜在紧急情况进行应急准备并做出响应所需的过程	8.2
6	组织应建立、实施并保持评价其合规义务履行状况所需的过程	9.1.2

d) 一体化管理体系标准要求建立的过程，见表 3 - 6。

表 3 - 6　一体化管理体系标准要求建立的过程

序号	应建立的过程	本标准条款
1	发射场应根据本标准要求,采用过程方法,遵循 PDCA 循环及基于风险的思维,并考虑在 4.1 和 4.2 中所获得的知识,建立、实施、保持和持续改进一体化管理体系,包括所需的过程及其相互作用	4.4
2	发射场应建立、实施和保持过程,用于在一体化管理体系的开发、策划、实施、绩效评价和改进措施中与所有适用层次和职能的工作人员及其代表(若有)的协商和参与	5.4
3	发射场应建立、实施和保持满足 6.1.1~6.1.6 的要求所需的过程	6.1.1.1
4	发射场应建立、实施和保持质量风险评估过程	6.1.2
5	发射场应建立、实施和保持用于持续和主动的危险源辨识的过程	6.1.3.1
6	发射场应建立、实施和保持过程,以:a)评价来自于已辨识的危险源的安全风险,同时必须考虑现有控制的有效性;b)确定和评价与建立、实施、运行和保持安全管理体系相关的其他风险	6.1.3.2
7	发射场应建立、实施和保持过程,以评价:a)提升安全绩效的安全机遇;b)改进安全管理体系的其他机遇	6.1.3.3
8	发射场应建立、实施和保持过程,以确定其工作和任务中能够控制和能够施加影响的环境因素及其相关的环境影响	6.1.4
9	发射场应建立、实施和保持过程,以:a)确定并获取最新的适用于发射场工作和任务的质量、危险源、安全风险、环境因素和一体化管理体系的法律法规要求和其他要求;…	6.1.5
10	发射场应建立、实施和保持措施的策划的过程	6.1.6
11	发射场应建立、实施并保持与一体化管理体系相关的内部与外部信息交流所需的过程	7.4.1.1
12	为满足一体化管理体系要求及工作和任务实施的要求,并实施第 6 章所确定的措施,发射场应通过以下措施对所需的过程(见 4.4)进行策划、实施和控制	8.1.1
13	建立、实施和保持通过采用下列控制层级用于消除危险源和降低安全风险的过程	8.1.1h)
14	发射场应建立过程,用于实施和控制所策划的、影响工作和任务符合要求及质量安全环境绩效的临时性和永久性变更	8.1.2
15	发射场应建立、实施和保持适当的设计和开发过程,以确保后续的工作和任务的实施	8.3.1
16	发射场应建立、实施和保持过程,确保外部提供的过程、产品和服务符合要求(包括一体化管理体系的要求以及质量、安全、环境方面的要求)	8.4.1

续表

序号	应建立的过程	本标准条款
17	发射场应建立、实施并保持对 6.1.1 中识别的潜在紧急情况进行应急准备并做出响应所需的过程	8.8
18	发射场应建立、实施和保持监视、测量、分析和评价绩效的过程	9.1.1
19	发射场应建立、实施和保持对其遵守适用的安全、环境法律法规要求和其他要求（见 6.1.5）的情况进行评价的过程	9.1.3
20	发射场应建立、实施和保持包括报告、调查和采取措施在内的过程，以确定和管理事件和不符合（不合格）	10.2.1

5）确定一体化管理体系所需的过程，除了本标准要求建立过程的条款以外，发射场还应根据实际需要建立相应的过程。过程的确定及其细化的程度可根据基于风险思维的运用情况（如考虑过程对实现预期结果的能力的影响范围和程度、发生问题的可能性以及这些问题的潜在后果）有所不同。

发射场可以在其管理手册中明确有效实施体系所需的过程，在其有关规章制度、标准中明确实施具体工作和任务所需的过程，如有哪些过程、过程的控制要求、过程的主管业务部门及涉及的单位、过程的输入输出、过程之间的相互关系等。

发射场确定一体化管理体系所需的过程在工作和任务中的应用，可以结合制定发射场及所属部门、单位、岗位工作和任务所需的规章制度、标准，以及在工作和任务策划、设计和开发策划等时机，充分考虑其业务活动涉及的一体化管理体系的过程，并明确如何在工作和任务过程中具体落实一体化管理体系的有关要求。

发射场在确定一体化管理体系所需的过程及其在工作和任务中的应用时，应：

a）确定这些过程所需的输入和期望的输出。可从实施已策划的过程需要什么的角度，考虑过程所需的输入；从顾客或后续过程需要什么的角度，考虑期望的输出；输入和输出可以是有形的（如材料、设备等）或无形的（如数据、信息或知识等）。

b）确定这些过程的顺序和相互作用。识别过程并确定过程顺序，便于确定过程的输入和输出、本过程与哪些过程有相互关系。详述过程顺序和相互作用的方法取决于发射场及所属部门、单位、岗位承担工作和任务的性质。可使用保持或保留成文信息（如过程图或流程图）的不同的方法，或使用语言说明过程的顺序和相互作用的更为简单的方法。

c）确定和应用所需的准则和方法（包括监视、测量和相关绩效指标），以确保这些过程的有效运行和控制，即明确每个过程应符合的要求或过程标准。监视和测量准则可以是过程参数或工作和任务规范，包括某些非文件化的规定。用于绩效指标的其他方法包括但不限于报告、图表或审核结果。

d）确定这些过程所需的资源并确保其可获得。资源主要包括人力资源、基础设施、过程运行环境、发射场的知识、监视和测量资源、信息、自然资源、材料、财务资源等。考虑资源的可获得性时，应包括考虑现有的内部资源的能力和局限，以及从外部供方获得资源的能力和局限。

e）分配这些过程的职责和权限。对职责和权限的规定与沟通，是一体化管理体系和过程有效运行的组织保证。有效分配职责和权限也是一体化管理体系策划中不可或缺的工作。过程的职责和权限可在成文信息中予以规定，如职能分配表、规章制度、标准（操作规程、作业指导书等），或使用更加简单的用言语指示的方式。

f）按照 6.1 的要求应对风险和机遇。基于风险的思维是实现一体化管理体系有效性的基础，应按照 6.1 的要求，将基于风险的思维融入一体化管理体系的策划和实施中。

g）评价这些过程，实施所需的变更，以确保实现这些过程的预期结果。考虑从监视和测量准则的应用的评审中所获得的绩效数据，分析和评价这些数据，实施所需的变更，以确保这些过程能够持续达到预期结果。

h）涉及软件工作过程时，应按照 GJB 8000、GJB 5000 和软件工程化的要求实施控制。

i）改进过程和一体化管理体系。利用分析和评价的结果确定必须采取的改进措施，包括改进对象、改进方向、改进目标、途径方法、责任主体、效果评价等。改进可以在过程层面上进行（如减少活动执行方式中的偏差），或在一体化管理体系层面上进行（如减少与体系相关的文字性工作，让工作人员更专注于过程的管理）。

6）"成文信息"（GB/T 19000—2016 标准中 3.8.6）是指"组织需要控制和保持的信息及其载体"。成文信息可以任何格式和载体存在，并可来自任何来源。成文信息可涉及：管理体系，包括相关过程，为过程运行产生的信息，结果实现的证据。

保持成文信息的目的在于确保一体化管理体系要求被在发射场控制下工作的人员及有关相关方理解，确保一体化管理体系过程能按策划得以实施。保持成文信息以支持过程运行，是指用成文信息的方式对过程运行做出规定，使其能够按照一致的程序、方法、标准等要求来实施，如规章制度、标准（如工作规范、工作手册、作业指导书、操作规程等）。保持的成文信息需要定期评审，必要时进行更新。

保留成文信息的目的在于用来证实满足一体化管理体系要求的程度，证实一体化管理体系取得的结果。保留成文信息以确信其过程按策划进行，是指用成文信息的方式证明是按策划的要求实施过程控制的，能够实现可追溯，如文字记录、表格、录音、录像等。保留的成文信息除授权的更正以外不应擅自更改。

7）发射场确定需要保持和保留的成文信息首先应满足一体化管理体系相关标准的要求。

a）GB/T 19001—2016 要求的成文信息，见表 3 - 7。

表 3 - 7 　GB/T 19001—2016 要求的成文信息

序号	成文信息	GB/T 19001—2016 条款
1	组织的质量管理体系范围应作为成文信息,可获得并得到保持	4.3
2	质量方针应:a)可获取并保持成文信息	5.2.2
3	组织应保持有关质量目标的成文信息	6.2.1
4	组织应保留适当的成文信息,作为监视和测量资源适合其用途的证据	7.1.5.1

续表

序号	成文信息	GB/T 19001—2016 条款
5	测量设备应:a)对照能溯源到国际或国家标准的测量标准,按照规定的时间间隔或在使用前进行校准和(或)检定,当不存在上述标准时,应保留作为校准或验证依据的成文信息	7.1.5.2
6	组织应:d)保留适当的成文信息,作为人员能力的证据	7.2
7	组织应通过以下措施对所需的过程(见4.4)进行策划、实施和控制:e)在必要的范围和程度上,确定并保持、保留成文信息,以:1)确信过程已经按策划进行;2)证实产品和服务符合要求	8.1
8	适用时,组织应保留与下列方面有关的成文信息:a)评审结果;b)产品和服务的新要求	8.2.3.2
9	组织应保留有关设计和开发输入的成文信息	8.3.3
10	组织应对设计和开发过程进行控制,以确保:f)保留这些活动的成文信息	8.3.4
11	组织应保留有关设计和开发输出的成文信息	8.3.5
12	组织应保留下列方面的成文信息:a)设计和开发更改;b)评审的结果;c)更改的授权;d)为防止不利影响而采取的措施	8.3.6
13	组织应基于外部供方按照要求提供过程、产品和服务的能力,确定并实施外部供方的评价、选择、绩效监视以及再评价的准则。对于这些活动和由评价引发的任何必要的措施,组织应保留成文信息	8.4.1
14	当有可追溯要求时,组织应控制输出的唯一性标识,并应保留所需的成文信息以实现可追溯	8.5.2
15	若顾客或外部供方的财产发生丢失、损坏或发现不适用情况,组织应向顾客或外部供方报告,并保留所发生情况的成文信息	8.5.3
16	组织应保留成文信息,包括有关更改评审的结果、授权进行更改的人员以及根据评审所采取的必要措施	8.5.6
17	组织应保留有关产品和服务放行的成文信息。成文信息应包括:a)符合接收准则的证据;b)可追溯到授权放行人员的信息	8.6
18	组织应保留下列成文信息:a)描述不合格;b)描述所采取的措施;c)描述获得的让步;d)识别处置不合格的授权	8.7.2
19	组织应保留适当的成文信息,以作为结果的证据	9.1.1
20	组织应:f)保留成文信息,作为实施审核方案以及审核结果的证据	9.2.2
21	组织应保留成文信息,作为管理评审结果的证据	9.3.3
22	组织应保留成文信息,作为下列事项的证据:a)不合格的性质以及随后所采取的措施;b)纠正措施的结果	10.2.2

b) GB/T 45001—2020 要求的成文信息,见表3-8。

表 3-8 GB/T 45001—2020 要求的成文信息

序号	成文信息	GB/T 45001—2020 条款
1	范围应作为文件化信息可被获取	4.3
2	职业健康安全方针应:作为文件化信息而可被获取	5.2

续表

序号	成文信息	GB/T 45001—2020 条款
3	最高管理者应确保将职业健康安全管理体系内相关角色的职责和权限分配到组织内各层次并予以沟通,且作为文件化信息予以保持	5.3
4	组织应保持以下方面的文件化信息:风险和机遇;确定和应对其风险和机遇(见6.1.2 至 6.1.4)所需的过程和措施	6.1.1
5	组织的职业健康安全风险评价方法和准则应在范围、性质和时机方面予以界定,以确保其是主动的而非被动的,并被系统地使用。有关方法和准则的文件化信息应予以保持和保留	6.1.2.2
6	组织应保持和保留有关法律法规要求和其他要求的文件化信息,并确保及时更新以反映任何变化	6.1.3
7	组织应保持和保留职业健康安全目标和实现职业健康安全目标的策划的文件化信息	6.2.2
8	组织应:d)保留适当的文件化信息作为能力证据	7.2
9	适当时,组织应保留文件化信息作为其沟通的证据	7.4.1
10	为了满足职业健康安全管理体系要求和实施第 6 章所确定的措施,组织应策划、实施、控制和保持所需的过程,通过:c)保持和保留必要的文件化信息,以确信过程已按策划得到实施	8.1.1
11	组织应保持和保留关于响应潜在紧急情况的过程和计划的文件化信息	8.2
12	组织应保留适当的文件化信息:作为监视、测量、分析和评价绩效的结果的证据;记录有关测量设备的维护、校准或验证	9.1.1
13	组织应:d)保留合规性评价结果的文件化信息	9.1.2
14	组织应:f)保留文件化信息,作为审核方案实施和审核结果的证据	9.2.2
15	组织应保留文件化信息,以作为管理评审结果的证据	9.3
16	组织应保留文件化信息作为以下方面的证据:事件或不符合的性质以及所采取的任何后续措施;任何措施和纠正措施的结果,包括其有效性	10.2

c) GB/T 24001—2016 要求的成文信息,见表 3 - 9。

表 3 - 9　GB/T 24001—2016 要求的成文信息

序号	成文信息	GB/T 24001—2016 条款
1	范围应作为文件化信息予以保持	4.3
2	环境方针应:以文件化信息的形式予以保持	5.2
3	组织应保持以下内容的文件化信息:需要应对的风险和机遇;6.1.1~6.1.4 中所需的过程,其详尽程度应使人确信这些过程能按策划得到实施	6.1.1
4	组织应保持以下内容的文件化信息:环境因素及相关环境影响;用于确定其重要环境因素的准则;重要环境因素	6.1.2
5	组织应保持其合规义务的文件化信息	6.1.3
6	组织应保持环境目标的文件化信息	6.2.1
7	组织应保留适当的文件化信息作为能力的证据	7.2
8	适当时,组织应保留文件化信息,作为其信息交流的证据	7.4.1
9	组织应保持必要程度的文件化信息,以确信过程已按策划得到实施	8.1

续表

序号	成文信息	GB/T 24001—2016 条款
10	组织应保持必要程度的文件化信息,以确保过程已按策划得到实施	8.2
11	组织应保留适当的文件化信息,作为监视、测量、分析和评价结果的证据	9.1.1
12	组织应保留文件化信息,作为合规性评价结果的证据	9.1.2
13	组织应保留文件化信息,作为审核方案实施和审核结果的证据	9.2.2
14	组织应保留文件化信息,作为管理评审结果的证据	9.3
15	组织应保留文件化信息作为下列事项的证据:不符合的性质和所采取的任何后续措施;任何纠正措施的结果	10.2

d) 一体化管理体系标准要求的成文信息,见表 3 - 10。

表 3 - 10　一体化管理体系标准要求的成文信息

序号	成文信息	本标准条款
1	范围应作为成文信息予以保持,并可为相关方所获取	4.3
2	在必要的范围和程度上,发射场应:a)保持成文信息以支持过程运行;b)保留成文信息以确信其过程按策划进行	4.4.2
3	方针应:a)保持成文信息并可被获取	5.2.2
4	最高管理者应确保发射场各层次相关岗位的职责、权限得到分配、沟通和理解,且作为成文信息予以保持	5.3
5	发射场应保持以下方面的成文信息:a)需要应对的风险和机遇;b)确定和应对其风险和机遇(见 6.1.1～6.1.6)所需的过程和措施	6.1.1.2
6	发射场应建立、实施和保持质量风险评估过程。该过程必须考虑:c)保持质量风险识别、分析、评价的成文信息	6.1.2
7	发射场的安全风险评价方法和准则应在范围、性质和时机方面予以界定,以确保其是主动的而非被动的,并被系统地使用。有关方法和准则的成文信息应予以保持和保留	6.1.3.2
8	发射场应建立、实施和保持过程,以确定其工作和任务中能够控制和能够施加影响的环境因素及其相关的环境影响。此时应考虑生命周期观点。d)应保持以下内容的成文信息:1)环境因素及相关环境影响;2)用于确定其重要环境因素的准则;3)重要环境因素	6.1.4
9	发射场应保持和保留有关法律法规要求和其他要求的成文信息,并确保及时更新以反映任何变化	6.1.5
10	发射场应保持和保留目标和实现目标的措施策划的成文信息	6.2.2
11	发射场应:a)适用时,在成文信息中明确过程运行环境要求;c)对需要控制的环境物理因素,应保留监视、测量、控制和改进的成文信息	7.1.4
12	发射场应保留适当的成文信息,作为监视和测量资源适合其用途的证据	7.1.5.1
13	当要求测量溯源时,或认为测量溯源是信任测量结果有效的基础时,测量设备应:a)对照能溯源到国际或国家标准的测量标准,按照规定的时间间隔或在使用前进行校准和(或)检定,当不存在上述标准时,应保留作为校准或检定(验证)依据的成文信息;d)按照有关规定进行校准或检定合格,并保留成文信息。其中,用于监视和测量的计算机软件,初次使用前应经过验证和确认合格,需要时再次验证和确认合格,并保留成文信息	7.1.5.2

续表

序号	成文信息	本标准条款
14	发射场应:e)保留适当的成文信息,作为人员能力的证据	7.2
15	策划信息交流过程时,应:f)适当时,应保留成文信息,作为其信息交流的证据	7.4.1.2
16	为满足—体化管理体系要求及工作和任务实施的要求,并实施第 6 章所确定的措施,发射场应通过以下措施对所需的过程(见 4.4)进行策划、实施和控制:1)在必要的范围和程度上,确定并保持、保留成文信息,以:1)确信过程已经按策划得到实施;2)证实工作和任务符合要求	8.1.1
17	适用时,发射场应保留与下列方面有关的成文信息:a)评审结果;b)工作和任务的新要求	8.2.3.2
18	发射场应保留设计和开发策划输出的成文信息,并及时更新	8.3.2
19	发射场应保留有关设计和开发输入的成文信息 发射场应对设计和开发输入的充分性和适宜性进行评审,并保留评审结果的成文信息	8.3.3
20	发射场应对设计和开发过程进行控制,以确保:f)保留这些活动的成文信息	8.3.4
21	发射场应保留有关设计和开发输出的成文信息	8.3.5
22	发射场应保留下列方面的成文信息:a)设计和开发更改;b)评审的结果;c)更改的授权;d)为防止不利影响而采取的措施	8.3.6
23	发射场应基于外部供方按照要求提供过程、产品和服务的能力,确定并实施对外部供方的评价、选择、绩效监视以及再评价的准则(包括安全、环境方面的准则)。对于这些活动和由评价引发的任何必要的措施,应保留成文信息	8.4.1
24	当有可追溯要求时,发射场应控制输出的唯一性标识,并应保留所需的成文信息以实现可追溯	8.5.2
25	若顾客或外部供方的财产发生丢失、损坏或发现不适用情况,发射场应向顾客或外部供方报告,并保留所发生情况的成文信息	8.5.3
26	发射场应保留成文信息,包括有关变更评审的结果、授权进行变更的人员以及根据评审所采取的必要措施	8.5.6
27	发射场应保留有关工作和任务放行、交付的成文信息,包括:a)符合接收准则的证据;b)可追溯到授权放行人员的信息	8.6
28	发射场应保留下列成文信息:a)描述不合格;b)描述所采取的措施;c)描述获得的让步;d)识别处置不合格的授权	8.7.2
29	发射场应保持和保留关于响应潜在紧急情况的过程和计划的成文信息,以确信过程能按策划得到实施	8.8
30	发射场应保留适当的成文信息,作为监视、测量、分析和评价绩效的结果的证据	9.1.1
31	发射场应:d)保留成文信息,作为合规性评价结果的证据	9.1.3
32	发射场应:f)保留成文信息,作为审核方案实施以及审核结果的证据	9.2.2
33	发射场应保留成文信息,作为管理评审结果的证据	9.3.3
34	发射场应保留成文信息,作为下列事项的证据:a)事件、不符合(不合格)的性质以及随后所采取的任何措施;b)任何措施和纠正措施的结果,包括其有效性	10.2.2
35	发射场应保持和保留成文信息作为持续改进的证据	10.3

8) 发射场除了保持和保留本标准要求的成文信息外,还应考虑适用的法律法规要求

和其他要求中所要求保持和保留的成文信息，如：

《中华人民共和国消防法》第十六条要求：机关、团体、企业、事业等单位应当履行下列消防安全职责：（一）落实消防安全责任制，制定本单位的消防安全制度、消防安全操作规程，制定灭火和应急疏散预案；（三）对建筑消防设施每年至少进行一次全面检测，确保完好有效，检测记录应当完整准确，存档备查。

《中华人民共和国特种设备安全法》第三十四条要求"特种设备使用单位应当建立岗位责任、隐患治理、应急救援等安全管理制度，制定操作规程，保证特种设备安全运行"，第三十五条要求："特种设备使用单位应当建立特种设备安全技术档案。安全技术档案应当包括以下内容：（一）特种设备的设计文件、产品质量合格证明、安装及使用维护保养说明、监督检验证明等相关技术资料和文件；（二）特种设备的定期检验和定期自行检查记录；（三）特种设备的日常使用状况记录；（四）特种设备及其附属仪器仪表的维护保养记录；（五）特种设备的运行故障和事故记录。"

《中华人民共和国职业病防治法》第二十条要求：用人单位应当采取下列职业病防治管理措施：（二）制定职业病防治计划和实施方案；（三）建立、健全职业卫生管理制度和操作规程；（四）建立、健全职业卫生档案和劳动者健康监护档案；（五）建立、健全工作场所职业病危害因素监测及评价制度；（六）建立、健全职业病危害事故应急救援预案。

DL/T 969—2005《变电站运行导则》"9.2 变电站现场运行规程的编制"中要求"变电站应结合实际设备和运行方式，根据本地区的《变电站运行规程》，编写本站的《变电站现场运行规程》，并随设备变更及时修订"。

9）除了本标准以及法律法规要求和其他要求所要求的成文信息外，发射场还应根据一体化管理体系有效运行的需求，确定需要保持和保留的成文信息。

应由适宜的人员（如过程的负责人、过程输出的负责人、过程的控制人）评审将哪些信息用于过程，以保持过程实施的一致性，从而获得预期的输出。对于所使用的信息（如程序、作业指导书、视觉辅助工具、信息和通信系统、图纸、规范、指标、报告、会议纪要、代表性样品、口头谈话等），需要分析/评审其在支持过程方面的价值，然后基于分析结果决定将哪些信息作为成文信息。

在确定所需成文信息的类型和范围时，发射场应评价自身的需求，并运用基于风险的思维。还应考虑其规模、活动、工作和任务的类型、过程的复杂性、资源等因素，以及出现事件、不符合（不合格）的潜在后果。

▲ 实施要点

1）建立、实施、保持和持续改进一体化管理体系应遵循本条提出的总要求。

2）在发射场及所属部门、单位、岗位的规章制度、标准等文件中，以及在策划工作和任务等时机，具体确定一体化管理体系所需的过程及其在工作和任务中的应用。

3）在必要的范围和程度上，保持成文信息以支持过程运行，保留成文信息以确信其过程按策划进行。

1) 通过与领导层交流，了解发射场一体化管理体系的构成，其所需的过程及其相互作用情况；通过对发射场一体化管理体系主管部门及有关部门、单位的审核，结合查阅支持各过程运行的成文信息，评价发射场确定的一体化管理体系及其过程是否符合本标准的要求，关注过程确定是否系统、全面，输入输出是否充分、正确，职责分工是否明确、清晰，准则方法是否准确、具体等方面的情况。

2) 通过对发射场所属部门、单位的审核，结合查阅有关保持、保留的成文信息，评价成文信息是否能够支持过程的运行，以及确信其过程按策划进行。

常见问题

1) 在一体化管理体系策划时对所需的过程识别不够充分、界定不够准确，如对外部提供的过程、产品和服务过程识别不够充分，对设计和开发活动界定不够准确，过程运行准则不够明确等。

2) 在一体化管理体系实施过程中未有效落实本标准的要求，如只考虑了质量要求，未同时考虑有关安全、环境方面的要求；执行过程运行准则不够严格等。

3.5　领导作用和工作人员参与

3.5.1　领导作用和承诺

标准条文

5　领导作用和工作人员参与

5.1　领导作用和承诺

5.1.1　总则

最高管理者应通过以下方面，证实其对一体化管理体系的领导作用和承诺：

a) 对一体化管理体系的有效性负责，对防止与工作和任务相关的伤害和健康损害以及提供健康安全的工作和任务场所及活动全面负责，并承担质量安全环境责任；

b) 确保建立一体化管理体系的方针和目标，并与发射场所处的环境相适应，与战略方向相一致；

c) 确保将一体化管理体系要求融入发射场的工作和任务过程之中；

d) 促进使用过程方法和基于风险的思维；

e) 确保可获得建立、实施、保持和改进一体化管理体系所需的资源；

f) 就有效的质量安全环境管理和符合一体化管理体系要求的重要性进行沟通；

g) 确保一体化管理体系实现其预期结果；

h) 促使人员积极参与，指导和支持他们为一体化管理体系的有效性做出贡献；

i) 确保并促进持续改进；

j) 支持其他相关管理人员在其职责范围内发挥领导作用；

k) 建立、引导和促进支持一体化管理体系预期结果的文化；

l) 保护工作人员不因报告质量问题、安全环境事件、危险源、风险和机遇而遭受报复；

m) 确保建立和实施工作人员协商和参与的过程（见5.4）；

n) 支持安全委员会的建立和运行〔见5.4e）1）〕。

理解要点

1) 本章旨在确保最高管理者能够充分认识并发挥其领导作用，兑现其承诺，建立发射场的质量安全环境方针，分配职责和权限，确保工作人员的积极参与。一体化管理体系的建立、实施和保持既离不开领导层的决策和重视，也需要工作人员的积极参与、贯彻落实。

本条旨在确保最高管理者通过在参与、促进、确保、沟通和监视一体化管理体系的绩效和有效性方面发挥积极作用，证实其领导作用和承诺，是"领导作用"这一质量管理原则的具体体现。

2) "最高管理者"（GB/T 19000—2016标准中3.1.1）是指"在最高层指挥和控制组织的一个人或一组人"。

最高管理者是实际对发射场实施指挥和控制的人，是对实现发射场战略方向和目标负责的人，同时是为达到预期结果在发射场内对职责和权限有最终决定权的人，是有权提供人、物等资源的人。

如果发射场的一体化管理体系由多级组成，其所属单位的一体化管理体系是发射场一体化管理体系的其中一部分，只要该单位的负责人具有指挥和控制本单位的职能，则其即为本单位一体化管理体系的最高管理者。

3) 最高管理者的领导作用和承诺是一体化管理体系成功并实现其预期结果的关键，为此，最高管理者负有亲自参与或指导的特定职责。最高管理者可向他人委派这些行动的职责，但仍有责任确保这些行动得到实施。

最高管理者应通过以下方面作用的发挥来证实其对有效实施一体化管理体系的领导作用和承诺。在决定所采取的方式时，需考虑多种因素，如发射场的规模和复杂性、管理的风格和发射场的文化等。

a) 对一体化管理体系的有效性负责，对防止与工作和任务相关的伤害和健康损害以及提供健康安全的工作和任务场所及活动全面负责，并承担质量安全环境责任。

"有效性"（GB/T 19000—2016标准中3.7.11）是指"完成策划的活动并得到策划结果的程度"。

最高管理者可通过对活动承担责任并能对所取得的结果做出解释，表明其清晰地理解一体化管理体系的有效性并对其负责。

最高管理者对质量安全环境过程的结果和最终的结果都负有责任。虽然需要通过分配职责和权限具体落实一体化管理体系要求，但对质量问题、安全环境事件处置的最终决定的权力及法律责任仍由最高管理者来承担。

b）确保建立一体化管理体系的方针和目标，并与发射场所处的环境相适应，与战略方向相一致。

建立方针和目标是最高管理者的责任。方针和目标必须适应于发射场所处的环境，必须服务于发射场的战略。

c）确保将一体化管理体系要求融入发射场的工作和任务过程之中。

管理体系标准是一种管理工具，要使其发挥应有作用，关键在于其在具体工作和任务中的应用程度。如果一体化管理体系的成文信息与实际工作相互脱节，科学合理的成文信息得不到有效执行，势必造成一体化管理体系运行的效果大打折扣，出现"两张皮"问题。这就需要发射场在策划一体化管理体系及形成成文信息的过程中，将一体化管理体系的要求体现在具体的工作和任务要求之中，在各项工作和任务的实施过程中严格落实一体化管理体系的有关要求，而不应将一体化管理体系的要求视为"附加"的或相冲突的活动。

最高管理者应将一体化管理体系的要求能否与发射场业务过程整合作为评价其一体化管理体系设计与实施效果的重要准则。

d）促进使用过程方法和基于风险的思维。

过程方法和基于风险的思维是所有管理体系的基本遵循，最高管理者应通过采取具体措施，使所属人员普遍掌握并在工作和任务过程中具体运用过程方法和基于风险的思维。

e）确保可获得建立、实施、保持和改进一体化管理体系所需的资源。

一体化管理体系的建立实施，离开了应有的资源保证将成为"无源之水无本之木"，因此，最高管理者应确保及时、充分提供所需资源。

f）就有效的质量安全环境管理和符合一体化管理体系要求的重要性进行沟通。

为了使一体化管理体系得到有效实施，最高管理者应建立必要的机制，确保使相关人员了解掌握一体化管理体系的有关要求，充分认识到符合一体化管理体系要求的重要性。

g）确保一体化管理体系实现其预期结果。

一体化管理体系预期结果包括提升质量安全环境绩效、遵守法律法规要求和其他要求、实现质量安全环境目标三个方面，最高管理者应因地制宜、多措并举，确保实现一体化管理体系预期结果。

h）促使人员积极参与，指导和支持他们为一体化管理体系的有效性做出贡献。

这是质量管理原则"领导作用""全员积极参与"的结合，全体人员的积极参与，将为一体化管理体系的有效运行奠定良好的群众基础。

最高管理者应通过沟通、激励、提供条件保证等措施，充分调动所属人员的工作积极性，指导和支持他们为一体化管理体系的有效性做出贡献。

i）确保并促进持续改进。

最高管理者应通过建立方针对持续改进做出承诺，并通过向相关责任人沟通从审核、其他评价和管理评审中获得的信息及做出的相关决策，持续改进一体化管理体系适宜性、充分性、有效性，以提升质量安全环境绩效。

j）支持其他相关管理人员在其职责范围内发挥领导作用。

各级管理人员在其职责范围内发挥领导作用，是一体化管理体系在其范围内得到有效运行的基本必要条件。各个组织单元范围内一体化管理体系的有效运行，是发射场一体化管理体系有效性的充分条件。最高管理者应支持和带领各级管理人员，严格执行一体化管理体系的各项要求，使其得到成功实施。

k）建立、引导和促进支持一体化管理体系预期结果的文化。

支持一体化管理体系的文化在很大程度上取决于最高管理者，它是个体和群体的价值观、态度、管理实践、观念、能力及活动模式的产物，而这些决定了其一体化管理体系的承诺、风格和水平。该文化具有（但不限于）下述特征：工作人员的积极参与，基于相互信任的合作与沟通，通过积极参与对一体化管理体系机遇的探寻而达成对一体化管理体系重要性的共识，对预防和保护措施有效性的信心等。

一体化管理体系的建立、实施是一个用管理体系标准的要求规范各项工作和任务的过程，只有将这种要求从不规范到规范、从不习惯到习惯、直至上升为发射场的文化，才能使其持久发挥应有作用。

l）保护工作人员不因报告质量问题、危险源、安全环境事件、风险和机遇而遭受报复。

发现问题是解决问题的前提，防患于未然首先要认识到有哪些隐患，才能考虑如何排除隐患。鼓励、支持工作人员发现和报告质量问题、危险源、安全环境事件、风险和机遇，保护他们不会因此受到报复，是最高管理者展示领导作用的一种重要方式。

m）确保建立和实施工作人员协商和参与的过程。

防止人身伤害、健康损害与每名工作人员密切相关，在制定方针目标、辨识危险源、评价风险、制定控制措施、改进工作等环节充分听取、考虑工作人员的意见建议，将有利于有的放矢地做好各项健康安全工作。

建立和实施工作人员协商和参与的过程，就是要在制度层面对在何种情况下与工作人员协商、如何协商以及何种情况下工作人员参与、如何参与做出明确规定，并加以落实。

n）支持安全委员会的建立和运行。

安全委员会的建立和运行将使发射场的安全工作（包括职业健康安全）更具专业性、科学性、系统性，从而使发射场在更高层次做好安全工作，最高管理者应重视和支持安全委员会作用的发挥。

实施要点

1）最高管理者应系统理解掌握一体化管理体系的基本思想、方法，充分认识到自己应当承担的责任及履行的承诺，做推动管理体系的明白人，就如何在领导岗位抓好一体化管理体系的运用、兑现各项承诺进行系统策划。

2）最高管理者要按照其策划的安排，具体落实领导责任，兑现各项承诺。

a）担负起一体化管理体系建立运行的领导责任。

从只是简单地提供方向和支持转变为关键活动的参与者，在组织策划、建章立制、检查评审、改进提高等活动中全面落实领导职责，承担质量安全环境的最终责任。

b）奠定全员积极参与的思想基础、制度基础。

建立全员积极参与的机制、制度，从制度层面确保所属人员积极参与。充分利用教育、培训、会议、局域网、宣传栏、文件、标语以及其他宣传、沟通方式，就有效的管理和符合一体化管理体系要求的重要性进行沟通，提高所属人员的质量、安全、环保、法规、标准、风险等意识，使其充分认识到满足一体化管理体系要求的重要性及不符合一体化管理体系要求的影响和潜在后果，掌握一体化管理体系的思想、方法和要求，并付诸实践。

c）确保一体化管理体系要求的落地落实。

在建立规章制度、标准过程中遵循管理体系的思想、方法和要求，在规章制度、标准中充分考虑、体现一体化管理体系的质量、安全、环境要求，包括有关法律法规要求和其他要求。在实际工作中用好一体化管理体系，严格落实有关规章制度、标准。

d）积极创造一体化管理体系运行的良好条件。

通过合理设置岗位和配备人员，确保人员能力与岗位要求相适宜，建立有效机制，充分调动所属人员的积极性、主动性、创造性，为其提供充分必要的知识和技能方面的指导、培训、技术和工具方面的支持，促进其为一体化管理体系的有效性做出贡献。根据风险和机遇评估的结果，针对实现方针目标及预期结果的需求，确定资源保障的优先顺序和阈值，确定提供资源的途径、维护资源可用性的技术和方法，必要时，考虑关键资源的冗余配置及处置应急事件所需的资源。

e）培育、形成发射场特有的质量安全环境文化。

通过坚持不懈地倡导、落实一体化管理体系要求，使所属人员逐渐养成用体系思想策划、按体系方法控制的良好习惯，并逐步将其上升为发射场的文化，不断增强发射场的软实力。

3）最高管理者应适时总结分析，全面审视其发挥领导作用、兑现管理承诺的实际效果，采取有效措施，不断改进领导工作。

▲ 审核要点

1）对一体化管理体系的有效性承担责任。

通过与最高管理者交流，了解其在一体化管理体系中的主管职责分工和质量安全环境责任分担机制。关注领导层的其他管理者所承担的一体化管理体系的角色和职责是否得到明确定义，是否具有与职责相匹配的权限。

2）确保建立一体化管理体系的方针和目标，并与发射场所处的环境相适应，与战略方向相一致。

通过与最高管理者交流，结合对"4.1 理解发射场及其所处的环境""4.2 理解工作人员和其他相关方的需求和期望""5.2 方针""6.2 目标及其实现的策划"等条款的审核，了解和判断其如何采用基于风险的思维，对发射场的内外部因素进行分析，评价其对发射场实现战略方向的影响、存在的风险和机遇。了解最高管理者如何通过合理组织和充分沟通，建立与发射场环境及战略方向协调一致的质量安全环境方针，并在发射场相关职能和层次建立与方针相一致的质量安全环境目标的情况。

3）确保将一体化管理体系要求融入发射场的工作和任务过程之中。

通过与最高管理者交流，了解发射场一体化管理体系的设计思想是否贯彻了将一体化管理体系要求融入发射场的工作和任务过程之中的要求。通过与各层次人员沟通及对发射场一体化管理体系成文信息的评审，结合现场审核，判断发射场一体化管理体系与其工作和任务过程的融合程度。

4）促进使用过程方法和基于风险的思维。

通过与最高管理者交流，了解其在实际工作中采取哪些方法措施、在哪些方面促进使用过程方法和基于风险的思维，收效如何。通过与工作人员交流，了解其对于过程方法和基于风险的思维的理解和应用情况。

5）确保可获得建立、实施、保持和改进一体化管理体系所需的资源。

通过与最高管理者交流，结合对"7.1 资源"条款的审核，了解发射场资源需求及配置的机制，从质量、安全、环境以及人员、基础设施、过程运行环境、监视测量、知识等方面判断发射场资源提供的充分性、适宜性。

6）就有效的质量安全环境管理和符合一体化管理体系要求的重要性进行沟通。

通过与最高管理者及有关工作人员交流，结合对"7.3 意识""7.4 信息交流"条款的审核，了解发射场沟通机制的建立及实施情况，判断发射场沟通机制的有效性。

7）确保一体化管理体系实现其预期结果。

通过与最高管理者交流，了解其如何确保一体化管理体系的要求得到有效实施，如何监视、测量、分析、评价一体化管理体系的运行绩效，采取何种措施及时应对面临的风险和机遇，从而实现一体化管理体系的预期结果等情况。

8）促使人员积极参与，指导和支持他们为一体化管理体系的有效性做出贡献。

通过与最高管理者及工作人员交流，了解如何明确规定各岗位人员的质量安全环境责任，并确保相关人员知晓，采取何种措施充分调动岗位人员的积极性、主动性、创造性，为一体化管理体系的有效性做出贡献等情况。

9）确保并促进持续改进。

通过与最高管理者交流，了解其在改进机会识别、改进目标的确定、改进措施的选择和决策、改进效果的跟踪和评价方面的思路及举措等情况。结合现场审核，了解具体改进的情况。

10）支持其他相关管理人员在其职责范围内发挥领导作用。

通过与最高管理者及其他管理人员交流，了解其他管理人员的管理责任是否清晰明确，是否与其角色相适应，最高管理者是否为其他管理人员在其职责范围内发挥作用给予充分必要的授权，提供必要的资源等情况。

11）建立、引导和促进支持一体化管理体系预期结果的文化。

通过与最高管理者交流，了解在发射场质量安全环境文化培育方面所做的工作及取得的成效，结合现场审核，了解发射场质量安全环境文化积淀及作用发挥等情况。

12）保护工作人员不因报告质量问题、危险源、安全环境事件、风险和机遇而遭受报复。

通过与最高管理者交流，了解在其保护工作人员不因报告质量问题、危险源、安全环境事件、风险和机遇而遭受报复方面所采取的措施及收到的效果等情况。通过与工作人员交流，了解其在报告质量问题、危险源、安全环境事件、风险和机遇方面的态度及相关事例等情况。

13）确保建立和实施工作人员协商和参与的过程。

通过与最高管理者交流，了解发射场工作人员协商和参与机制的建立、实施情况。通过与有关工作人员交流，了解是否清楚发射场有关协商和参与的规定，以及参与和协商的实际做法和效果等情况。

14）支持安全委员会的建立和运行。

通过与最高管理者、安全委员会成员及有关工作人员交流，了解发射场安全委员会的人员组成及发挥作用情况。

常见问题

1）最高管理者未能熟练掌握、灵活运用管理体系的思想、方法，在履职尽责方面存在短板弱项。

2）工作中不同程度存在重质量安全、轻环境保护，重常规安全、轻人员健康等问题。

3）在实现管理体系要求融入具体工作和任务过程方面有所欠缺，存在一定程度的"两张皮"问题。

标准条文

5.1.2　以顾客为关注焦点

最高管理者应通过确保以下方面，证实其以顾客为关注焦点的领导作用和承诺：

a）确定、理解并持续地满足顾客要求以及适用的法律法规要求；

b）确定和应对可能影响工作和任务合格以及增强顾客满意能力的风险和机遇；

c）始终致力于增强顾客满意。

理解要点

1）本条旨在确保最高管理者在关注顾客要求的满足、增强顾客满意方面，充分彰显出领导作用并证实管理层的承诺，是"以顾客为关注焦点"这一质量管理原则的具体体现。

2）要做到以顾客为关注焦点，首先要全面理解顾客要求以及适用的法律法规要求。要求包括明示的、通常隐含的或必须履行的需求或期望。由于顾客的需求是不断变化的，发射场不仅要考虑顾客当前的需求，还要考虑顾客未来的需求，以适应顾客不断变化的需要。

3）以顾客为关注焦点，也要遵循基于风险的思维，确定和应对可能影响工作和任务合格以及增强顾客满意能力的风险和机遇。若不能达到预期结果，则应采用 PDCA 方法，实施进一步改进的措施，直至满足顾客的需求和期望。

4）以顾客为关注焦点应贯穿于各项工作和任务过程始终，在从最高管理者到一线工作人员，从制定方针和目标到确定相应措施，从工作和任务策划以及设计和开发策划到具体实施，从交付前到交付后，从监视测量和分析评价到改进的各个方面、各个环节都应始终致力于增强顾客满意。

▲ 实施要点

1）最高管理者在建立方针、制定目标、组织工作和任务策划、实施工作和任务管理等活动中要以增强顾客满意为目的，在识别、确定工作和任务要求，处理质量问题、顾客诉求等活动中充分考虑顾客意见。

2）最高管理者应将满足顾客要求并不断增强顾客满意作为发射场的追求，通过调查、研究、分析以及与顾客沟通等方式，完整、准确并以发展的眼光主动按"8.2 工作和任务要求"识别并确定顾客要求和法律法规要求，将这些要求转化为发射场应达到的要求和目标，并通过一体化管理体系的有效运行满足这些要求。

3）最高管理者应在发射场培育意识、营造环境、建立过程，使发射场各相关职能、岗位能够主动地关注、识别和理解顾客当前及未来的需求和期望，及时了解顾客需求和期望的变化，并能够以敏捷、高效的方式对顾客需求和期望的变化做出响应。

4）运用基于风险的思维方法，识别影响工作和任务合格以及增强顾客满意能力的风险和机遇，采取措施消除、降低风险和利用机遇。

5）可以考虑建立征求顾客意见的制度，明确针对工作和任务质量及其改进方面征求顾客意见的要求，规定征求顾客意见活动的程序、方法，通过各种途径收集顾客对工作和任务质量及其改进方面的意见。利用收集到的信息进行综合分析，针对分析结果采取相应的措施，并跟踪措施实施情况，确保落实到位。

6）实现以顾客为关注焦点，可开展下列活动：

a）了解从发射场获得价值的直接和间接的顾客；

b）了解顾客当前和未来的需求和期望；

c）将发射场的目标与顾客的需求和期望联系起来；

d）将顾客的需求和期望，在发射场内予以沟通；

e）为满足顾客的需求和期望，进行工作和任务的策划、设计开发以及实施；

f）监视测量、分析顾客满意度，并采取适当的措施；

g）确定和应对可能影响工作和任务合格以及增强顾客满意能力的风险和机遇；

h）积极管理与顾客的关系，以实现持续成功。

◤ 审核要点

通过与领导层交流，结合对"6.1 应对风险和机遇的措施""8.2 工作和任务要求""9.1.2 顾客满意""9.3 管理评审"等条款的审核，了解：

1）发射场如何确定顾客的要求和法律法规的要求，如何确保在整个发射场及一体化管理体系的所有过程对顾客要求和法律法规要求得到准确一致的理解，如何在一体化管理体系各过程的确定和应用中充分考虑顾客要求和适用的法律法规要求等情况。

2）可能对工作和任务合格以及增强顾客满意能力的风险和机遇是什么，采取了哪些措施来应对相关的风险和机遇，效果如何。

3）发射场在始终致力于增强顾客满意方面采取了哪些措施，效果如何。

◤ 常见问题

对顾客不满意方面的信息收集、分析工作重视程度不够。

3.5.2　方针

◤ 标准条文

5.2　方针

5.2.1　制定方针

最高管理者应在界定的一体化管理体系范围内建立、实施和保持发射场的质量安全环境方针，方针应：

a）适合于发射场的宗旨和所处的环境，包括其规模、工作和任务的性质、安全风险和安全机遇的特性、环境影响，并支持其战略方向；

b）为建立质量安全环境目标提供框架；

c）包括遵守适用的法律法规要求和其他要求的承诺；

d）包括满足工作和任务适用要求的承诺；

e）包括为防止与工作和任务相关的伤害和健康损害而提供安全和健康的工作和任务条件的承诺；

f）包括消除危险源和降低安全风险的承诺［见 8.1.1h）］；

g）包括工作人员及其代表（若有）的协商和参与的承诺；

h）包括保护环境的承诺，其中包含污染预防及其他与发射场所处环境有关的特定承诺；

注：保护环境的其他特定承诺可包括资源的可持续利用、减缓和适应气候变化、保
护生物多样性和生态系统。

　　i）包括持续改进一体化管理体系以提升质量安全环境绩效的承诺。

5.2.2　沟通方针

方针应：

a）保持成文信息并可被获取；

b）在发射场内得到沟通、理解和应用；

c）适宜时，可为有关相关方所获取；

d）保持相关和适宜。

▲ 理解要点

1）本条旨在确保制定符合发射场战略方向的质量安全环境方针，确保方针在发射场人员和在其控制下工作的其他人员中得到沟通、理解和应用，以使其能为一体化管理体系的有效性做出贡献，并确保有关相关方能够获取到发射场的方针。

最高管理者制定质量安全环境方针的目的是为了明确质量安全环境管理的方向和宗旨，沟通方针的目的是确保方针被清晰地理解并在发射场的工作和任务过程中得到贯彻落实。

2）"方针"（GB/T 19000—2016标准中3.5.8）是指"由最高管理者正式发布的组织的宗旨和方向"。

方针明确了发射场支持和持续改进其一体化管理体系绩效的宗旨和长期方向，并为发射场制定目标和采取措施，以实现一体化管理体系的预期结果提供框架。

制定、实施和保持发射场的质量安全环境方针，对内可以形成并增强全体人员的凝聚力，对外可以显示发射场在质量安全环境方面的追求，增强相关方信心。

3）质量安全环境方针应考虑以下方面的要求：

a）适合于发射场的宗旨和所处的环境，包括其规模、工作和任务的性质、安全风险和安全机遇的特性、环境影响，并支持其战略方向。方针的建立应结合发射场的战略，充分考虑质量、安全、环境方面面临的内外部环境、相关方的需求和期望、法律法规要求、有关风险和机遇，并与其规模、工作和任务的性质、安全风险和安全机遇、环境影响相适应。

b）为建立和评审质量安全环境目标提供框架。方针体现了发射场在质量安全环境及其管理方面的理念，体现了发射场的价值观及追求的方向。方针相对宏观和抽象，为制定目标提出方向和总体原则要求，并通过目标实现落实方针，目标的制定和评审要以方针为框架。

c）包括满足工作和任务适用要求的承诺。这是质量管理体系的要求，通过方针可向发射场内外展示满足适用要求的承诺。

d）包括为防止与工作和任务相关的伤害和健康损害而提供安全和健康的工作和任务

条件的承诺、消除危险源和降低安全风险的承诺、工作人员及其代表（若有）的协商和参与的承诺。

e）包括保护环境的承诺，其中包含污染预防及其他与发射场所处环境有关的特定承诺。"保护环境"比"污染预防"所涵盖的领域更宽，保护环境的承诺不仅是通过污染预防防止不利的环境影响，还要保护自然环境免遭因发射场的工作和任务而导致的危害与退化，如与驻地环境条件相关的水资源的有效利用、退耕还林还草、防风固沙、野生动物保护等。

f）包括遵守适用法律法规要求和其他要求的承诺。遵守适用法律法规要求和其他要求是每一个组织应尽的基本义务，发射场理应做出承诺。

g）包括持续改进一体化管理体系，以提升质量安全环境绩效的承诺。持续改进一体化管理体系是指通过一体化管理体系的实施，对体系的各个要素不断进行改进和完善，保持一体化管理体系的适宜性、充分性和有效性，而改进和完善一体化管理体系的最终目的是提升质量安全环境绩效，方针应反映出发射场在这方面的追求。

4）方针应形成成文信息并可被获取。方针可单独成文，也可体现在其他成文信息之中，以正式的形式表述、发布，便于获取、理解、贯彻。

5）方针作为发射场的前进方向，应使其所属人员和在其控制下工作的其他人员能够正确理解，认识到各自的义务并付诸具体行动。这可通过考虑发射场不同层次人员的意识（见 7.3）和信息交流（见 7.4）的要求来实现。方针可通过不同的方法进行沟通，如文件、公告栏、网络、例行会议等。

6）发射场的上级机关、驻地政府及居民等相关方会从不同角度关注发射场的建设与发展，在其认为需要时及发射场认为必要时应当使其能够获取到发射场的质量安全环境方针。

7）方针应保持相关和适宜。方针应与发射场的实际相符，并随着内外部环境的变化及发射场战略的调整等适时加以修订。

▲ **实施要点**

1）最高管理者应组织制定并批准发射场的质量安全环境方针。

在制定方针过程中，应落实 5.4d）2）条款的要求，与非管理类工作人员进行协商。

2）最高管理者应采取措施在发射场内宣贯方针，将方针传达到发射场工作人员和在其控制下工作的其他人员，使其正确理解和应用，清楚自己的本职工作与方针、一体化管理体系的联系，明确努力方向，积极主动作为。

3）最高管理者应按"9.3 管理评审"条款的要求，组织评审方针，根据发展的需要及时修订方针，保持相关和适宜。

▲ **审核要点**

1）通过与最高管理者交流，结合查阅方针的成文信息，了解方针制定、实施和保持情况，核查方针是否适合发射场的宗旨和所处环境并支持其战略方向，能否为建立目标提供框架，是否包括了本条款要求的承诺，以及对方针的定期评审及保持相关和适宜的情况。

2）通过与最高管理者交流，结合对"5.4 工作人员的协商和参与"条款的审核，了解方针制定过程中与非管理类工作人员协商的情况。

3）通过与最高管理者交流、询问部分工作人员，了解方针在发射场内沟通、理解的情况，包括可否为相关方所获取的情况，以及承诺实现的情况。

▲ **常见问题**

1）方针与发射场的实际结合不够紧密，与其中长期发展规划等发展战略协调性不强。

2）发射场的工作人员和在其控制下工作的其他人员对方针的理解掌握有所欠缺。

3.5.3　岗位、职责和权限

▲ **标准条文**

5.3　岗位、职责和权限

最高管理者应确保发射场各层次相关岗位的职责、权限得到分配、沟通和理解，且作为成文信息予以保持。发射场内每一层次的工作人员均应为其所控制部分承担一体化管理体系方面的职责。

最高管理者应分配职责和权限，以：

a）确保一体化管理体系符合本标准的要求；

b）确保各过程获得其预期输出；

c）报告一体化管理体系绩效和改进机会（见10.1），包括质量安全环境绩效，特别是向最高管理者报告；

d）确保在发射场推动以顾客为关注焦点；

e）确保在策划和实施一体化管理体系变更时保持其完整性。

注：尽管职责和权限可以被分配，但最高管理者仍应为一体化管理体系的运行承担最终责任。

▲ **理解要点**

1）本条旨在确保最高管理者分配一体化管理体系的相关岗位，明确其职责和权限，以确保体系的有效性并实现预期的结果。

职责、权限的规定和沟通是实施一体化管理体系的组织保证，是促进"全员积极参与"管理原则实现的必要条件。最高管理者需要明确发射场的岗位设置及职责权限，并通过有效的沟通活动，确保岗位人员理解其职责以及所赋予的相应权限。

2）"岗位"是组织中专业分工的结果和各种活动的基本单元，是为了实现组织的战略目标、配合组织结构和业务流程的设计，按照一定的原则将组织内性质相同的工作任务进行分类、合并设置而成。

"职责"是指任职者为履行一定的组织职能或完成工作使命，所负责的范围和承担的一系列工作和任务，以及完成这些工作和任务所需承担的相应责任。

"权限"是指为了保证职责的有效履行，任职者必须具备的，对某事项进行决策的范围和程度，即行为的限制。

3）在规定职责和权限时，要描述清晰、准确，并覆盖到所有部门和岗位，应注意不同部门、不同岗位之间的职责和权限的接口关系，确保职责分工明确，接口关系协调。

4）在确定一体化管理体系主管部门及质量、安全、环境具体管理部门职责时，应注意与质量管理、安全、保密、环保绿化、爱国卫生运动、保健等委员会及其办公室的职能相协调。

5）在策划和实施一体化管理体系变更时，应根据过程等的变更对相关职责和权限做出相应调整，以保持体系的完整性。

6）职责和权限可指派给某个人承担，也可由几个人分担，但最终责任仍由最高管理者承担，并与因工作和任务未完成、过程不起作用或失效、未妥善处置异常情况、未实现有关目标而被追究责任的人员一起承担连带责任。

7）虽然最高管理者对一体化管理体系拥有总体职责和权限，但发射场内各职能层次的工作人员均应为其所控制部分承担一体化管理体系方面的责任，并遵守有关质量安全环境要求，包括不仅考虑自身的健康和安全，还需考虑他人的健康和安全。

8）职责和权限的成文信息可以采用多种形式，如在有关规章制度、标准等成文信息中规定部门、岗位的职责和权限等。

实施要点

1）最高管理者应依据一体化管理体系策划识别出的过程、过程顺序及其相互作用，明确各部门、岗位的职责和权限，确保在既有分工又有合作的环境下，围绕目标的实现开展工作。在明确职责和权限时，既要注意围绕满足顾客的需求和期望展开，也要注意明确与岗位工作相关的安全、环境职责。当一体化管理体系变更时，应确保各过程、岗位职责和权限的连续性和完整性。

在分配职责、权限过程中，应落实 5.4d）3）条款的要求，与非管理类工作人员进行协商。

2）最高管理者应确保规定的职责和权限传达到相关人员，确保各级管理者和工作人员不仅知悉并理解自己的职责和权限，而且了解与其存在接口关系的其他岗位的职责和权限，以便各岗位相互配合和交流，从而使管理活动得到有效开展。

3）保持职责和权限的成文信息。

审核要点

1) 通过与最高管理者交流，询问不同层次岗位工作人员，查阅规章制度、标准等成文信息中职责和权限规定的有关内容，核查各部门、单位、岗位的质量、安全、环境职责是否得到全面、系统、合理规定，并保持了相应的成文信息，对各岗位授权的范围和程度是否适合于岗位人员履行其所承担的岗位职责。

2) 通过与最高管理者交流，结合对一体化管理体系相关过程实施的审核，核查各部门、单位、岗位的质量、安全、环境职责是否得到有效落实。

3) 通过与领导层交流，了解如何确保一体化管理体系符合本标准的要求，以及向最高管理者报告一体化管理体系绩效和改进机会的情况。

常见问题

1) 职责规定不够全面，只规定了岗位质量工作职责，未规定与岗位工作相关的安全、环境方面的职责。

2) 职责规定不够系统，未能实现部门之间、岗位之间职责的无缝连接，存在职责缺失、职责模糊、职责交叉等问题。

3) 岗位人员不熟悉岗位职责、权限及与其他岗位的接口关系。

3.5.4　工作人员的协商和参与

标准条文

5.4　工作人员的协商和参与

发射场应建立、实施和保持过程，用于在安全管理体系的开发、策划、实施、绩效评价和改进措施中与所有适用层次和职能的工作人员及其代表（若有）的协商和参与。

发射场应：

a) 为协商和参与提供必要的机制、时间、培训和资源；

注1：工作人员代表可视为一种协商和参与机制。

b) 及时提供明确的、易理解的和相关的安全管理体系信息的访问渠道；

c) 确定和消除妨碍参与的障碍或壁垒，并尽可能减少那些难以消除的障碍或壁垒；

注2：障碍和壁垒可包括未回应工作人员的意见和建议，语言或读写障碍，报复或威胁报复，以及不鼓励或惩罚工作人员参与的政策或惯例等。

d) 强调与非管理类工作人员在如下方面的协商：

　　1) 确定相关方的需求和期望（见4.2）；

　　2) 建立方针（见5.2）；

　　3) 适用时，分配角色、职责和权限（见5.3）；

　　4) 确定如何满足法律法规要求和其他要求（见6.1.5）；

　　5) 制定目标并为其实现进行策划（见 6.2）；

　　6) 确定对外包、采购和承包方的适用控制（见 8.4）；

　　7) 确定所需监视、测量和评价的内容（见 9.1）；

　　8) 策划、建立、实施和保持审核方案（见 9.2.2）；

　　9) 确保持续改进（见 10.3）。

　e) 强调非管理类工作人员在如下方面的参与：

　　1) 确定其协商和参与的机制；

　　2) 辨识危险源并评价风险和机遇（见 6.1.3）；

　　3) 确定消除危险源和降低安全风险的措施（见 6.1.6）；

　　4) 确定能力要求、培训需求、培训和培训效果评价（见 7.2）；

　　5) 确定沟通的内容和方式（见 7.4）；

　　6) 确定控制措施及其有效实施和应用（见 8.1、8.5.6、8.8）；

　　7) 调查事件和不符合并确定纠正措施（见 10.2）。

注 3：强调非管理类工作人员的协商和参与，旨在适用于执行工作活动的人员，但无意排除其他人员，如受发射场内工作活动或其他因素影响的管理者。

注 4：需认识到，若可行，向工作人员免费提供培训以及在工作时间内提供培训，可以消除工作人员参与的重大障碍。

▲ **理解要点**

　　1) 本条旨在确保发射场建立、实施和保持工作人员的协商和参与过程，促进安全管理体系的有效实施。

　　2) 本条是职业健康安全管理体系的要求。无论从工作人员作为职业健康安全重要利益相关方的角度，还是从工作人员对工作场所安全状况的了解和影响的角度，发射场的安全管理都需要其工作人员的协商和参与。

　　工作人员及其代表（若有）的协商和参与是安全管理体系取得成功的关键因素。发射场应通过建立过程而对此予以鼓励。

　　3)"协商"（GB/T 45001—2020 标准中 3.5）是指"决策前征询意见"。意味着一种涉及对话和交换意见的双向沟通。协商包括及时向工作人员及其代表（若有）提供必要信息，以使其给出知情的反馈意见，供组织在做出决策前加以考虑。

　　"参与"（GB/T 45001—2020 标准中 3.4）是指"参加决策"。参与能使工作人员为与安全绩效测量和变更建议有关的决策过程做出贡献。

　　4) 建立、实施和保持过程，让所有适用层次和职能的工作人员及其代表（若有）协商和参与安全管理体系的开发、策划、实施、绩效评价和改进，是指在安全管理体系的开发、策划、实施、绩效评价和改进等环节，必须考虑与所有适用层次和职能的工作人员及其代表（若有）协商和让其参与，就协商和参与的主体、时机、内容、方式等做出安排并具体实施。

5）对安全管理体系的反馈依赖于工作人员的参与。发射场应鼓励各层次工作人员报告危及安全的情况，以便预防措施落实到位和采取纠正措施。如果工作人员在提建议时无惧遭受免职、纪律处分或其他类似报复的威胁，那么所收到的建议将会更为有效。

▲ 实施要点

1）建立、实施和保持过程，让所有适用层次和职能的工作人员及其代表（若有）协商和参与安全管理体系的开发、策划、实施、绩效评价和改进。

2）采取措施使有关工作和活动的组织者在工作和活动策划时对需要协商和参与的事项做出安排，使协商和参与的主体清楚如何进行协商和参与并积极参加。

3）各级管理者应了解和掌握实际工作中存在哪些妨碍参与的障碍或壁垒，在调查分析的基础上，采取措施尽可能减少、消除障碍或壁垒。

▲ 审核要点

1）通过与领导层交流，询问不同层次和职能的工作人员，结合查阅规章制度、标准等有关成文信息，核查是否建立、实施和保持协商和参与过程，是否涉及了本条款要求协商和参与的各个方面等情况。

2）通过与领导层交流，询问不同层次和职能的工作人员，核查协商和参与的有效性，以及是否存在协商和参与的障碍或壁垒等情况。

▲ 常见问题

1）未建立有效的协商和参与过程。

2）未按照建立的协商和参与过程进行协商和参与，不同程度地存在障碍或壁垒。

3.6　策划

3.6.1　应对风险和机遇的措施

▲ 标准条文

6　策划

6.1　应对风险和机遇的措施

6.1.1　总则

6.1.1.1　发射场应建立、实施和保持满足 6.1.1～6.1.6 的要求所需的过程。

　　发射场在策划一体化管理体系时，应考虑 4.1 所提及的因素、4.2 所提及的要求以及一体化管理体系的范围。并且，确定与一体化管理体系及其预期结果有关的需要应对的风险和机遇，以：

---

a) 确保一体化管理体系能够实现其预期结果；

b) 增强有利影响；

c) 预防或减少非预期（不利）影响，包括外部环境状况对发射场的潜在影响；

d) 实现持续改进。

在确定与一体化管理体系及其预期结果有关的需要应对的风险和机遇时，必须考虑 4.1 和 4.2 中识别的其他因素和要求以及质量风险（见 6.1.2）、危险源（见 6.1.3.1）、安全风险和其他风险（见 6.1.3.2）、安全机遇和其他机遇（见 6.1.3.3）、环境因素（见 6.1.4）、法律法规要求和其他要求（见 6.1.5）。

发射场应确定其一体化管理体系范围内的潜在紧急情况，包括那些可能具有影响的潜在紧急情况。

在策划过程中，应结合发射场及其过程或一体化管理体系的变更来确定和评价与一体化管理体系预期结果有关的风险和机遇。对于所策划的变更，无论是永久性的还是临时性的，这种评价均应在变更实施前进行（见 6.3、8.1.2、8.2.4、8.3.6、8.5.6）。

6.1.1.2 发射场应保持以下方面的成文信息：

a) 需要应对的风险和机遇；

b) 确定和应对其风险和机遇（见 6.1.1～6.1.6）所需的过程和措施。其详尽程度应足以让人确信这些过程和措施能按策划得到实施。

注 1：应对风险可选择规避风险，为寻求机遇承担风险，消除风险源，改变风险的可能性或后果，分担风险，或通过信息充分的决策而保留风险。

注 2：机遇可能导致采用新实践、建立合作伙伴关系、利用新技术和其他可行之处，以应对发射场或其相关方的需求。

理解要点

1）本章旨在确保对一体化管理体系策划的控制。一体化管理体系策划是建立、实施和保持一体化管理体系的基础性工作，只有找准需要应对的风险和机遇，策划切实可行的控制措施，建立符合实际的质量安全环境目标，才能为一体化管理体系预期结果的实现奠定良好基础。

本条旨在确保发射场策划一体化管理体系过程时，能够确定需要应对的风险和机遇，为应对风险、利用机遇奠定基础。"总则"是对"应对风险和机遇的措施"策划工作的总要求，提出了"应对风险和机遇的措施"策划工作中需要开展和实施的工作内容和要求。

2）"风险"（GB/T 19000—2016 标准中 3.7.9）是指"不确定性的影响"。不确定性是指一种对某事件、其后果或可能性缺乏（甚至部分缺乏）有关理解或知识方面的信息的状态。影响是指对预期的偏离，包括正面的或负面的。通常，风险以某事件（包括情况的变化）的"后果"及其发生的"可能性"的组合来表述。

机遇是指有利的条件和环境。习惯上，风险是指潜在的不利影响，可能带来威胁，机遇是潜在的有益影响，可能带来机会。

3）确定需要应对的风险和机遇的目的是：

a）确保一体化管理体系能够实现其预期结果；

b）增强有利影响；

c）预防或减少非预期（不利）影响，包括外部环境状况对发射场的潜在影响；

d）实现持续改进。

可能给发射场带来潜在影响的风险和机遇也许有很多，但是发射场并非一定要对所有识别的风险和机遇采取相应措施，而是应该从中选择出其必需采取措施的风险和机遇，即需要应对的风险和机遇。

非预期的结果可包括发生质量问题、安全及环境事件，不符合法律法规要求和其他要求，损害声誉等。

4）策划并非单一事件，而是一个持续的过程，宜随着环境等变化持续确定风险和机遇。发射场确定需要应对的风险和机遇的时机包括：

a）在策划一体化管理体系时，确定需要应对的风险和机遇；

b）结合发射场及其过程或一体化管理体系的变更来确定和评价与一体化管理体系预期结果有关的风险和机遇。

5）确定需要应对的风险和机遇的输入包括：

a）确定的外部和内部因素（见 4.1）；

b）确定的相关方的需求和期望（见 4.2）；

c）质量风险评估（见 6.1.2）；

d）危险源辨识及风险和机遇的评价（见 6.1.3）；

e）环境因素识别评价（见 6.1.4）；

f）法律法规要求和其他要求的确定（见 6.1.5）；

g）一体化管理体系范围内的潜在紧急情况；

h）发射场及其过程或一体化管理体系的变更。

6）确定需要应对的风险和机遇的输出包括：

a）质量管理方面需要应对的风险和机遇；

b）安全管理方面需要应对的风险和机遇；

c）环境管理方面需要应对的风险和机遇。

上述三方面的风险和机遇可以分别确定，也可以一起确定，不论采取何种方式描述，关键是应确保风险和机遇确定的全面性和准确性。

7）需要强调的是，6.1.1 中确定需要应对的风险和机遇与 6.1.2 质量风险评估、6.1.3 危险源辨识及风险和机遇的评价既有区别，又有联系。一方面，其层次和作用不同，6.1.2 质量风险评估、6.1.3 危险源辨识及风险和机遇的评价是 6.1.1 中确定需要应对的风险和机遇的输入，6.1.1 确定需要应对的风险和机遇是更高层面的过程；另一方面，其时机和频次不同，6.1.1 中确定需要应对的风险和机遇是在策划一体化管理体系时实施的过程，6.1.2 质量风险评估、6.1.3 危险源辨识及风险和机遇的评价既要在策划一体化管理体系时进行，也要在一体化管理体系运行中持续进行。6.1.1 确定需要应对的风险和机遇、6.1.2 质量风险评估、6.1.3 危险源辨识及风险和机遇的评价，都是策划应对风险和机遇的措施不可或缺、有机联系的过程。

8）紧急情况是意外的或不期望发生的情况。通常情况下，紧急情况导致的是风险，甚至是非常巨大的不利影响，因此，需要识别可能导致意外的紧急情况，继而制定相应的应急措施加以应对。

发射场一体化管理体系范围内的潜在紧急情况包括导致不能正常提供航天发射测控服务的紧急情况，以及与识别的危险源、环境因素相关的紧急情况等，如设备工作异常、相关供应中断、交通事故、恐怖破坏活动、传染病扩散、人员受到伤害或健康损害、火灾、爆炸、危化品泄漏、污染物的事故性排放，以及狂风、暴雨、洪灾、地震等自然灾害。在识别紧急情况时，不仅要考虑紧急情况可能带来的直接影响，还应识别在处置紧急情况过程中可能导致的其他紧急情况，如灭火措施不当导致的触电、爆炸，处置推进剂泄漏事故导致人员中毒、伤害，污水处理站故障导致污水的意外排放等事故或影响。

9）在策划过程中，应结合发射场及其过程或一体化管理体系的变更来确定和评价与一体化管理体系预期结果有关的风险和机遇。对于所策划的变更，无论是永久性的还是临时性的，这种评价均应在变更实施前进行（见 6.3、8.1.2、8.2.4、8.3.6、8.5.6）。

10）应保持需要应对的风险和机遇及控制措施的成文信息，以及 6.1.1～6.1.6 中所需的过程的成文信息。成文信息的详尽程度由发射场根据实际情况来确定，其基本要求是，成文信息能够保证其过程被很好地执行，符合策划时的初衷。

实施要点

1）建立、实施满足 6.1.1～6.1.6 要求所需的过程，确定发射场需要应对的风险和机遇。

a）在确定的主体上，发射场一体化管理体系主管部门通常牵头负责确定发射场需要应对的风险和机遇，发射场所属部门、单位也应确定与其业务活动相关的需要应对的风险和机遇；

b）在确定的时机上，发射场通常在策划一体化管理体系、制定发展规划、筹划年度工作等时机应确定需要应对的风险和机遇；

c）在确定的内容上，要确保输入充分，输出要能够确保一体化管理体系能够实现其预期结果、增强有利影响、预防或减少非预期（不利）影响、实现持续改进。

2）保持需要应对的风险和机遇及控制措施、6.1.1～6.1.6 中所需的过程的成文信息。

可以考虑在管理手册中总体描述发射场需要应对的风险和机遇，也可以在有关规划、报告等其他成文信息中或者以单独成文的方式明确发射场或所属部门、单位需要应对的风险和机遇。成文信息可以用文字表述，也可以用表格罗列，见表 3-11。

表 3 - 11　需要应对的风险和机遇及控制措施

影响因素	需要应对的风险和机遇	控制措施
确定的外部和内部因素	1. 质量方面： 2. 安全方面： 3. 环境方面：	1. 质量方面： 2. 安全方面： 3. 环境方面：
确定的相关方的需求和期望	…	…
质量风险评估	…	…
危险源辨识及风险和机遇的评价	…	…
环境因素识别评价	…	…
法律法规要求和其他要求的确定	…	…
一体化管理体系范围内的潜在紧急情况	…	…
发射场及其过程或一体化管理体系的变更	…	…

在确定需要应对的风险和机遇的过程中，采用表格的形式罗列，脉络清晰，逻辑性强，利于全面考虑，避免内容疏漏。在形成确定需要应对的风险和机遇的最终结果时，将一体化管理体系需要应对的风险和机遇采用文字方式表述，重点突出，易于理解，更符合日常工作习惯。成文信息的方式不是关键，只要能够达到全面、充分确定发射场需要应对的风险和机遇及控制措施的目的，采取什么方式表述均可，而且越简洁明了、易于运用越好。

▲ 审核要点

1）通过与领导层交流，结合对发射场一体化管理体系主管部门及有关部门、单位的审核，核查发射场是否建立、实施和保持了满足 6.1.1～6.1.6 的要求所需的过程。

2）通过与领导层交流，了解发射场主要有哪些需要应对的风险和机遇；通过对发射场一体化管理体系主管部门及有关部门、单位的审核，查阅有关成文信息，核查发射场是否保持了需要应对的风险和机遇的成文信息，确定的需要应对的风险和机遇是否符合实际，输入、输出是否全面、充分。

▲ 常见问题

1）未全面建立、实施和保持满足 6.1.1～6.1.6 的要求所需的过程。

2）确定需要应对的风险和机遇时结合实际不够紧密，输入不够全面、充分，输出缺乏针对性。

3）未保持需要应对的风险和机遇的成文信息。

4）应对风险和机遇措施的成文信息操作性不强，不足以让人确信措施可按策划执行。

▲ 标准条文

6.1.2　质量风险评估

发射场应建立、实施和保持质量风险评估过程。该过程必须考虑：

　　a）工作和任务质量风险识别、分析、评价时，应考虑（但不限于）：

　　　1）组织计划、检查评审等因素；

　　　2）人员及其能力、意识等因素；

　　　3）基础设施、原辅材料等因素；

　　　4）过程运行环境等因素；

　　　5）设计和开发等因素；

　　　6）工作和任务实施控制等因素；

　　　7）可能影响工作和任务的意外情况。

　　b）质量风险识别、分析、评价方法应：

　　　1）是主动的而不是被动的；

　　　2）找出风险致因，分析发生概率、影响后果；

　　　3）确定风险优先次序。

　　c）保持质量风险识别、分析、评价的成文信息。

理解要点

　　1）本条旨在使发射场能够系统识别工作和任务的质量风险。

　　针对航天发射测控服务活动系统性、复杂性、高风险的特点，本条提出了建立、实施和保持质量风险评估过程的要求。

　　2）依据 GB/T 24353—2009《风险管理　原则与实施指南》，在实施风险管理时，可遵循下列原则：

　　a）控制损失，创造价值。以控制损失、创造价值为目标的风险管理，有助于组织实现目标、取得具体可见的成绩和改善各方面的业绩。

　　b）融入组织管理过程。风险管理不是独立于组织主要活动和各项管理过程的单独的活动，而是组织管理过程不可缺少的重要组成部分。

　　c）支持决策过程。组织的所有决策都应考虑风险和风险管理。风险管理旨在将风险控制在组织可接受的范围内，有助于判断风险应对是否充分、有效，有助于决定行动优先顺序，并选择可行的行动方案，从而帮助决策者做出合理的决策。

　　d）应用系统的、结构化的方法。系统的、结构化的方法有助于风险管理效率的提升，并产生一致、可比、可靠的结果。

　　e）以信息为基础。风险管理过程要以有效的信息为基础。这些信息可通过经验、反馈、观察、预测和专家判断等多种渠道获取，但使用时要考虑数据、模型和专家意见的局限性。

　　f）环境依赖。风险管理取决于组织所处的内部和外部环境以及组织所承担的风险。需要指出的是，风险管理受人文因素的影响。

　　g）广泛参与、充分沟通。组织的利益相关者之间的沟通，尤其是决策者在风险管理中适当、及时的参与，有助于保证风险管理的针对性和有效性。利益相关者的广泛参与有助于其观点在风险管理过程中得到体现，其利益诉求在决定组织的风险偏好时得到充分考虑。利益相关者的广泛参与要建立在对其权利和责任明确认可的基础上。利益相关者之间需要进行持续、双向和及时的沟通，尤其是在重大风险事件和风险管理有效性等方面需要进行及时沟通。

h）持续改进。风险管理是适应环境变化的动态过程，其各步骤之间形成一个信息反馈的闭环。随着内部和外部事件的发生、组织环境和知识的改变以及监督和检查的执行，有些风险可能会发生变化，一些新的风险可能会出现，另一些风险则可能会消失。因此，组织应持续不断地对各种变化保持敏感并做出恰当反应。组织通过绩效测量、检查和调整等手段，使得风险管理得到持续改进。

上述原则对各方面风险管理都具有广泛的适用性，在进行质量风险评估时也应遵循。

3）依据 GB/T 24353—2009《风险管理　原则与实施指南》，风险管理过程由明确环境信息、风险评估、风险应对、监督和检查等四项活动组成，如图 3-1 所示。其中，风险评估包括风险识别、风险分析和风险评价等三个步骤。

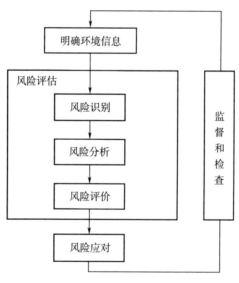

图 3-1　风险管理过程

a）风险识别。风险识别是通过识别风险源、影响范围、事件及其原因和潜在的后果等，生成一个全面的风险列表。识别风险不仅要考虑有关事件可能带来的损失，也要考虑其中蕴含的机会。

进行风险识别时要掌握相关的和最新的信息，必要时，需包括适用的背景信息。除了识别可能发生的风险事件外，还要考虑其可能的原因和可能导致的后果，包括所有重要的原因和后果。不论风险事件的风险源是否在组织的控制之下，或其原因是否已知，都应对其进行识别。此外，要关注已经发生的风险事件，特别是新近发生的风险事件。

识别风险需要所有相关人员的参与。组织所采用的风险识别工具和技术应当适合于其目标、能力及其所处环境。

　　b）风险分析。风险分析是根据风险类型、获得的信息和风险评估结果的使用目的，对识别出的风险进行定性和定量的分析，为风险评价和风险应对提供支持。风险分析要考虑导致风险的原因和风险源、风险事件正面和负面的后果及其发生的可能性、影响后果和可能性的因素、不同风险及其风险源的相互关系以及风险的其他特性，还要考虑现有的管理措施及其效果和效率。

　　在风险分析中，应考虑组织的风险承受度及其对前提和假设的敏感性，并适时与决策者和其他利益相关者有效地沟通。另外，还要考虑可能存在的专家观点中的分歧及数据和模型的局限性。

　　根据风险分析的目的、获得的信息数据和资源，风险分析可以是定性的、半定量的、定量的或以上方法的组合。一般情况下，首先采用定性分析，初步了解风险等级和揭示主要风险。适当时，进行更具体和定量的风险分析。

　　后果和可能性可通过专家意见确定，或通过对事件或事件组合的结果建模确定，也可通过对实验研究或可获得数据的推导确定。对后果的描述可表达为有形或无形的影响。在某些情况下，可能需要多个指标来确切描述不同时间、地点、类别或情形的后果。

　　c）风险评价。风险评价是将风险分析的结果与组织的风险准则比较，或者在各种风险的分析结果之间进行比较，确定风险等级，以便做出风险应对的决策。如果该风险是新识别的风险，则应当制定相应的风险准则，以便评价该风险。

　　风险评价的结果应满足风险应对的需要，否则，应做进一步分析。有时，根据已经制定的风险准则，风险评价使组织做出维持现有的风险应对措施，不采取其他新的措施的决定。

　　4）风险评估技术和方法包括头脑风暴法、结构化/半结构化访谈、德尔菲法、情景分析、检查表法、预先危险分析、失效模式与影响分析、危险与可操作性分析、危害分析与关键控制点法、结构化假设分析、风险矩阵、人因可靠性分析、压力测试、潜在通路分析、风险指数、故障树分析、事件树分析、因果分析、根原因分析、决策树分析、马尔可夫分析、蒙特卡罗模拟分析等。GB/T 27921—2011《风险管理　风险评估技术》较为全面地阐述了风险评估技术在风险评估各个阶段的适用性，以及各风险评估技术的概述、用途、输入、过程、输出、优点及局限等内容，在此不进行赘述。

　　5）质量风险识别、分析、评价方法应是主动的而不是被动的，充分体现预防为主的原则；找出风险致因，应注意找全、找准；分析发生概率、影响后果，应注意科学性、合理性；确定风险优先次序，应针对风险评价的目的，依据制定的风险评价准则进行。

　　发射场可根据其质量风险评估目的灵活运用风险评估技术来识别、分析、评价质量风险，可根据实际需要按系统、单位、岗位进行，并考虑（但不限于）组织计划、检查评审，人员教育、培训、经验、意识，基础设施、原辅材料、过程运行环境、设计开发控制、运行准则确定，现有规章制度、标准、控制措施，可能影响工作和任务完成的意外情况等各方面、各环节的风险。

▲ 实施要点

1）建立、实施和保持质量风险评估过程，明确质量风险评估的目的、范围、时机、主体、对象、准则以及采用的技术方法、评估结果的形式、成文信息的保持等事项。

通常情况下，发射场在策划一体化管理体系、制定发展规划、筹划年度工作、进行形势分析、谋划工作和任务等时机，宜进行相应的质量风险评估。

在建立、实施和保持质量风险评估过程时，应落实 5.4e）2）条款的要求，安排非管理类工作人员的参与。

2）按照建立的质量风险评估过程的要求，围绕质量风险评估的目的，开展质量风险评估工作。

3）保持策划质量风险评估过程、质量风险评估结果的成文信息。成文信息可以用文字表述，也可以用表格罗列，见表 3-12。

表 3-12　质量风险及控制措施一览表

序号	过程、活动	风险源	风险描述	发生的可能性	后果严重程度	风险等级	控制措施	责任单位（人）

▲ 审核要点

1）通过与一体化管理体系主管部门有关人员交流，结合查阅质量风险评估过程策划的成文信息，核查质量风险评估过程策划的合理性、与本条款要求的符合性，以及质量风险评估的实施情况。

2）通过与业务部门、单位人员交流，结合具体工作和任务，查阅质量风险评估实施的成文信息，核查质量风险识别的全面性、分析的准确性、评价的合理性等情况。

▲ 常见问题

1）未按建立的质量风险评估过程实施质量风险评估工作，存在风险识别不够全面、分析不够准确、评价不够科学等问题。

2）未保持有关质量风险评估的成文信息。

▲ 标准条文

6.1.3　危险源辨识及风险和机遇的评价

6.1.3.1　危险源辨识

发射场应建立、实施和保持用于持续和主动的危险源辨识的过程。该过程必须考虑（但不限于）：

　　a）工作和任务如何组织，社会因素（包括工作负荷、工作时间、欺骗、骚扰和欺压），领导作用和发射场的文化；

　　b) 常规和非常规的活动和状况，包括由以下方面所产生的危险源：

　　　　1) 基础设施、设备、原料、材料和工作场所的物理环境；

　　　　2) 工作和任务的设计、研究、开发、测试、实施、交付、处置等；

　　　　3) 人的因素；

　　　　4) 工作如何执行。

　　c) 发射场内部或外部以往发生的相关事件（包括紧急情况）及其原因；

　　d) 潜在的紧急情况；

　　e) 人员，包括考虑：

　　　　1) 那些有机会进入工作场所的人员及其活动，包括工作人员、承包方、访问者和其他人员；

　　　　2) 那些处于工作场所附近可能受发射场活动影响的人员；

　　　　3) 处于不受发射场直接控制的场所的工作人员。

　　f) 其他议题，包括考虑：

　　　　1) 工作区域、过程、装置、设施和（或）设备、操作程序和工作组织的设计，包括它们对所涉及工作人员的需求和能力的适应性；

　　　　2) 由发射场控制下的工作相关活动所导致的、发生在工作场所附近的状况；

　　　　3) 发生在工作场所附近、不受发射场控制、可能对工作场所内的人员造成伤害和健康损害以及造成发射场财产损失、工作环境破坏的状况。

　　g) 发射场、运行、过程、活动和一体化管理体系中的实际或拟定的变更（见 6.3、8.1.2、8.2.4、8.3.6、8.5.6）；

　　h) 危险源的知识和相关信息的变更。

6.1.3.2　安全风险和安全管理体系的其他风险的评价

　　发射场应建立、实施和保持过程，以：

　　a) 评价来自于已辨识的危险源的安全风险，同时必须考虑现有控制的有效性；

　　b) 确定和评价与建立、实施、运行和保持安全管理体系相关的其他风险。

　　发射场的安全风险评价方法和准则应在范围、性质和时机方面予以界定，以确保其是主动的而非被动的，并被系统地使用。有关方法和准则的成文信息应予以保持和保留。

6.1.3.3　安全机遇和安全管理体系的其他机遇的评价

　　发射场应建立、实施和保持过程，以评价：

　　a) 提升安全绩效的安全机遇，同时必须考虑所策划的对发射场及其方针、过程或活动的变更，以及：

　　　　1) 使工作、工作组织和工作环境适合于工作人员的机遇；

　　　　2) 消除危险源和降低安全风险的机遇。

　　b) 改进安全管理体系的其他机遇。

　　注：安全风险和安全机遇可能会给发射场带来其他风险和其他机遇。

▲ 理解要点

1）本条旨在使发射场能够系统全面辨识危险源，合理评价安全风险和机遇以及安全管理体系的其他风险和机遇。

安全管理的对象是危险源、安全风险，因此，辨识危险源、进行安全风险评价是建立、实施安全管理体系的重要基础。

2）从职业健康安全的角度来讲，"危险源"有时也可称为"危险""有害因素""危险因素"和"危害因素"等。本标准中的"危险源"，其范围包括且大于职业健康安全所指的危险源，既包括可能导致人身伤害、健康损害的来源，也包括可能导致工作和任务中其他不安全情况的来源。

3）危险源辨识是识别危险源以及它们的起因和潜在后果的过程。发射场要实现对工作和任务中安全风险的控制，必须对其危险源进行系统性辨识。这种系统性通常体现在如下两个方面：

a）运用生命周期的观点，辨识发射场各项工作和任务中各个阶段的危险源，包括：准备阶段、实施阶段、总结阶段，组织计划、设计开发、过程运行、监督检查、分析改进等过程；

b）辨识各项工作和任务各系统、各领域的危险源，包括测试发射、测量控制、信息通信、气象保障、技术勤务保障等系统，以及管理、非管理等领域。

4）危险源辨识必须落实持续和主动的要求。持续主动的危险源辨识始于任何新工作和任务、工作场所、设施、工作或组织的概念设计阶段。它宜随着设计的细化及其随后的运行持续进行，并贯穿其整个生命周期，以反映当前的、变化的和未来的活动。

危险源辨识要始终贯彻基于风险的思维和预防为主的理念，尤其在各项工作和任务的策划阶段应与工作和任务策划同步进行，系统、全面辨识工作和任务中的危险源，包括在法律法规要求和其他要求发生较大变更时、重要设施设备发生变化时、人员情况发生较大变化时、环境发生较大变化时、组织重大活动时、执行危险性较大的任务时，以及在完成工作和任务过程中，均应及时进行危险源辨识。

5）危险源辨识必须考虑但不限于本条 a）～h）述及的方面。发射场各系统、各岗位的工作性质、内容千差万别，在进行危险源辨识时，应紧密结合工作和任务实际进行系统、全面的危险源辨识。

a）常规和非常规的活动和状况：

ⅰ）在日常运行和正常工作活动中，常规的活动和状况可产生危险源；

ⅱ）非常规的活动和状况是指偶尔出现的或非计划的活动和状况，可产生危险源；

ⅲ）短期的活动或长期的活动可能产生不同的危险源。

b）人的因素：

ⅰ）与人的能力、局限性或其他特征有关；

ⅱ）为了人能够安全和舒适地使用而应用于工具、设备、系统、活动或环境的信息；

ⅲ）宜考虑三个方面：活动、工作人员和组织，以及他们之间是如何相互作用并对安全产生影响的。

c）新的或变化的危险源：

ⅰ）可在因过于熟悉环境或环境变化而导致工作过程恶化、被更改、被适应或被演变时产生；

ⅱ）对工作实际开展情况的了解（如与工作人员一起观察和讨论危险源）能识别安全风险是否增加或降低。

d）潜在紧急情况：

ⅰ）需立即做出响应的、意外的或非计划的状况（如：工作场所的设备起火，工作场所附近的自然灾害，工作人员正在从事与工作有关活动的其他地点的自然灾害等）；

ⅱ）包括诸如在工作人员正从事与工作相关活动的地点发生了骚乱而需工作人员紧急疏散的情况。

e）人员：

ⅰ）工作场所附近可能受发射场活动影响的人员（如路人、承包方或近邻）；

ⅱ）处于不受发射场直接控制的场所的工作人员，如流动工作人员、出差中的人员；

ⅲ）在家工作或独自工作的人员等。

f）危险源的知识和相关信息的变化：

ⅰ）有关危险源的知识、信息和新的理解可能来自于公开的文献、研究与开发、工作人员的反馈，以及发射场自身运行经验的评审；

ⅱ）这些来源能够提供有关危险源和安全风险的新信息。

6）危险源可以采取以下的不同方式、方法进行分类：

a）根据危险源在安全事件发生发展过程中的作用，按安全科学理论将危险源分为两大类。第一类危险源是指工作和任务过程中存在的，可能发生意外释放的能量（能源或能量载体）或危险物质；第二类危险源是指导致能量或危险物质约束或限制措施破坏或失效的各种因素，包括物的不安全状态、人的不安全行为和环境的不安全因素。

安全事件的发生往往是两类危险源共同作用的结果。第一类危险源是事件发生的能量主体，决定事件后果的严重程度；第二类危险源则是第一类危险源造成事件的必要条件，决定事件发生的可能性。第一类危险源是第二类危险源出现的前提，而第二类危险源的出现则是第一类危险源导致事件的必要条件，两类危险源相互关联和依存、相辅相成。

b）按可能导致生产过程中危险和有害因素的性质，GB/T 13861—2009《生产过程危险和有害因素分类与代码》中将危险和有害因素分为四大类：人的因素、物的因素、环境因素、管理因素。每个大类下有中类，中类下有小类，小类下有细类，共四层。

c）按照事故类别，GB 6441—1986《企业职工伤亡事故分类》中综合考虑起因物、引发事故的诱导性原因，致害物以及致害方式等，将事故分为物体打击、车辆伤害、机械伤害、起重伤害、触电、淹溺、灼烫、火灾、高处坠落、坍塌、冒顶片帮、透水、放炮、火药爆炸、瓦斯爆炸、锅炉爆炸、容器爆炸、其他爆炸、中毒和窒息、其他伤害等 20 类。

　　d）按照危险源所处的时态，可以分为过去（以往曾经发生过的）、现在（目前存在的）、将来（未来可能发生的）三种时态下的危险源。按照危险源所处的状态，可以分为正常（常规状态下可能出现的）、异常（非常规状态下可能出现的）、紧急（紧急状态下可能出现的）三种状态下的危险源。

　　e）还可以按照工作和任务的类型、安全管理的对象等进行危险源分类。

　　需要指出的是，介绍以上分类的目的，在于增强对危险源辨识全面性的理解，避免辨识中出现遗漏。实际工作中，以业务活动为主线进行危险源辨识可能更有利于指导安全工作实践。

　　7）危险源辨识的方法主要分为直观经验法和系统安全分析方法两类。

　　直观经验法适用于有可供参考先例、有以往经验可以借鉴的危险源辨识过程，又可分为经验法和类比方法。经验法是对照有关法规、标准、检查表或依靠分析人员的观察分析能力，借助于经验和判断能力直观地评价对象危险性和危害性的方法。类比方法是利用相同或相似系统或作业条件的经验和安全统计资料来类推、分析评价对象的危险、危害因素。

　　系统安全分析方法即应用系统安全工程评价方法的部分方法进行危险源辨识。系统安全分析方法常用于复杂系统、没有事故经验的新开发系统。常用的系统安全分析方法有故障树（FTA）、事件树（ETA）等。

　　无论采取何种危险源辨识方法，都要通过其运用，得出满足危险源或风险控制要求的信息，也可根据特定的目的和范围进行危险源辨识。

　　8）安全风险是指与工作和任务相关的危险事件或暴露发生的可能性与由危险事件或暴露而导致的伤害、健康损害、财产损失、工作环境破坏的严重性的组合。

　　安全管理体系的其他风险是指与建立、实施、运行和保持安全管理体系相关的风险。

　　安全风险评价首先要明确风险评价准则，这其中涉及考虑法律法规要求和其他要求，同时必须考虑现有控制措施的有效性。再将安全风险分析的结果与安全风险准则比较，或者在各种风险的分析结果之间进行比较，确定安全风险等级。

　　9）安全风险评价的方法主要分为定性风险评价、定量风险评价两种。

　　定性风险评价是指依据有关法规、标准、规范、经验等提出判定危险源风险是否可接受的具体准则，针对危险源对象的实际控制状况来进行风险评价的方法。

　　定量风险评价是将在风险相关的参数进行量化的基础上进行的风险评价。按对风险量化处理的方式不同，定量风险评价方法又分为相对的风险评价方法和概率的风险评价方法。相对的风险评价方法又叫作打分法，是对与危险源或系统的风险相关的参数进行量化打分，进而得到描述风险程度的数量值。概率的风险评价方法是以对危险源导致事故发生的概率和后果分析计算为基础的评价方法。

　　需要强调的是，任何评价方法都有一定的适用范围和条件，应根据风险评价的对象、目的选择合适的一种或几种方法。但无论采取何种风险评价方法，都要通过其运用，得出满足风险评价目的的信息。

安全管理体系的风险评价过程宜考虑日常运行和决策（如工作流程中的峰巅、重组）以及外部议题（如形势变化）。方法可包括与受日常活动（如工作量的变化）影响的工作人员持续协商，对新的法律法规要求和其他要求进行监视和沟通，确保资源满足当前和变化的需求（如针对新引进的设备开展培训）等。

10）关于安全风险评价准则的确定，要注意以下几个方面：

a）针对不同的评价目的确定风险评价准则，如针对确定全年、阶段性及某项工作和任务、活动中的安全工作重点，风险评价准则中的侧重点可能有所不同；

b）注意考虑是否符合安全法律法规要求和其他要求以及发射场安全方针的要求；

c）关注危害后果很严重但发生概率很小的危险源，如推进剂库房、油库、枪械弹药库、重要保密场所等危险源，虽然管控措施有效，但也应当重点关注。

11）安全机遇是指一种或多种可能导致安全改进的情形，涉及危险源辨识、如何沟通危险源，以及已知危险源的分析和减轻。安全管理体系的其他机遇是指与建立、实施、运行和保持安全管理体系相关的机遇，涉及体系改进策略。安全机遇评价过程宜考虑所确定的安全机遇和其他机遇，以及它们的益处和改进安全绩效的潜力。

改进安全绩效的机遇的示例：

a）发挥检查和审核作用；

b）工作危险源分析（工作安全分析）和相关任务评价；

c）通过减轻单调的工作或具有潜在危险的预设工作速率的工作来改进安全绩效；

d）工作许可及其他的认可和控制方法；

e）事件或不符合调查和纠正措施；

f）人类工效学和其他与伤害预防有关的评价。

改进安全绩效的其他机遇的示例：

a）对于设施重置、过程重设，或设备和场所的更换的策划，在设施、设备或过程的生命周期最早期阶段融入安全要求；

b）对于设施重置、过程重设，或设备和场所的更换，在策划的最早期阶段融入安全要求；

c）应用新技术提升安全绩效；

d）通过诸如扩展超越要求的与安全相关的能力，或鼓励工作人员及时报告事件等来改善安全文化；

e）提高对最高管理者支持安全管理体系的感知度；

f）强化事件调查过程；

g）改进工作人员协商和参与的过程；

h）标杆管理，包括考虑组织自身以往的绩效和其他组织的绩效；

i）在安全专题论坛中寻求合作。

12）任何事物都存在一个问题的两个方面，安全风险和安全机遇也不是绝对的，应对安全风险可能给发射场带来机遇，利用安全机遇也可能会给发射场带来其他风险。因此，在分析、评价、应对安全风险、安全机遇时，也要考虑到其可能带来的其他风险和其他机遇。

▲ 实施要点

1）建立、实施和保持用于持续和主动的危险源辨识的过程、安全风险和安全管理体系的其他风险的评价过程、安全机遇和安全管理体系的其他机遇的评价过程，明确危险源辨识、风险评价、机遇评价的主体、性质、准则、时机、方法、程序等具体要求，保持危险源辨识及风险和机遇评价过程的成文信息。

通常情况下，发射场在策划一体化管理体系、制定发展规划、筹划年度工作、进行安全形势分析、谋划工作和任务等时机，应进行相应的危险源辨识及风险和机遇的评价。

在建立、实施和保持辨识危险源、评价风险和机遇过程时，应落实5.4e）3）条款的要求，安排非管理类工作人员的参与。

2）按照建立的过程实施危险源辨识、安全风险和安全管理体系的其他风险的评价、安全机遇和安全管理体系的其他机遇的评价，保持和保留有关安全风险和其他风险评价方法和准则的成文信息。

3）危险源辨识、风险评价的成文信息可以用文字表述，也可以用表格罗列，见表3－13。

表3－13　危险源辨识、风险评价及控制措施一览表

序号	危险源辨识		风险评价				控制措施	责任单位（人）
	活动/场所	危险源	风险描述	发生概率	严重程度	风险等级		

▲ 审核要点

1）通过与一体化管理体系主管部门有关人员交流，结合查阅有关成文信息，核查是否建立了危险源辨识的过程、安全风险和安全管理体系的其他风险的评价过程、安全机遇和安全管理体系的其他机遇的评价过程，过程是否科学合理，并保持了相应的成文信息。

2）通过与业务部门、单位人员交流，以及现场观察、查阅有关成文信息，核查是否按建立的过程实施了危险源辨识、安全风险和安全管理体系的其他风险的评价、安全机遇和安全管理体系的其他机遇的评价活动，危险源辨识、风险评价是否持续、主动，危险源辨识是否全面、充分，风险优先次序是否合理，机遇评价是否符合实际，以及保持和保留有关安全风险评价方法和准则、危险源辨识结果、风险和机遇评价结果等成文信息的情况。

▲ 常见问题

1）建立的危险源辨识的过程、安全风险和安全管理体系的其他风险的评价过程、安

全机遇和安全管理体系的其他机遇的评价过程不够科学合理，如：未能满足持续和主动地进行危险源辨识的要求，仅把一年一度开展的危险源辨识活动视为持续主动的危险源辨识活动；风险评价方法的选择不够合理，单一机械地运用一种方法评价各种类型危险源的风险等。

2）未按建立的过程实施危险源辨识、安全风险和安全管理体系的其他风险的评价、安全机遇和安全管理体系的其他机遇的评价，危险源辨识、风险评价未满足持续、主动的要求，危险源辨识不够全面、准确，风险、机遇评价不够合理，与实际情况不符，如与业务活动相关的危险源辨识不够、未考虑有关的外部事故教训等。

标准条文

6.1.4　环境因素识别评价

发射场应建立、实施和保持过程，以确定其工作和任务中能够控制和能够施加影响的环境因素及其相关的环境影响。此时应考虑生命周期观点。

a）确定环境因素时，必须考虑：

1）变更，包括已纳入计划的或新的开发，以及新的或修改的工作和任务；

2）异常状况和可合理预见的紧急情况。

b）应运用所建立的准则，确定那些具有或可能具有重大环境影响的环境因素，即重要环境因素；

c）适当时，应在各层次和职能间沟通其重要环境因素；

d）应保持以下内容的成文信息：

1）环境因素及相关环境影响；

2）用于确定其重要环境因素的准则；

3）重要环境因素。

注：重要环境因素可能导致与不利环境影响（威胁）或有益环境影响（机会）相关的风险和机遇。

理解要点

1）本条旨在使发射场能够系统全面地识别其环境因素，并确定其重要环境因素。

环境管理的对象是环境因素，因此，对环境因素的识别与评价，为建立和实施环境管理体系提供了基础信息。发射场需要确定其环境管理体系范围内的环境因素及相关环境影响，进而确定那些需要管理的重要环境因素。

2）"环境因素"（GB/T 24001—2016 标准中 3.2.2）是指"一个组织的活动、产品和服务中与环境或能与环境发生相互作用的要素"。一项环境因素可能产生一种或多种环境影响。

"环境影响"（GB/T 24001—2016 标准中 3.2.4）是指"全部或部分地由组织的环境

因素给环境造成的不利或有益的变化"。环境因素和环境影响之间是因果关系。一个活动、工作和任务可能产生一个（或多个）环境因素，一个环境因素也可能产生一个（或多个）环境影响。

3）识别环境因素时，需要做到以下方面：

a）识别与发射场工作和任务、活动相关的环境因素，包括与组织计划、设计开发、设施设备运行和维护、发射测控、综合保障、废物处置等相关的环境因素。

b）除了要识别发射场能够直接控制的环境因素外，还应识别其能够施加影响的环境因素，如发射场使用的产品和服务中的环境因素等。

c）识别环境因素时，需要考虑生命周期观点。但并不要求进行详细的生命周期评价，只需认真考虑可被发射场控制或影响的生命周期阶段即可，如考虑从工作和任务策划到工作和任务完成，从原材料获取、使用到最终处置，从设施、设备的建设、采购、使用维护到最终废弃等全过程的环境因素等。

d）识别环境因素时，应考虑不同时态。不仅要考虑当前的工作和任务、活动，还要考虑过去和将来的工作和任务、活动。考虑过去的环境因素，是因为它现在还对环境有影响，如以前不规范的垃圾填埋场、危险废弃物存放及处置场所等，尽管目前不再使用，但其环境影响依然不同程度存在。将来的环境因素，主要是变更可能产生的环境因素，如：新的（或更改的）工作和任务、活动，也会导致环境因素发生变化，因此要识别此类环境因素；已纳入计划的活动或新的开发也可能带来新的环境因素，也需要提前进行识别，以便及早制定、实施预防措施，从而尽量减少因新的活动或新的开发中产生的环境因素所带来的环境影响和风险。

e）确定环境因素时，还应考虑活动的不同状态。对环境因素进行识别时，不仅要考虑正常的运行状况，还要考虑异常的运行状况、关闭和启动状态等。异常运行状况，如设备安装、试运行、检修等情况，其环境因素不是持续发生，但一定会发生，而且往往和正常状态下大不相同。还应考虑 6.1.1 条中所识别、可合理预见的紧急情况下（尤其应关注曾经发生过的紧急情况）可能产生的环境因素，如危险品的泄漏、火灾、爆炸，以及洪水、地震、台风等特殊情况。这些紧急情况虽然发生的概率很小，但一旦发生，必然伴随着重大的环境影响，对环境造成较大破坏。

f）既要识别有害的环境因素，也要识别有益的环境因素，如既要考虑废气、废水、废渣、医疗废物、粉尘、恶臭气体、放射性物质以及噪声、振动、光辐射、电磁辐射等对环境的污染和危害，也要考虑节能减排、废物利用、植树造林、绿化美化、动植物保护等对环境的有益影响。

g）还可以从环境影响的特性角度全面识别环境因素，如考虑向大气的排放、向水体的排放、向土地的排放、原材料和自然资源的使用、能源使用、能量释放、废弃物或副产品的产生、空间利用等。

无论从上述哪个角度考虑识别环境因素，目的都是确保全面、充分地识别环境因素。

4）重要环境因素是指具有或能够产生重大环境影响的环境因素。一项重要环境因可能导致一种或多种重大环境影响，并可能因此导致为确保发射场能够实现其环境管理体系的预期结果而需要应对的风险和机遇。另外，因为资源的限制和成本的考虑，发射场的管理对象，也主要是这些重要环境因素。因此，为评价环境因素的重要程度，需要建立重要环境因素的确定准则，对识别出的环境因素的重要性进行评价，以确定重要环境因素。

确定重要环境因素的方法不是唯一的，无论是采用一种或多种方法，所使用的方法和准则应当提供一致的结果。环境准则是评价环境因素基本的和最低限度的准则，准则可与环境因素有关，如类型、规模、频次等，或可与环境影响有关，如规模、严重程度、持续时间、暴露时间等，也可运用其他准则。当仅考虑某项环境准则时，一项环境因素可能不是重要环境因素，但当考虑了其他准则时，它或许可能达到或超过了确定重要性的阈值。这些其他准则可包括发射场的问题，如法律法规要求或相关方的关注、治理难度和费用、发射场对该环境因素的控制能力等。这些其他准则不应被用来使基于其环境影响的重要环境因素降低等级。

可以考虑从以下方面来评价重要环境因素：

a）与法律法规和排放标准的符合程度；

b）与环境管理方针的符合程度；

c）环境影响的规模、范围及严重程度；

d）环境影响发生的概率及持续时间；

e）对环境造成的影响或破坏的可恢复性；

f）改变环境影响的技术难度、费用；

g）对发射场形象的影响程度等。

▲ **实施要点**

1）建立、实施和保持环境因素识别评价过程，明确环境因素识别评价的目的、范围、准则、主体、时机以及采用的方法、结果形式等事项，保持环境因素识别评价过程的成文信息。

在通常情况下，发射场在策划一体化管理体系、制定发展规划、筹划年度工作、进行形势分析、谋划工作和任务等时机，应进行相应的环境因素识别。

2）按照建立的环境因素识别评价过程，开展环境因素识别评价工作，确定重要环境因素，适当时，应在各层次和职能间沟通其重要环境因素。

3）保持环境因素及相关环境影响、用于确定其重要环境因素的准则、重要环境因素的成文信息。环境因素识别评价及控制措施确定的成文信息可以用文字表述，也可以用表格罗列，见表 3 - 14。

表 3-14　环境因素识别评价及控制措施一览表

序号	活动/场所	环境因素	环境影响								状态			时态			程度		控制措施	责任单位（人）
			空气排放	水体排放	土壤排放	资源使用	能源使用	能量释放	废弃物等	其他	正常	异常	紧急	过去	现在	将来	一般	重要		

审核要点

1）通过与一体化管理体系主管部门有关人员交流及查阅有关成文信息，核查是否按要求建立了环境因素识别评价过程，明确了重要环境因素评价准则，过程、准则是否科学合理，并保持了相应的成文信息。

2）通过与业务部门、单位人员交流以及现场观察、查阅环境因素识别、评价结果的成文信息，核查是否按建立的过程进行了环境因素识别、评价活动，环境因素识别是否全面、充分，重要环境因素评价是否合理，是否保持了环境因素及相关环境影响、重要环境因素的成文信息，是否于适当时在各层次和职能间沟通其重要环境因素。

常见问题

1）未按建立的过程实施环境因素识别评价，环境因素识别不够全面，如未充分识别与业务工作相关的环境因素、未运用生命周期观点全面识别环境因素，未充分考虑过去、将来、异常、紧急情况下的环境因素等。

2）重要环境因素评价准则不合理，导致重要环境因素的评价结果出现偏差。

3）未在有关层次和职能间沟通其重要环境因素。

标准条文

6.1.5　法律法规要求和其他要求的确定

发射场应建立、实施和保持过程，以：

a）确定并获取最新的适用于发射场工作和任务的质量、危险源、安全风险、环境因素和一体化管理体系的法律法规要求和其他要求；

b）确定如何将这些法律法规要求和其他要求应用于发射场，以及所需沟通的内容；

c）在建立、实施、保持和持续改进一体化管理体系时，必须考虑这些法律法规要求和其他要求。

发射场应保持和保留有关法律法规要求和其他要求的成文信息，并确保及时更新以反映任何变化。

注：法律法规要求和其他要求可能会给发射场带来风险和机遇。

理解要点

1）本条旨在使发射场能够系统全面确定其适用的法律法规要求和其他要求。

本条明确了确定、获取、应用与工作和任务的质量、危险源、安全风险、环境因素有关的法律法规要求和其他要求。法律法规要求和其他要求，包括必须遵守的法律法规要求，以及发射场必须遵守的或选择遵守的其他要求。其他要求是指除法律法规要求之外，发射场认为自己应当满足的要求。这包括了迫于内部或外部压力而不得不遵守的要求，也包括为了更好地生存和发展而自愿遵守的要求。无论属于何种情况，这些要求一旦得到确认后，就和法律法规要求一样，成为必须满足的要求。

2）法律法规要求可包括：

a）国际的、国家的、军队的和地方的法律法规，包括法律、法规和规章；

b）政府机构或其他相关权力机构的要求，包括法令和指令；

c）监管机构颁布的法令、条例或指南；

d）许可、执照或其他形式授权中规定的要求；

e）法院判决或行政裁决；

f）条约、公约、议定书；

g）集体协商协议。

3）其他要求可包括：

a）与相关方达成的协议；

b）合同条款；

c）发射场的要求；

d）自愿性原则、行为守则、技术规范、章程、公开承诺；

e）相关的标准。

4）我国的职业健康安全法律法规、标准体系如图 3-2 所示。

a）宪法，《中华人民共和国宪法》中规定了国家在加强劳动保护，改善劳动条件，保护劳动者权利和利益方面的义务；

b）职业健康安全基本法，如《中华人民共和国安全生产法》《中华人民共和国劳动法》《中华人民共和国职业病防治法》等；

c）职业健康安全专项法，如《中华人民共和国消防法》《中华人民共和国道路交通安全法》《中华人民共和国特种设备安全法》等；

d）职业健康安全行政法规，如《中华人民共和国道路交通安全法实施条例》《特种设备安全监察条例》等；

e）职业健康安全部门规章，如《爆炸危险场所安全规定》《劳动防护用品规定》等；

f）职业健康安全地方法规；

g）职业健康安全地方政府规章；

h）职业健康安全标准，包括国家标准、行业标准、地方标准。

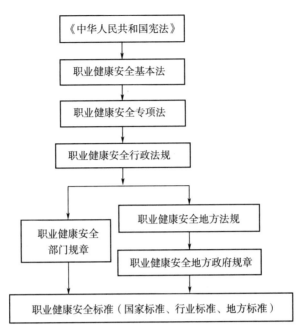

图 3-2 我国的职业健康安全法律法规、标准体系

5）我国的环境法律法规、标准体系如图 3-3 所示。

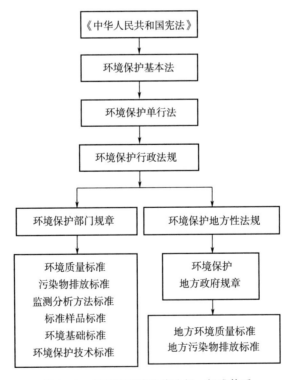

图 3-3 我国的环境法律法规、标准体系

a）宪法，《中华人民共和国宪法》在环境保护与资源保护方面规定了国家的基本权力、义务和方针；

b）环境保护基本法，《中华人民共和国环境保护法》确定了经济社会发展与环境保护相协调的基本方针，规定了各级政府、一切单位和个人保护环境的义务和权利；

c）环境保护单行法，是针对特定的污染防治对象或者特定的资源保护而制定的单项法律，包括环境污染防治、自然资源保护两类，如《中华人民共和国水污染防治法》《中华人民共和国大气污染防治法》《中华人民共和国噪声污染防治法》《中华人民共和国固体废物污染环境防治法》《中华人民共和国放射性污染防治法》《中华人民共和国海洋环境保护法》《中华人民共和国环境影响评价法》《中华人民共和国森林法》《中华人民共和国草原法》《中华人民共和国土地管理法》《中华人民共和国水法》《中华人民共和国水土保持法》《中华人民共和国节约能源法》《中华人民共和国野生动物保护法》《中华人民共和国气象法》《中华人民共和国防沙治沙法》《中华人民共和国可再生资源法》等；

d）环境保护行政法规，如《建设项目环境保护管理条例》《水污染防治法实施细则》《农药管理条例》等；

e）环境保护部门规章，如《突发环境事件应急管理办法》等；

f）环境保护地方法规；

g）环境保护地方政府规章；

h）环境保护标准，包括环境质量标准、污染物排放标准、监测分析方法标准、标准样品标准、环境基础标准、环境保护技术标准等。

6）从以下方面确定适用于发射场工作和任务的法律法规要求和其他要求。

a）与工作和任务质量相关的法律法规要求和其他要求；

b）与危险源、安全风险相关的法律法规要求和其他要求；

c）与环境因素相关的法律法规要求和其他要求；

d）与一体化管理体系相关的法律法规要求和其他要求。

7）获取最新的法律法规要求和其他要求的渠道可包括图书、杂志、报纸、网络、广播、电视、立法机构、协会、法律服务机构、研究机构、承包方、顾客等。

8）确定并获取最新的适用于发射场工作和任务的法律法规要求和其他要求的最终目的，在于将这些法律法规要求和其他要求应用于发射场具体工作和任务之中。实现这一目的的有效方法之一，就是在制定发射场各级规章制度、标准前，全面识别与其工作和任务相关的法律法规要求和其他要求，作为其输入文件；在制定发射场各级规章制度、标准中，具体体现与工作和任务相关的法律法规要求和其他要求；在实际工作中严格执行适用的法律法规要求和其他要求以及相关规章制度、标准。

9）由于法律法规要求和其他要求是发射场必须遵守和选择遵守的要求，因此关于这些要求的信息也为一体化管理体系提供了基础信息，除了"6.1.5 法律法规要求和其他要求的确定""9.1.3 安全环境合规性评价"以外，在管理体系运行的其他各个阶段也离不开对这些要求的考虑。如在"4.1 理解发射场及其所处的环境"中应考虑与工作和任务相关的法律法规要求和其他要求；"4.2 理解工作人员和其他相关方的需求和期望"中应确定相关方的需求和期望中哪些将成为发射场应当遵守的法律法规要求和其他要求；"5.2.1 制定方针"中应包括遵守适用法律法规要求和其他要求的承诺；"6.1.6 措施的策划"中应策划采取措施管理其应遵守的法律法规要求和其他要求；"6.2.1 质量安全环境目标"中应考虑适用的法律法规要求和其他要求；"7.2 能力"中应确定在其控制下工作，对其一体化管理体系绩效和有效性及履行法律法规要求和其他要求的能力具有影响的人员所需的能力；"7.3 意识"中发射场应确保在其控制下工作的人员知晓：不符合一体化管理体系要求的影响和潜在后果，包括未遵守法律法规要求和其他要求的后果；"7.4 信息交流"中策划信息交流过程时，必须考虑其法律法规要求和其他要求；"8.2.3 工作和任务要求的评审"中要考虑适用于工作和任务的法律法规要求和其他要求；"8.3.2 设计和开发策划"中应考虑工作和任务适用的法律法规要求和其他要求；"8.3.3 设计和开发输入"中应考虑法律法规要求和其他要求；"8.4.2 控制类型和程度"中应确保其外包安排符合法律法规要求和其他要求；"9.1 监视、测量、分析和评价"中发射场应按其应遵守的法律法规要求和其他要求及其建立的信息交流过程，就有关质量安全环境绩效的信息进行内部和外部信息交流；"9.3.2 管理评审输入"中应考虑应遵守的法律法规要求和其他要求，适用的安全、环境法律法规要求和其他要求的合规性评价的结果。此外，在重要环境因素确定、成文信息的建立、外部供方的控制、运行的监视测量、不符合的处理、应急准备和响应、对管理体系的内部审核及管理评审等过程中，也应考虑法律法规要求和其他要求。

▲◣ **实施要点**

1）建立、实施和保持法律法规要求和其他要求的确定过程，明确法律法规要求和其他要求确定的目的、范围、准则、主体、时机以及采用的方法、结果形式等事项，保持法律法规要求和其他要求的确定过程的成文信息。

通常情况下，发射场在策划一体化管理体系、制定发展规划、筹划年度工作、进行形势分析、谋划工作和任务等时机应确定法律法规要求和其他要求。在下列情况时，应及时识别、更新相关法律法规要求和其他要求：

a）相关法律法规要求和其他要求发生变化；

b）工作和任务发生变化；

c）危险源、环境因素发生变化；

d）相关方的要求发生变化；

e）一体化管理体系运行过程中发现法律法规要求和其他要求识别不充分等。

在建立、实施和保持法律法规要求和其他要求的确定过程时，应落实 5.4d）4）条款的要求，与非管理类工作人员进行协商，落实 5.4e）5）条款的要求，安排非管理类工作人员的参与。

2）按照建立的法律法规要求和其他要求的确定过程，开展法律法规要求和其他要求的确定工作。

3）确定如何将这些法律法规要求和其他要求应用于发射场工作和任务之中，以及所需沟通的内容。

4）在建立、实施、保持和持续改进一体化管理体系时必须考虑这些法律法规要求和其他要求。

5）向在发射场控制下工作的人员和其他有关的相关方传达相关法律法规要求和其他要求的信息。

6）保持和保留有关法律法规要求和其他要求的成文信息，并确保及时更新以反映任何变化。

7）发射场适用的质量法律法规要求和其他要求可以收集整理形成汇编，也可用表格形式表述，见表 3-15。

表 3-15　发射场适用的质量法律法规要求和其他要求一览表

序号	法规或标准名称	文件号或标准编号	实施日期	适用条款	对应的工作和任务或活动	在发射场规章制度、标准中的应用

8）发射场适用的安全法律法规要求和其他要求可以收集整理形成汇编，也可用表格形式表述，见表 3-16。

表 3-16　发射场适用的安全法律法规要求和其他要求一览表

序号	法规或标准名称	文件号或标准编号	实施日期	适用条款	对应的危险源	在发射场规章制度、标准中的应用

9）发射场适用的环境法律法规要求和其他要求可以收集整理形成汇编，也可用表格形式表述，见表 3-17。

表 3-17　发射场适用的环境法律法规要求和其他要求一览表

序号	法规或标准名称	文件号或标准编号	实施日期	适用条款	对应的环境因素	在发射场规章制度、标准中的应用

▲ 审核要点

1）通过与一体化管理体系主管部门有关人员交流，结合查阅有关成文信息，核查是否建立了法律法规要求和其他要求的确定过程，并保持了相应的成文信息。

　　2）通过查阅有关部门、单位法律法规要求和其他要求识别结果的成文信息，结合"4.2 理解工作人员和其他相关方的需求和期望""6.1.2 质量风险评估""6.1.3 危险源辨识及风险和机遇的评价""6.1.4 环境因素识别评价"的审核，核查法律法规要求和其他要求识别的全面性、更新的及时性情况。

　　3）通过与业务部门、单位人员交流及查阅有关成文信息，核查法律法规要求和其他要求在实际工作和任务中的应用情况，以及在发射场控制下工作的人员和其他有关的相关方对相关法律法规要求和其他要求的了解掌握情况。

▲ **常见问题**

　　1）未按建立的过程进行法律法规要求和其他要求识别，法律法规要求和其他要求未处于最新状态。

　　2）确定的法律法规要求和其他要求与实际工作和任务脱节，未建立与其相关方的需求和期望以及其质量、危险源、安全风险、环境因素等的有机联系，如：识别的法律法规要求和其他要求与其相关方的需求和期望以及其质量、危险源、安全风险、环境因素等无关；与其相关方的需求和期望以及其质量、危险源、安全风险、环境因素等有关的法律法规要求和其他要求识别不够充分；法律法规要求和其他要求识别比较笼统，简单地描述为"全文适用"，未识别出具体的条款、内容等。

　　3）未在识别法律法规要求和其他要求的基础上确定如何将法律法规要求和其他要求应用到发射场的工作和任务之中。

　　4）未将法律法规要求和其他要求传达至相关部门、人员，存在工作人员未了解、掌握有关法律法规要求和其他要求的情况。

▲ **标准条文**

6.1.6　措施的策划

　　发射场应建立、实施和保持措施的策划的过程。

　　发射场应策划：

　　a）采取措施管理其：

　　　　1）质量风险（见 6.1.2）；

　　　　2）安全风险和机遇（见 6.1.3.2 和 6.1.3.3）；

　　　　3）重要环境因素（见 6.1.4）；

　　　　4）适用的法律法规要求和其他要求（见 6.1.5）；

　　　　5）6.1.1 所识别的风险和机遇；

　　　　6）对紧急情况做出准备和响应（见 8.8）。

　　b）如何：

　　　　1）在一体化管理体系过程（见 6.2、第 7 章、第 8 章和 9.1）中或工作和任务过程中整合并实施这些措施（见 4.4）；

　　2）评价这些措施的有效性（见 9.1）。

　　在策划措施时，必须考虑控制的层级（见 8.1.1）和一体化管理体系的输出。

　　在策划措施时，还应考虑最佳实践、可选技术方案以及财务、运行等要求。

　　应对措施应与风险和机遇对工作和任务符合性的潜在影响相适应。

理解要点

　　1）本条旨在确保发射场策划应对质量风险、安全风险、重要环境因素、需要遵守的法律法规要求和其他要求以及 6.1.1 条识别的风险和机遇的措施，实施这些措施，以及分析和评价采取这些措施的有效性。

　　2）措施的策划是建立一体化管理体系的重要步骤，是在收集、分析和确定了发射场所处内外部环境等信息的基础上开展的工作。

　　措施策划的输入包括质量风险、安全风险、重要环境因素、适用的法律法规要求和其他要求，以及发射场确定的需要采取措施的风险和机遇。涉及变更（见 6.3、8.1.2、8.2.4、8.3.6、8.5.6）时，也宜考虑应对风险和机遇的措施，以确保不产生非预期的后果。

　　措施策划的输出主要体现在如下两个方面：

　　a）在一体化管理体系过程中整合并实施这些措施。将策划的措施通过一体化管理体系进行管理，以单独或结合的方式融入一体化管理体系的其他过程，以管理其质量风险、安全风险、重要环境因素、法律法规要求和其他要求，以及 6.1.1 条识别的风险和机遇，包括：建立目标（见 6.2），提供资源支持、具备意识能力、及时交流信息、保持成文信息（见第 7 章），实施运行控制（见第 8 章），进行监视测量（见 9.1）等。

　　b）在工作和任务过程中整合并实施这些措施。将策划的措施融入相关业务工作的规章制度、标准等文件中。

　　3）措施的策划是选择一种或多种改变风险的措施，包括改变风险发生事件的可能性或后果的措施。可能的风险控制措施之间不一定互相排斥。一个风险控制措施也不一定在所有条件下都适合。风险控制措施可包括下列各项：

　　a）决定停止或退出可能导致风险的活动，以规避风险；

　　b）增加风险或承担新的风险，以寻求机会；

　　c）消除具有负面影响的风险源；

　　d）改变风险事件发生的可能性的大小及其分布的性质；

　　e）改变风险事件发生的可能后果；

　　f）转移风险；

　　g）分担风险；

　　h）保留风险等。

　　4）选择适当的风险控制措施时应注意以下两个方面：

　　a）必须考虑控制的层级和来自一体化管理体系的输出，并应考虑最佳实践、可选技术方案、财务、运行等要求；

b）控制措施应与风险和机遇对工作和任务符合性、安全风险、环境因素、法律法规的潜在影响相适应。

5）策划如何评价所策划措施的有效性（见9.1），包括评价的主体、时机、方法、内容、标准、结果等。

a）控制措施在实施前可针对以下内容进行评审：

ⅰ）策划的控制措施是否能使风险降低到可接受的水平；

ⅱ）策划的控制措施是否会产生新的风险；

ⅲ）策划的控制措施是否已选定了效果最佳的解决方案；

ⅳ）策划的有关措施是否有非管理类工作人员的参与；

ⅴ）策划的控制措施的可行性等。

b）控制措施在实施后可针对以下内容进行评审：

ⅰ）策划的控制措施是否得到有效执行；

ⅱ）策划的控制措施实施后是否达到了预期目的；

ⅲ）策划的控制措施未实现预期目的的原因是什么；

ⅳ）是否需要改进策划的措施；

ⅴ）是否需要策划新的措施等。

实施要点

1）建立、实施和保持措施的策划过程，明确措施策划的目的、范围、准则、主体、时机以及采用的方法、结果形式等事项，保持措施的策划的成文信息。

通常情况下，发射场在策划一体化管理体系、制定发展规划、筹划年度工作、进行形势分析、谋划工作和任务等时机，应进行措施的策划。

在建立、实施和保持措施的策划过程时，应落实5.4e）6）条款的要求，安排非管理类工作人员的参与。

2）按照建立的措施的策划过程，策划管理其质量风险、安全风险、重要环境因素，应遵守的法律法规要求和其他要求，所识别的风险和机遇，对紧急情况做出准备和响应的措施。

3）按照建立的措施的策划过程，策划如何在一体化管理体系过程中及工作和任务过程中整合并实施这些措施。

4）按照建立的措施的策划过程，策划如何评价这些措施的有效性，并依据策划的安排实施评价。

5）保持控制措施的成文信息。发射场措施的策划可以用文字表述，也可以用表格罗列，见表3-11～表3-14。

审核要点

1）通过与领导层交流，结合对发射场一体化管理体系主管部门及有关部门、单位的审核，核查是否按要求建立了措施的策划过程，并保持了相应的成文信息。

2）通过与领导层交流，了解发射场针对需要应对的风险和机遇采取相应措施的情况；通过对发射场一体化管理体系主管部门及有关部门、单位的审核，查阅有关措施策划的成文信息，核查是否按建立的过程确定了与 6.1.1～6.1.5 相关的控制措施，控制措施是否符合实际，是否全面、合理、科学、可行，是否能够起到确保一体化管理体系能够实现其预期结果、增强有利影响、预防或减少非预期（不利）影响、实现持续改进的作用。

3）通过与领导层交流，结合对发射场一体化管理体系主管部门及有关部门、单位的审核，查阅有关成文信息，核查在一体化管理体系过程中或其他工作和任务过程中整合并实施相关措施的情况。

4）通过与领导层交流，结合对发射场一体化管理体系主管部门及有关部门、单位的审核，对"9.1 监视、测量、分析和评价"条款的审核，查阅有关成文信息，核查对策划、实施控制措施有效性评价的情况。

▲ 常见问题

1）措施策划不够全面，如未充分考虑 6.1.1～6.1.5 所需的控制措施，未从建立目标（见 6.2）、提供资源支持、具备意识能力、及时交流信息、保持成文信息（见第 7 章）、实施运行控制（见第 8 章）、进行监视测量（见 9.1）等方面确定控制措施等。

2）策划的措施与实际不相符，比较笼统，不够具体，操作性不强，如针对岗位工作识别了紧急情况，但未明确岗位的现场处置方案，采取的措施是执行上级预案，上级预案中却无相关内容。

3）未在工作和任务过程中整合并实施策划的措施，如策划的措施未体现在业务工作的规章制度、标准等文件中。

4）未按建立的过程对控制措施有效性进行评价。

5）未保持控制措施的成文信息。

3.6.2　目标及其实现的策划

▲ 标准条文

6.2　目标及其实现的策划

6.2.1　质量安全环境目标

发射场应针对相关职能、层次和一体化管理体系所需的过程建立质量安全环境目标，以保持和持续改进一体化管理体系和质量安全环境绩效（见 10.3）。

目标应：

a）与方针保持一致；

b）可测量（如可行），或能够进行绩效评价；

c）必须考虑：

1）适用的要求，包括工作和任务要求、适用的法律法规要求和其他要求；

2）与工作和任务合格以及增强顾客满意相关；

3）质量风险评估结果（见6.1.2）；

4）安全风险和机遇的评价结果（见6.1.3.2和6.1.3.3）；

5）重要环境因素（见6.1.4）；

6）6.1.1所识别的风险和机遇；

7）与工作人员及其代表（若有）协商（见5.4）的结果。

d）得到监视；

e）予以沟通；

f）适时更新。

6.2.2　实现目标的措施的策划

策划如何实现目标时，发射场应确定：

a）要做什么；

b）需要什么资源；

c）由谁负责；

d）何时完成；

e）如何评价结果，包括用于监视实现其可度量的目标的进程所需的参数（见9.1.1）；

f）如何将实现目标的措施融入其工作和任务过程。

发射场应保持和保留目标和实现目标的措施策划的成文信息。

理解要点

1）本条旨在确保发射场建立质量安全环境目标和策划实现这些目标的适宜的措施。

为实现发射场质量安全环境方针中的承诺，落实6.1.6所策划的措施，保持和持续改进一体化管理体系和质量安全环境绩效，发射场应针对相关职能、层次和一体化管理体系所需的过程建立质量安全环境目标。目标未必由最高管理者亲自制定，但制定目标的责任仍是最高管理者。

2）"目标"（GB/T 19000—2016标准中3.7.1）是指"要实现的结果"。目标可以涉及不同的领域（如质量的、安全的、环境的目标）、不同的层次（如战略的、战术的或运行层面）。

目标宜与风险和机遇以及发射场所识别的、实现一体化管理体系预期结果所必需的绩效准则相关。目标是在方针的原则和框架下具体追求的目的，应与方针中做出的承诺保持总体协调一致，目标追求的结果应能实现方针的承诺。

目标可以是定性的，也可以是定量的，目标的测量也可以是定性的或定量的。定性测量可以是从诸如调查、访谈和观察中所获得的粗略估计。定量测量是与规定尺度相比获取数值的过程。"如可行"表示某些情况下可能无法测量目标，但重要的是能够判定目标是否得以实现。

目标应具有先进性和可实现性。制定目标时应考虑发射场现在的水平和同行业的情况，在现实的基础上考虑一定的提升空间，使目标既高于现实，又通过努力可以达到，既要体现先进性，又要考虑可实现性和经济性，真正起到改进质量安全环境管理的作用。

"必须考虑有关的质量风险、安全风险、重要环境因素"的要求，并不意味着必须针对每项质量风险、安全风险、重要环境因素建立一个目标，而是建立目标时应优先考虑这方面的因素。

"必须考虑风险和机遇，包括安全风险和机遇的评价结果"的要求，并不意味着对所确定的每个风险和机遇均设立相应的目标。

3）一体化管理体系目标包括质量、安全、环境目标以及管理体系各过程的目标。

目标应在相关职能和层次设立，并可与其他业务目标相融合。相关是指与工作和任务的质量、安全风险、重要环境因素、法律法规要求和其他要求以及需要应对的风险和机遇相关。相关职能和层次的目标应与其职责范围匹配，与其主管的过程协调。相关职能和层次的目标构成了发射场的目标体系，目标体系自上而下逐渐由定性、宏观到定量、具体，上层目标宏观、定性的比重大，下层目标具体、定量的比重大，上层指导下层，下层支持上层，构成有机整体。目标体系既不能上下一般粗，都是笼统定性的目标，也不能机械教条，每项目标都要量化。

在制定各职能和层次目标时，仅是直接分解总的目标是不充分的，有些具体过程是间接支持总目标的，这些过程也应该建立目标。在建立目标时要处理好职能目标、层次目标与过程目标的关系。适用时，每项目标宜对应一个指标，指标可以是战略性的、战术性的或运行层面的。

4）目标应予以沟通。为了实现目标，对目标的实现有贡献和影响的人员都应该了解与其相关的目标是什么，其对目标的贡献有哪些，这就需要在相关职能、层次和人员之间沟通其目标。

5）目标应得到监视。为确保目标的实现，应适时对目标的实现情况进行监测，而不是只在目标所规定的完成时间进行检查，应通过对目标的监视，分析、评价，判断目标是否能够实现。

6）目标应适时更新。目标和指标的保持，是通过对它们的评审和更新来保持其适用性和合理性。当目标和指标实现后，要考虑建立新的目标和指标，以实现绩效的改进。当与一体化管理体系相关的事项（如工作和任务、安全风险、重要环境因素、法律法规要求和其他要求、风险和机遇）发生变更时，需要对目标的适用性进行评审，适当时，需要对目标进行更新，以适应新的变化，实现一体化管理体系的预期结果。

7）应根据实现目标的需要制定相应的措施，有时采取一项措施就可以满足要求，有时则需要若干项措施来支持。策划实现目标的措施，应确定如下内容：

a）需要做什么。需要做什么是措施的核心内容，是实现目标需要采取的具体的方法，方法可能包括建立新过程、采用新工艺新材料、设施设备更新改造、采取工程控制、组织教育培训、过程运行控制、保留成文信息等。

b）所需的资源。为了保证措施的有效实施，在策划时，应当考虑所需的资源，包括人力、物力、财力和技术资源等，并在实施时予以保证。

c）负责部门或人员。要规定每一项措施的负责部门或人员，也就是把责任明确到具体的部门或人员，以保证措施的实施。

d）完成时间。为确保目标的最终实现，需要规定每项所策划措施的完成时间，如果是分阶段实施，就应规定各个阶段工作的完成时间。

e）对结果进行评价的方法，包括绩效参数的确定。为判断结果是否实现预期的目标，应明确评价措施实施效果的方法，如现场检查、监测等，包括所需的参数等。

f）如何落实措施。应将所策划的实现目标的措施尽量与有关部门、单位、岗位的工作和任务过程进行整合，通过在有关部门、单位、岗位的工作和任务过程中落实相应的措施，确保有关目标的实现。

8）目标及实现目标的措施策划的成文信息可以单独成文，也可以体现在有关规划、计划、方案、专项措施、责任书等成文信息中。

◤ 实施要点

1）建立目标。在相关职能、层次和一体化管理体系所需的过程建立合理、可行的质量安全环境目标。

发射场质量安全环境目标按时间跨度可分为中长期、年度目标，按职能层次可分为发射场的各级目标，按管理体系类型可分为质量、安全、环境及一体化管理体系过程目标。

发射场中长期目标的建立、更新可结合制定五年规划、召开党代表大会等时机进行，可在五年规划、工作报告等文件中体现。

发射场年度目标的建立可结合召开党委扩大会、年度工作策划等时机进行，可在工作报告、工作要点、工作计划、目标责任书等文件中体现。

在建立目标过程中，应落实5.4d）5）条款的要求，与非管理类工作人员进行协商。

2）制定措施。策划实现目标的措施。

在策划实现目标的措施过程中，应落实5.4d）5）条款的要求，与非管理类工作人员进行协商。

3）沟通目标。按7.4条的有关要求策划、实施目标的沟通，使有关单位、人员理解目标的内容及要求，并能为实现目标做出贡献。

4）监测目标。按9.1.1条的有关要求策划、实施目标的监视，适当时更新目标。中长期目标评测可在制定五年规划、召开党代表大会等活动前进行，年度目标评测可结合形势分析、半年及年终工作总结、管理评审、召开党委扩大会等活动进行。

5）保持和保留目标和实现目标措施的成文信息。

◤ 审核要点

1）通过与最高管理者、一体化管理体系主管部门有关人员交流，查阅有关目标的成文信息，核查发射场目标建立、监测、更新，措施的策划、落实，目标的成文信息、沟通、实现情况。关注目标的内容是否考虑：适用的要求，包括工作和任务要求、适用的法律法规要求和其他要求；与工作和任务合格以及增强顾客满意相关；有关的质量风险评估结果；安全风险和机遇的评价结果；重要环境因素；6.1.1 所识别的风险和机遇；与工作人员及其代表（若有）协商的结果。

2）通过与业务部门、单位人员交流，查阅有关目标的成文信息，核查相关职能、层次目标建立、监测、更新，措施的策划、落实，目标的成文信息、沟通、实现情况。

▲ 常见问题

1）目标内容不全面，未包括与其职能、层次相关的质量、安全、环境及一体化管理体系过程的目标。

2）质量目标与工作目标混为一谈，如人力资源部门的质量目标为培训计划完成率，设备管理部门的质量目标为设备维护率等，未体现培训的质量追求、设备维修的质量追求等。

3）目标不符合法律法规要求、缺乏合理性，如法规规定工作人员每年体检 1 次，但目标为"体检率 95％以上"。

4）未保持实现目标措施策划的成文信息。

5）对定量目标的监测，无具体的数据支撑。

3.6.3　变更的策划

▲ 标准条文

> **6.3　变更的策划**
>
> 　　当确定需要对一体化管理体系进行变更时，变更应按所策划的方式实施（见 4.4），并应考虑：
> 　　a）变更目的及其潜在后果；
> 　　b）一体化管理体系的完整性；
> 　　c）资源的可获得性；
> 　　d）职责和权限的分配或再分配。

▲ 理解要点

1）本条旨在确定发射场一体化管理体系变更的需求，以适应其内外部环境变化，并确保以受控的方式策划、引入和实施所需的变更。

2）根据内外部环境的变化及一体化管理体系改进的要求等，发射场可能需要对一体化管理体系进行变更。

适当地策划变更有助于避免出现返工、工作和任务推迟、安全或环境事件等负面后果，还能通过减少不合格输出或人为错误等产生正面效果。策划变更的目的是保持变更期间一体化管理体系的完整性和发射场实现预期结果的能力。

变更的需求或输入可能来自于多个方面，如内外部环境的变化、相关方要求的变化、过程绩效分析及审核的结果、"10.2 事件、不符合（不合格）和纠正措施"中识别的一体化管理体系变更需求、"9.3.3 管理评审输出"中做出的与一体化管理体系变更的任何需求相关的决策等。

由于管理体系是由若干过程构成的，过程之间存在相互关系，如果随意修改和变更，可能会对管理体系的整体符合性及运行的有效性产生不利影响。因此，在管理体系变更时，应运用基于风险的思维，按照"4.4 一体化管理体系及其过程"的要求，并在综合考虑变更目的及其潜在后果、一体化管理体系的完整性、资源的可获得性、职责和权限的分配或再分配等方面因素的基础上对变更进行策划，做到有计划、系统地实施变更。

3）对于所策划的变更，无论是永久性的还是临时性的，在对一体化管理体系变更前，应按照"6.1.1 总则"的要求确定与一体化管理体系预期结果有关的风险和机遇。应考虑采取措施，以减少变更带来的潜在负面影响，如在全面实施变更前首先进行变更试点，或确定若变更不能成功实施时将采取的措施等。

4）本标准中，涉及变更要求的条款见表 3-18。

表 3-18　一体化管理体系标准中与变更有关的条款

序号	与变更有关的内容	本标准条款
1	发射场应确定一体化管理体系所需的过程及其在工作和任务中的应用,且应:g)评价这些过程,实施所需的变更,以确保实现这些过程的预期结果	4.4.1
2	最高管理者应分配职责和权限,以:e)确保在策划和实施一体化管理体系变更时保持其完整性	5.3
3	在策划过程中,应结合发射场及其过程或一体化管理体系的变更来确定和评价与一体化管理体系预期结果有关的风险和机遇。对于所策划的变更,无论是永久性的还是临时性的,这种评价均应在变更实施前进行(见 6.3、8.1.2、8.2.4、8.3.6、8.5.6)	6.1.1.1
4	发射场应建立、实施和保持用于持续和主动的危险源辨识的过程。该过程必须考虑(但不限于):g)发射场、运行、过程、活动和一体化管理体系中的实际或拟定的变更(见 6.3、8.1.2、8.2.4、8.3.6、8.5.6);h)危险源的知识和相关信息的变更	6.1.3.1
5	发射场应建立、实施和保持过程,以评价:a)提升安全绩效的安全机遇,同时必须考虑所策划的对发射场及其方针、过程或活动的变更	6.1.3.3
6	发射场应建立、实施和保持过程,以确定其工作和任务中能够控制和能够施加影响的环境因素及其相关的环境影响。此时应考虑生命周期观点。a)确定环境因素时,必须考虑:1)变更,包括已纳入计划的或新的开发,以及新的或修改的工作和任务	6.1.4
7	变更的策划	6.3
8	发射场应:a)在其各职能和层次间就一体化管理体系的相关信息进行内部信息交流,适当时,包括交流一体化管理体系的变更	7.4.2
9	适用时,应针对下列成文信息的活动进行控制:c)更改的控制(如版本控制) 对所保留的、作为符合性证据的成文信息应予以保护,防止非预期的更改	7.5.3.2
10	变更管理	8.1.2

续表

序号	与变更有关的内容	本标准条款
11	发射场与顾客沟通的内容应包括：b)处理问询等事宜,包括更改	8.2.1
12	工作和任务要求的更改	8.2.4
13	设计和开发更改	8.3.6
14	变更控制	8.5.6
15	管理评审的输出应包括与下列事项相关的决定和措施：c)任何对一体化管理体系变更的需求	9.3.3
16	当出现事件或不符合时,包括来自投诉的不符合,发射场应：c)按照控制层级(见8.1.1)和变更控制(见8.1.2、8.2.4、8.3.6、8.5.6),确定并实施任何所需的措施；g)需要时,变更一体化管理体系	10.2.1

▲ 实施要点

1) 识别变更需求。根据内外部环境的变化、相关方变更的需求、过程能力和绩效分析结果、纠正措施需要、内部审核建议、管理评审决策等的需要，及时识别一体化管理体系或过程变更的需求。

2) 策划体系变更。按照"4.4 一体化管理体系及其过程"中的要求，在考虑变更目的及其潜在后果、一体化管理体系的完整性、资源的可获得性以及职责和权限的分配或再分配的基础上进行一体化管理体系变更的策划。在对一体化管理体系变更进行策划时，应考虑过渡期实施方案，以确保一体化管理体系的有效性和完整性，使其在变更中和变更后能够持续有效，防止局部失效。

3) 评价体系变更。在对一体化管理体系变更前，评价与一体化管理体系预期结果有关的风险和机遇，采取必要应对措施。

4) 实施体系变更。按照策划的结果，有序实施一体化管理体系变更。

▲ 审核要点

1) 通过与领导层交流，结合对一体化管理体系主管部门的审核，了解是否有一体化管理体系变更情况发生，若有变更，进一步了解变更的流程、变更前风险和机遇的评价及变更的效果等情况。

2) 通过对一体化管理体系主管部门的审核，核查对管理体系的变更是否进行了策划，策划过程是否符合标准的要求。

3) 通过对一体化管理体系主管部门及与管理体系变更有关部门的审核，核查是否按照策划的安排实施了管理体系的变更，变更后效果如何。

▲ 常见问题

管理体系变更的策划不够充分，实施前未有效识别风险，导致变更后的管理体系存在变更不够充分、完整性欠缺、协调性不强等问题。

3.7　支持

3.7.1　资源

7　支持

7.1　资源

7.1.1　总则

　　发射场应确定并提供建立、实施、保持和持续改进一体化管理体系所需的资源。

　　发射场应考虑：

　　a）现有内部资源的能力和局限；

　　b）需要从外部供方获得的资源（如基础设施的建设、维护，物资器材、能源资源的供应，电信、交通运输、金融服务等）；

　　c）需要顾客提供的资源（如所需的设施、设备、人员、法规、标准、技术资料等）。

　　1）本章旨在确保发射场为建立、实施、保持和持续改进一体化管理体系及其有效运行提供充分的资源、能力、意识、信息交流、成文信息等方面的支持。

　　本条旨在确保发射场提供建立、实施、保持和持续改进一体化管理体系及其有效运行所需的资源。

　　2）资源是建立、实施、保持和持续改进一体化管理体系的必要条件。资源包括人力资源、自然资源、基础设施、过程运行环境、监视测量资源、发射场的知识、财务资源等。

　　资源可以是内部的，也可以是外部的。发射场应考虑内部资源的能力和局限性，即可获得性和有效性；为了确保资源满足一体化管理体系的需求，通常还需考虑从外部供方获得哪些资源，以及可行性和获取渠道。

　　3）在确定资源的过程中，可运用基于风险的思维，考虑对资源的提供进行成本收益分析。

　　1）确定资源。明确建立、实施、保持和持续改进一体化管理体系需要哪些方面、哪些类型的资源支持，包括内部资源、从外部供方获得的资源、需要顾客提供的资源等。

　　2）提供资源。依据工作和任务要求，采取相应措施，确保一体化管理体系所需的资源以有效的方式及时提供。

3）评审资源。在工作和任务总结、管理评审等时机应考虑资源的充分性。

▲ 审核要点

通过与领导层、一体化管理体系主管部门、资源主管部门有关人员交流，结合对"5.1 领导作用和承诺""7.1.2 人员""7.1.3 基础设施""7.1.4 过程运行环境""7.1.5 监视和测量资源""7.1.6 发射场的知识""9.3 管理评审"等条款的审核，从策划和运行的角度，总体上了解建立、实施、保持和持续改进一体化管理体系所需资源的确定和提供情况。

▲ 常见问题

1）在资源确定方面缺乏系统性、全面性、前瞻性。
2）在资源提供方面存在针对性、及时性、充分性不强等问题。

▲ 标准条文

7.1.2 人员

发射场应确定并配备所需的人员，以有效实施一体化管理体系，并运行和控制其过程。

▲ 理解要点

1）本条旨在确保发射场具备运行和控制其过程以及有效实施一体化管理体系所需的合适的人力资源。

2）发射场为了有效实施一体化管理体系及其过程，应确定所需的人员，并按要求配备相应人员。人员的确定应按照因岗设人的原则，在考虑机构及岗位职责、当前工作负荷、相关人员履行职责能力的基础上，确定所需人员的类型及数质量。

3）人员的配备应明确责任部门、选拔标准、配备方式、相应流程等。

▲ 实施要点

1）根据岗位工作要求，确定所需人员的类型及数质量。
2）根据实际工作需要，及时配备、调整所需的人员。

▲ 审核要点

1）通过与人力资源部门有关人员交流及查阅相关资料，核查人员确定及配备情况是否符合有关规定要求，满足工作和任务需要。

2）结合对其他业务部门、单位、岗位的审核，核查人员配备情况是否与规定相符，满足工作和任务需要。

▲ 常见问题

1）对岗位所需的人员未做出明确规定。

2）岗位配备的人员不符合规定的要求，如：特种作业、特种设备操作等人员无相应资质；岗位操作规定应由两名人员同时作业，实际只有一人等。

▲ 标准条文

7.1.3　基础设施

发射场应确定、提供并维护所需的基础设施，以运行过程，圆满完成各项工作和任务。

注：基础设施可包括：

　　a）建筑物和相关设施；

　　b）设备，包括硬件和软件；

　　c）运输资源；

　　d）信息和通讯技术。

▲ 理解要点

1）本条旨在确保发射场具备圆满完成各项工作和任务以及确保安全和保护环境所需的基础设施。

2）"基础设施"（GB/T 19000—2016 标准中 3.5.2）是指"组织运行所必需的设施、设备和服务的系统"。基础设施是一体化管理体系有效运行的物质保证，可包括建筑物和相关设施、设备、运输资源、信息和通信技术等。

3）发射场应根据工作和任务需要及过程运行的要求，确定需要哪些基础设施，包括基础设施的种类、性能指标、规模、数量等要求，并根据确定的要求，及时建设、购置、配备所需的基础设施。

4）为保持基础设施的功能性能始终满足要求，应确定设施设备的操作、使用、检查、检定、维护、保养、修理等要求，明确定期维护、周期检定、精度检查等必要的准则，以及安全、环境保护的有关要求，并加以落实。

▲ 实施要点

1）建立相应的规章制度、标准，包括建立作业指导书或操作维护规程等，明确基础设施确定、提供和使用、维护的有关要求。

2）科学合理预测、论证、评审基础设施的现实、未来需要，确定所需基础设施。

3）根据工作和任务要求，制定基础设施建设及更新、改造的规划、计划，并按照规划、计划提供所需的基础设施。

设备研制、工程建设和信息系统开发等新建、改建、扩建项目，应当将安全及环境污染防治设施设备建设与主体项目建设同步规划、同步设计、同步实施。

4）建立基础设施台账，可包括名称、规格、型号、生产厂家、出厂日期、数量、单价、状态、位置、责任单位、使用时间、维护保养情况等。

5）按有关规章制度、标准要求，正确操作使用、及时检查维护所需的基础设施，包括制定、落实维护保养计划，落实安全、环境保护有关要求等。

审核要点

1）通过对基础设施业务主管部门的审核，了解基础设施的制度建立、确定提供情况，重点关注制度的规范性、确定的合理性、计划的科学性、提供的及时性、管理的有效性等方面的情况。

2）通过对基础设施使用部门、单位的审核，实地了解查看基础设施配备及操作使用、检查维护等情况，重点关注基础设施配备的充分性、能力的符合性、维护保养的及时性、状态的完好性等方面的情况。

常见问题

1）未按工作和任务要求配备数量充足、功能性能符合要求的设施设备。

2）设施设备实物与台账不符，台账内容设计不够全面，未能比较全面地反映数质量等情况，不便于实施科学有效管理。

3）未按有关法律法规及制度规定的要求，定期开展检定、检测及维护保养等工作。

标准条文

7.1.4 过程运行环境

发射场应确定、提供和维护所需的环境，以运行过程，圆满完成各项工作和任务。

发射场应：

a）适用时，在成文信息中明确过程运行环境要求；

b）采取有效措施，满足过程运行环境要求；

c）对需要控制的环境物理因素，应保留监视、测量、控制和改进的成文信息。

注：适宜的过程运行环境可能是人为因素与物理因素的结合，例如：

——社会因素（如非歧视、安定、非对抗）；

——心理因素（如减压、预防过度疲劳、稳定情绪）；

——物理因素（如温度、湿度、照度、空气流通、卫生、噪声，以及洁净度、多余物、静电、电磁辐射、振动、含氧量、毒害气体浓度等）。

理解要点

1）本条旨在确保发射场确定并提供过程运行所需的环境，以支持工作和任务顺利实施、圆满完成。

2）过程运行环境是指满足过程运行所需的一组条件。适宜的过程运行环境可能是人为因素与物理因素的结合，可包括社会因素、心理因素、物理因素等。

3）对过程运行环境的要求可能因工作和任务的类型有很大的不同。应根据过程运行的有关要求，全面系统地识别过程运行环境的要求，并采用成文信息的方式加以明确。

在某些情况下，应重点考虑物理因素，如推进剂库房、火工品库、油库、加油站等场所的防雷、防静电、接地、监视测量、安全防护、消防等要求，火箭、卫星厂房、设备机房等场所的温湿度、洁净度、防静电、接地、监视测量、安全防护、消防等要求，档案资料库房的温湿度、安全防护等要求。

在某些情况下，人为因素在过程中具有关键作用，如避免工作人员承受高工作负荷和压力（防止潜在失误、过度疲劳或恃强凌弱）等。

在某些情况下，社会和心理等其他因素可能也需要考虑，如给予充足的休息时间，以防止发生事故，提供心理辅导或场所，以缓解、释放不良情绪，营造团结、互助、友好、轻松的生活、工作环境等。

◤ 实施要点

1）业务主管部门组织建立过程运行环境的管理制度，明确管理的主体、对象、职责、范围、方法、标准等要求。过程运行部门、单位在现场管理规定、作业指导书或操作规程等成文信息中，明确具体的过程运行环境要求。

2）业务主管部门提供必要的设施设备，过程运行部门、单位（人员）采用有效的方法，包括适时监测、控制、改进等，满足过程运行环境要求。

3）对需要控制的环境物理因素，保留监视、测量、控制和改进的成文信息。

◤ 审核要点

1）通过与业务主管部门、过程运行部门、单位有关人员交流，结合查阅有关成文信息，了解过程运行环境管理制度的建立情况，核查是否确定有关过程运行环境要求。

2）通过与有关部门、单位工作人员交流及现场观察，查阅有关成文信息，核查具体过程运行环境满足规定要求的情况及保留成文信息的情况。

◤ 常见问题

1）对过程运行环境有要求的场所，未在成文信息中明确过程运行环境要求。

2）现场过程运行环境未能满足规定的要求。

3）对需要控制的环境物理因素，未保留监视、测量、控制和改进的成文信息，包括存在成文信息不够完整的情况。

▲ **标准条文**

7.1.5　监视和测量资源

7.1.5.1　总则

当利用监视或测量来验证工作和任务符合要求、评价安全环境绩效时，发射场应确定并提供所需的资源，以确保结果有效和可靠。

发射场应确保所提供的资源：

a）适合所开展的监视和测量活动的特定类型；

b）得到适当使用和维护，以确保持续适合其用途；

c）所包括的监视和测量设备的计量特性与监视和测量的要求相适应。

发射场应保留适当的成文信息，作为监视和测量资源适合其用途的证据。

注：计量特性是指能影响测量结果的特性，如测量范围、测量不确定度、最大允许误差、灵敏度等。

7.1.5.2　测量溯源

当要求测量溯源时，或认为测量溯源是信任测量结果有效的基础时，测量设备应：

a）对照能溯源到国际或国家标准的测量标准，按照规定的时间间隔或在使用前进行校准和（或）检定，当不存在上述标准时，应保留作为校准或检定（验证）依据的成文信息。

b）予以识别，以确定其状态。

c）予以保护，防止由于调整、损坏或衰减所导致的校准状态和随后的测量结果的失效。

d）按照有关规定进行校准或检定合格，并保留成文信息。其中，用于监视和测量的计算机软件，初次使用前应经过验证和确认合格，需要时再次验证和确认合格，并保留成文信息。

当发现测量设备不符合预期用途时，应确定以往测量结果的有效性是否受到不利影响，必要时应采取适当的措施。

▲ **理解要点**

1）本条旨在确保发射场确定并提供适宜的资源，以确保在评价工作和任务以及安全、环境运行控制的符合性时，获得有效且可靠的监视和测量结果。当要求测量溯源时，或当发射场确定需要相信测量结果的有效性时，确保发射场提供测量溯源。

根据发射场建立的管理体系过程及各部门、单位承担的工作和任务的类型，所需的监视和测量资源可能有很大不同。

在某些情况下，简单的检查或监视就足以确定状况。在其他情况下，则需要进行测量，并且这种测量可能要求使用已检定或已校准或两者都需要的测量设备。

在某些情况下，可能需要专业人员对是否恰当地提供了服务做出评价，如宾馆、食堂的厨师，卫生保健服务方面的医疗专业人员等。在某些情况下，则需要设计拟用于确认是否已满足了相关要求的工具，如用于分级检查的说明或评分方案。

若测量设备用于验证是否符合要求和为测量结果的有效性提供信任时，应考虑如何检定/校准、控制、储存、使用和维护测量设备。

2）"监视"（GB/T 19000—2016 标准中 3.11.3）是指"确定体系、过程、产品、服务或活动的状态"。确定状态可能需要检查、监督或密切观察。通常，监视是在不同的阶段或不同的时间对客体状态的确定。监视可以是一项简单的检查，也可以用量具指示正确与否，还可以通过询问、旁听、监听等方式了解有关情况。

"测量"（GB/T 19000—2016 标准中 3.11.4）是指"确定数值的过程"。测量过程是指确定数值的一组操作。（测量）溯源性是通过具有规定不确定度的不间断的比较链，使测量结果或测量标准的量值能够与规定的参照标准、国家测量标准或国际测量标准联系起来的特性。

"测量设备"（GB/T 19000—2016 标准中 3.11.6）是指"为实现测量过程所必需的测量仪器、软件、测量标准、标准物质，或辅助设备或它们的组合"。测量设备是进行测量所需的测量器具、测量标准、标准物质、辅助设备及其技术资料的总称，包括测试、检验和校准（检定）中使用的测量设备。测量设备的准确度应高于被测设备的准确度。

"检定"是指查明和确认计量器具是否符合法定要求的活动。检定的依据是检定规程，是对测量器具的计量特性及技术要求的全面评定，要做出合格与否的决定。检定机构应根据检定的结果出具检定证书。

"校准"是指在规定条件下，为确定测量仪器或测量系统所指示的量值，或实物量具或参考物质所代表的量值，与对应的由计量标准所复现的量值之间关系的一组操作。校准的依据是校准规范、校准方法，主要确定测量器具的示值误差，校准不判断测量器具合格与否，但当需要时，可确定测量器具的某一性能是否符合预期的要求，校准机构应根据校准结果出具校准证书或校准报告。

3）检定和校准是量值溯源最主要的两个手段，其主要区别如下：

a）目的不同。检定的目的是对计量器具进行强制性全面评定。这种全面评定属于量值统一的范畴，是自上而下的量值传递过程。检定应评定计量器具是否符合规定要求。这种规定要求就是计量器具检定规程规定的误差范围。通过检定，评定计量器具的误差范围是否在规定的误差范围之内。校准的目的是对照计量标准，评定测量器具的示值误差，确保量值准确，属于自下而上量值溯源的一组操作。这种示值误差的评定应根据校准规程、按照校准周期进行。校准除评定测量器具的示值误差和确定有关计量特性外，校准结果也可以表示为修正值或校准因子，具体指导测量过程的操作。

b）对象不同。检定的对象是《中华人民共和国计量法》中规定的强制检定的计量器具，包括社会公用计量标准器具，部门和企业、事业单位使用的最高计量标准器具，以及用于贸易结算、安全防护、医疗卫生、环境监测方面的列入强检目录的工作计量器具。校准的对象是属于强制性检定之外的计量器具。

c）性质不同。检定属于强制性的执法行为，属法制计量管理的范畴。校准不具有强制性，属于组织自愿的溯源行为。

d）依据不同。检定的主要依据是由经批准的授权计量部门制定的计量检定规程。这是计量设备检定必须遵守的法定技术文件，通常对计量检测设备的检定周期、计量特性、检定项目、检定条件、检定方法及检定结果等做出规定。校准的主要依据是组织根据实际需要制定的校准规范。包括校准程序、方法、校准周期、校准记录及标识等方面的要求。

e）方式不同。检定必须到有资格的计量部门或法定授权的单位进行。校准的方式可以采用组织内部校准、外校，或内校加外校相结合的方式进行。

f）周期不同。检定的周期属于强制性约束的内容，必须按检定规程的规定进行。校准周期由组织根据使用计量器具的需要进行确定。

g）内容不同。检定的内容是对计量器具的全面评定。校准的内容是评定计量器具的示值误差，以确保量值准确。

h）结论不同。检定必须依据检定规程规定的量值误差范围，给出计量器具合格与不合格的判定，出具检定证书。校准的结论只是评定计量器具的量值误差，不要求给出合格或不合格的判定，出具校准证书。

4）发射场涉及的监视测量资源主要包括：

a）计量设备，如计量标准、仪器仪表等；

b）跟踪测量装备，如对运载火箭、航天器进行测量的光学、遥测、雷达等；

c）用于监视测量的软件；

d）其他监视测量设备，如电视监控设备、摄录设备、自动报警设备等；

e）胜任监视测量工作的人员；

f）特定的监视测量方法。

5）确定和提供监视和测量资源应满足如下要求：

a）应适合所开展的监视和测量活动的特定类型。因事制宜，针对不同的监视和测量对象，选择适宜的监视和测量资源。

b）监视和测量设备的计量特性应与监视和测量的要求相适应。"相适应"是指所使用的监视和测量设备的功能、性能等指标满足监视和测量的特定类型（对象）的要求，包括测量范围、测量不确定度、最大允许误差、灵敏度等。

c）监视和测量资源应得到适当使用和维护，以确保持续适合其用途。为防止偏离原适用状态，确保监视和测量资源持续符合使用要求，应对这些监视和测量资源进行维护，如设备的日常维护或定期保养，软件、文件的版本控制等，并恰当正确地使用。

6）测量设备的控制包括以下方面：

a）当测量设备能溯源到国际或国家的测量标准时，应按照规定的时间间隔或在使用前进行校准和（或）检定。当不存在上述标准时，则可自主进行校准或检定（验证），但应保留实施该活动依据的成文信息。

b) 校准或检定状态应予以识别。可在测量设备或其外包装上加以标识（如使用校准或检定标签，标明是否进行了校准或检定，校准或检定的程度及有效期等），或通过使用唯一的能与数据库相匹配的设备标识符等管理手段加以标识。

c) 为了防止可能使测量结果失效的调整，通常可采用胶封、铅封等措施，以防止随意的调整。在测量设备的使用过程中，还应采用适宜的搬运方法，防止因搬运不当而导致的损坏或失效，包括采取防撞击、跌落、振动措施等。储存条件应满足防止测量设备失效的要求，如采取防尘措施、控制温湿度等。

d) 按照有关规定进行校准或检定合格，并保留成文信息。用于监视和测量的计算机软件，初次使用前应经过验证和确认合格，需要时再次验证和确认合格，并保留成文信息。

7) 当发现测量设备不符合预期用途时，应确定以往测量结果的有效性是否受到不利影响，必要时应采取适当的措施。

a) 测量设备不符合预期用途有两种情况，一是指所使用的测量设备与所测量的要求不适应，如选用的准确度不能满足测量要求；二是指其偏离了原适用状态，包括损坏和失效。

b) 当测量设备不符合预期用途时，应对以往测量结果有效性进行评价，确定是否受到不利影响。

c) 必要时采取适当的措施。需要采取措施的程度取决于后果的严重性和风险的可接受程度，可能需要采取对受影响的测量结果进行重新测量、告知相关顾客、变更有关成文信息等措施，也可能无须采取措施。

▲ **实施要点**

1) 根据本标准"9.1.1总则"中确定的监视和测量内容、方法，确定并提供所需的监视和测量资源。

2) 建立监视测量资源的有关管理制度，按照法规、制度规定的要求实施检定、校准、使用、维护、保护以及意外情况处置等活动，并保留相关成文信息。

3) 宜建立监视和测量设备台账，其内容可包括名称、规格型号、编号或其他唯一性标识、生产厂家、出厂日期、设备状态、校准或检定单位、使用单位、校准或检定日期、下次校准或检定日期等。

▲ **审核要点**

1) 通过与有关业务部门、单位人员交流，结合查阅有关成文信息，了解监视和测量资源相关管理制度的建立及实施情况，核查确定并提供所需的监视和测量资源的合理性、充分性等情况。

2) 通过对业务部门、单位的现场观察，结合查阅有关成文信息，核查监视和测量设备的检定、校准、使用、维护、保护情况及有关成文信息保留情况，包括测量设备不符合预期用途的情况以及采取措施的情况等。

1) 监视和测量资源不满足验证工作和任务符合性以及评价安全环境绩效的要求。

2) 未保留适当的成文信息，作为监视和测量资源适合其用途的证据。

3) 在用测量设备无状态标识。

4) 在用测量设备超过检定有效期。

5) 使用的测量设备与监视和测量类型不符，如天平的灵敏度不满足使用要求等。

6) 未保留对监视和测量的计算机软件初次使用前经过验证和确认的成文信息。

7) 发现测量设备不符合预期用途后，未在必要时采取适当措施。

7.1.6 发射场的知识

发射场应确定必要的知识，以运行过程，保证工作和任务符合要求。

这些知识应予以保持，并能在所需的范围内得到。

为应对不断变化的需求和发展趋势，发射场应审视现有的知识，确定如何获取或接触更多必要的知识和知识更新。

注1：发射场的知识是发射场特有的知识，通常从其经验中获得，是为实现发射场目标所使用和共享的信息。

注2：发射场的知识可基于：

　　a) 内部来源（如知识产权、从经验获得的知识、从成功和失败中汲取的经验和教训、获取和分享未成文的知识和经验，以及过程、工作和任务的改进结果）；

　　b) 外部来源（如法规、标准、学术交流、专业会议、从顾客或外部供方收集的知识）。

---

1) 本条旨在保持发射场所确定的为运行过程以及实现工作和任务的符合性所必需的知识，并鼓励基于变化的需求和趋势获取必要的知识。

2) 知识是指通过学习、实践或探索所获得的认识、判断或技能。知识可包括事实知识、原理知识、技能知识和人际知识。事实知识是指关于客观事实的知识。原理知识是指关于自然界（含人类社会）的原理和法则的科学知识。技能知识是指关于做事的技艺或能力的知识。人际知识是指关于谁知道，谁知道如何去做某事的知识。

知识可以是显性的，也可以是隐性的；可以是组织的，也可以是个人的。显性知识是指以文字、符号、图形等方式表达的知识。隐性知识是指未以文字、符号、图形等方式表达的知识，存在于人的大脑中。实际上，显性的知识一般指组织的标准、规范、作业文件、技术文档等成文信息中所蕴含的知识，而隐性的知识指的是组织中的个人通过工作和学习所积累的经验、诀窍和特定的技能。

3）知识管理是指对知识、知识创造过程和知识的应用进行规划和管理的活动。知识管理包括知识鉴别、知识创造、知识获取、知识存储、知识共享、知识应用等一系列活动。

知识鉴别是指组织根据目标，明确内外部存在的知识，并进行知识需求分析的活动。

知识创造是指组织通过各种不同的方法，增进、强化已有知识和探索新知识的活动。

知识获取是指组织从某种知识源中总结和抽取有价值的知识的活动。

知识存储是指组织将有价值的知识经过选择、过滤、加工和提炼后，通过某些技术手段存储于组织内部，并随时更新和维护其内容和结构，以便于用户访问、获取知识的活动。

知识共享是指组织通过各种渠道和方式来转移和分享已有知识，实现知识在人、部门、组织、区域、国家等不同的知识拥有者之间的有效流动。

知识应用是指利用现有的知识去解决问题或创造价值的活动。

知识管理的更多内容可参考 GB/T 23703《知识管理》。

4）发射场的知识是来自于发射场的集体经验或个人经验的特定的知识，是为实现发射场目标所使用和共享的信息。发射场的人员及其经验是发射场的知识的基础，尤其是来源于一线的实践经验。获取和共享这些经验与知识可形成协同效应，从而创造新的知识或对发射场的知识进行更新。

发射场应考虑如何确定和管理为满足当前和未来需求所需的知识。在确定、保持和获取知识时，宜考虑以下方面的内容：

a）从成功经验和失败或临近失败的情况中吸取经验教训；

b）获取发射场内部人员的知识和经验；

c）从顾客、供方和合作伙伴方面收集知识；

d）获取发射场内部存在的显性或隐性的知识；

e）与标杆及竞争对手比较；

f）与相关方分享发射场的知识，以确保可持续性；

g）根据改进的结果更新必要的发射场的知识；

h）其他。

▲ 实施要点

1）确定知识。确定为满足当前及未来需求所需的知识，可包括发射场的规章制度、标准、特有工艺、技术资料、科研学术成果、专利技术、成功案例、故障（事故）案例、集体和个人经验教训等。

2）保持知识。可通过建立、实施知识获取过程，将隐性知识转化为显性知识，将无序知识有序化，对知识进行分类、梳理、汇总，通过策划、建立各类知识库，保持已经识别和掌握的知识，避免由于人员更替而丧失其知识，如建立各类规章制度、标准等。

3）更新知识。可通过建立有效的应对变化和新知识获取的机制，为应对不断变化的需求和发展趋势，审视现有的知识，确定如何获取或接触更多必要的知识和实现知识更新。如通过开展科研学术活动进行知识创新，从外部如顾客、合作伙伴或公开的知识来源（如互联网、学术期刊）通过购买、合作等方式获取所需要的知识或有针对性地引入相应的人才，通过参加培训、专业会议等方式获取新的知识，不断充实完善各类规章制度、标准等。

▲ 审核要点

1）通过与领导层、业务主管部门有关人员交流，结合查阅有关成文信息，了解知识确定、保持、更新的工作思路、计划安排、所做工作、取得成效等方面的总体情况。

2）通过与业务部门、单位人员交流，结合查看工作现场、查阅相关成文信息，核查知识确定、保持、更新方面工作的针对性、及时性、有效性情况，重点关注其对当前工作和任务的支持保证作用情况，以及为迎接新的工作和任务提前进行知识储备的情况。

3）通过对业务部门、单位的审核，了解是否存在质量不够稳定、安全事件多发、重复性问题发生等情况，核查知识确定、保持、更新是否存在明显短板、弱项。

▲ 常见问题

1）知识分类及管理不恰当，不便于使用者检索使用。

2）同类问题重复发生，解决问题所采取的纠正措施未纳入规章制度、标准等成文信息中。

3）重要的隐性知识掌握在少数人员手中，缺乏防止流失的措施。

4）相同工作因人员不同而绩效差异较大。

5）知识更新不及时，如未获取最新的适用法律法规要求和其他要求等。

3.7.2　能力

▲ 标准条文

7.2　能力

发射场应：

a）确定在其控制下工作，对其一体化管理体系绩效和有效性及履行法律法规要求和其他要求的能力具有影响的人员所需的能力；

b）基于适当的教育、培训或经历，确保工作人员具备胜任工作的能力（包括具备辨识危险源的能力）；

c）确定与其质量、安全风险、环境因素和一体化管理体系相关的培训需求；

d）适用时，采取措施以获得和保持所需的能力，并评价所采取措施的有效性；

> e）保留适当的成文信息，作为人员能力的证据。
>
> 注：适用措施可包括对在职人员进行培训、辅导或重新分配工作，聘用或将工作外包给能胜任工作的人员等。

▲ 理解要点

1）本条旨在确定可能影响发射场工作和任务的符合性及安全、环境绩效的人员所需的能力，并确保从事这些工作和任务或开展这些活动的人员（如管理者、在职工作人员、临时雇员、分包商、外包人员等）具备相应的能力。

2）"能力"（GB/T 19000—2016 标准中 3.6.12）是指"客体实现满足要求的输出的本领"。人员的能力可来自于其教育、培训或经历。能够证实自身能力的人员有时指具备相应资格的人员。

在发射场控制下工作的人员包括发射场自身的工作人员以及在发射场控制下工作的外部人员。

3）不同工作岗位对其人员能力的要求不尽相同，应基于不同岗位的职责和权限以及工作和任务的性质、特点，确定岗位人员所需的能力。在确定岗位人员所需能力时，宜考虑（但不限于）如下内容：

a）与岗位相关的职责和义务；

b）承担岗位职责所必需的教育、培训或经历，以及保持能力所必需的再培训；

c）过程运行环境，如某些岗位对人员心理素质的特殊要求；

d）质量安全环境方针；

e）适用于一体化管理体系的要求；

f）法律法规要求和其他要求，如特种作业、特种设备操作人员需要持证上岗；

g）遵守和不遵守法律法规要求和其他要求的潜在后果，包括对工作人员健康安全的影响；

h）由风险评价过程所产生的预防措施和控制；

i）工作人员基于其知识和技能参与一体化管理体系的价值；

j）个人能力，包括经验、语言技能、读写能力和差异性；

k）因所处环境或工作变化而必需的相应能力的更新。

岗位人员所需能力以及相关的专业培训内容可以在岗位训练大纲或岗位说明书、岗位作业指导书等成文信息中加以明确。

4）评定人员的能力应从其是否受到过适当的教育、培训或具有经历进行确认，可通过学历证书、培训证明文件、简历评审、笔试、工作面谈、观察等做出判断。

人员能力的适当成文信息可包括学历证书、培训成绩、资格证书、技能考评记录、绩效考核记录等。

对于外部提供的过程、产品和服务所涉及的人员，可能需要其他控制措施，如在合同或协议中明确人员能力要求，对外部提供的过程进行审核等。

当人员接受过经认证的正规教育（如大学学位教育），则相应的证书可用于证实其已获得了开展工作所需的部分或全部知识，但这并不必然表明其能够应用这些知识。其他职业化的培训（如护理、技工学徒培训）也可能包括获得应用知识的能力和技能。

5）培训是使岗位人员具备所需能力的重要途径。在明确了岗位人员所需的能力，以及分析岗位人员当前具有的实际能力后，会产生与其工作和任务质量、安全风险、环境因素和一体化管理体系相关的培训需求。

应根据用什么学什么、缺什么补什么的原则确定培训内容。

培训的时机可以分为入职前培训、在职期间培训，如入职前的三级教育、专业培训，在职期间的继续教育、专业培训等。

培训方式方法可包括研讨会、讲座及现场示范，播放录像，岗位训练，图书、报纸、杂志、板报、简报、新闻，参加专业机构的培训，参观见学等。

6）在人员实际能力与岗位所需能力有差距的情况下，通常需要采取相应措施以期获得足够的能力。是否需要采取措施以及采取什么措施，应根据实际情况来决定，如可以采取培训、指导，或重新分配工作，或聘用、雇佣能胜任的人员等措施，目的是确保人员满足岗位能力要求。

7）评价所采取措施的有效性可以采用多种方法。如可询问接受培训的人员是否认为自身已经具备了开展工作所需的能力，可通过培训后的测验、考试、面试、实际操作评估、行为观察、工作业绩评定等进行评价，可通过试用转正的考核、工作业绩评定等对招聘效果进行评价等。

▲ 实施要点

1）确定在发射场控制下工作的人员所需的能力。

2）确保在发射场控制下工作的人员具有所需的能力。

3）确定在发射场控制下工作的人员的培训需求。

4）适用时，采取措施以获得和保持所需的能力，并评价所采取措施的有效性。

5）在确定能力要求、培训需求、培训和培训效果评价时，应落实 5.4e) 7) 条款的要求，安排非管理类工作人员的参与。

6）保留适当的成文信息，作为人员能力的证据。

▲ 审核要点

1）通过与业务主管部门及其他业务部门、单位有关人员交流，结合查阅相关成文信息，核查确定岗位人员所需能力的充分性、适宜性、全面性、合理性等情况。

2）通过与业务主管部门及其他业务部门、单位有关人员交流，结合查阅相关成文信息、现场观察，核查采取了哪些措施来确保人员具有所需的能力，如何评价措施的有效性，措施是否得当和有效，人员是否具备所需的能力等情况。

1）在确定岗位人员所需的能力时考虑不够全面，如未明确特种作业、特种设备操作人员等岗位人员持证上岗的要求。

2）岗位人员实际工作能力未满足岗位能力要求，如持有电工职业资格证书的岗位人员未掌握电力安全工器具的使用维护要求、剩余电流动作保护装置的安装使用要求，岗位人员未掌握危险废弃物的处置要求、紧急情况处置预案的相关要求等。

3）未保留适当的成文信息，作为人员能力的证据。

3.7.3　意识

标准条文

> **7.3　意识**
>
> 发射场应确保在其控制下工作的人员知晓：
>
> a）发射场的质量安全环境方针；
>
> b）相关的质量安全环境目标；
>
> c）岗位的职责及与其相关的质量风险、危险源、安全风险、重要环境因素和相关的实际或潜在的质量安全环境影响，以及所确定的控制措施；
>
> d）其对一体化管理体系有效性的贡献作用，包括对提升绩效的益处及贡献；
>
> e）不符合一体化管理体系要求的影响和潜在后果，包括未遵守法律法规要求和其他要求的后果；
>
> f）所从事活动的重要性以及与其他活动的相关性；
>
> g）工作和任务不满足规定或预期要求的后果；
>
> h）道德行为的重要性；
>
> i）发射场的质量安全环境文化；
>
> j）与其相关的事件和调查结果；
>
> k）从其所认为的存在急迫且严重危及其生命或健康的工作状况中逃离的能力，以及为保护其免遭由此产生的不当后果所做出的安排。

理解要点

1）本条旨在确保相关人员从事处于发射场控制之下的工作和任务时，知晓发射场的质量安全环境方针、相关的目标、自身对一体化管理体系有效性的贡献以及不符合管理体系要求的后果。

2）意识能够指导人的行为，是确保工作人员基于其能力有效履行职责的基础保障。当人员理解其职责和权限以及其行为如何为实现发射场的目标做出贡献时，就形成了意识。

通过在日常活动中区分可接受或不可接受的活动，以及在工作和任务中未满足协商一致的规范时采取适当的措施，可以证实在发射场控制下的工作人员具备了相应意识。这些人员应理解一体化管理体系中出现不符合（不合格）、事件时将产生什么后果。

实际工作中发生的质量安全环境事件，在很大程度上是由于工作人员的意识不强造成的，即管理者没意识到其管理上的疏漏可能会导致问题发生的严重性，具体的操作人员缺乏因工作失误可能造成严重不良后果的足够认识。只有工作人员具备了应有的质量安全环境意识，才能够主动、积极地做好其在一体化管理体系中担负的工作，为一体化管理体系的有效运行做出自己的积极贡献。

各级管理者应采取有效措施，使工作人员牢固树立应有的质量安全环境意识。

3）工作人员对发射场质量安全环境方针的认知不应当理解为需要熟记承诺或保留方针的成文信息，而是应当意识到质量安全环境方针的存在、方针的目的以及他们在实现承诺中所起的作用，包括其工作如何能影响发射场履行其遵守法律法规要求和其他要求的能力。

4）航天发射测控任务是一项复杂的系统工程，类似千人一杆枪万人一门炮的系统性工作，只有各岗位、各系统工作的顺利完成，才能确保整个发射任务的圆满成功。各岗位工作人员应知晓与其岗位工作相关的质量安全环境目标，并通过岗位目标的实现，确保发射场整体目标的实现。

5）工作人员只有充分认识到与其工作和任务相关的质量风险、危险源、安全风险、重要环境因素和相关的实际或潜在的质量安全环境影响，以及需要采取哪些措施加以控制，才能有效应对有关风险，避免、防止质量安全环境问题、事件的发生。

6）工作人员应认识到其对一体化管理体系有效性的贡献，其工作、行为对一体化管理体系有效性的影响，包括对提升绩效的益处及贡献，认识到其行为不符合一体化管理体系要求的影响和潜在后果，包括未遵守法律法规要求和其他要求的后果（包括对自身、他人、发射场、社会的影响），在实际工作和任务中更加自觉、严格地落实一体化管理体系的要求。

7）发射场各项工作和任务的完成由一系列过程所组成，各过程又涉及或多或少的各项活动，只有各项活动、过程严格受控才能确保工作和任务的最终结果圆满。因此，工作人员既要认识到所从事活动的重要性，也要清楚其与其他活动的相关性，还要意识到其工作和任务不满足规定或预期要求的后果，从而严格按照规定的程序、方法、标准开展各项工作，不因自身工作不到位影响其他岗位乃至整个工作和任务的正常开展和进行。

8）道德是调整人与人之间、个人与社会之间关系的行为规范的总和。职业道德是从事相应职业不言而喻的基本遵循。工作人员不仅要认识到其道德行为的重要性，更要身体力行、模范践行。

9）组织文化是组织全体成员普遍接受的价值观念、行为准则、团队意识、思维方式、工作作风、心理预期和团体归属感等群体意识的总称。工作人员作为发射场的成员，应知晓发射场的质量安全环境文化，并通过实际行动使其得到有效传承、发扬光大。

10）工作人员应知晓与其相关的事件和调查结果，从而吸取教训，有针对性地采取措施，避免、防止类似事件的重复发生。

11）尽管在实际工作和任务中采取了应对风险、运行控制的各项措施，但也难免出现意外情况，工作人员应意识到可能出现的意外情况对其生命和健康的影响，并具备从其所认为的急迫且严重危及自身生命和健康的工作状况中脱离，并为保护自己免遭由此产生的不当后果而做出安排的能力。

12）培养人员意识的措施可以根据其所从事工作的性质有所不同。发射场可以通过多种方式培养意识，例如：

a）阐明什么是所期望的；

b）沟通清晰的工作和任务要求；

c）设计清晰的隔离不合格输出（不符合）的过程；

d）明确地沟通如何处理投诉，以及出现不合格输出（不符合）时的内部升级处理步骤。

各种沟通对确保意识的形成至关重要，可包括会议、收集反馈信息并确保相关人员知晓这些反馈信息、宣传、教育、培训、指导、观摩、广播、电视、新闻、板报、简报、灯箱、宣传栏、标识、标语等。

◤ 实施要点

1）根据工作和任务需要，明确相关人员应该具备哪些方面的意识。

2）采用针对性强、行之有效的方法、措施，持之以恒开展人员意识教育工作，使应有的意识内化于心，外化于形，付诸实践，发挥作用。不仅要做好新入职人员的意识教育工作，还要有针对性地做好常态化的意识教育工作，不仅要从行之有效的做法中使工作人员认识到意识的重要性，还要从事件、案例的教训中使工作人员认识到意识缺乏的危害性。工作人员对其所承担的工作和任务，不仅要知其然，还要知其所以然，不仅要能够正确开展各项工作和任务，而且要能够采取有效措施防止出现差错，从而积极、主动地做好本职工作。

◤ 审核要点

1）通过与领导层、业务主管部门有关人员交流，查阅相关成文信息，了解发射场在工作人员意识培育方面采取了哪些举措，效果如何。

2）通过与有关部门、单位工作人员交流，结合现场观察，核查工作人员的质量安全环境意识是否满足要求。

◤ 常见问题

1）意识教育不够经常、缺乏针对性。

2）工作人员对一体化管理体系缺乏基本了解，如不清楚一体化管理体系是哪几个方面的一体化，未掌握与岗位工作相关的一体化管理体系方面的基本要求，对发射场的质量安全环境方针、相关目标了解不够，对岗位工作相关风险、重要环境因素及控制措施掌握不够具体等。

3）因意识缺乏或不强，导致发生质量安全环境问题、事件。

3.7.4　信息交流

标准条文

7.4　信息交流

7.4.1　总则

7.4.1.1　发射场应建立、实施并保持与一体化管理体系相关的内部与外部信息交流所需的过程，包括确定：

　　a）信息交流的主体；

　　b）信息交流的内容；

　　c）信息交流的时机；

　　d）信息交流的对象，包括：

　　　　1）发射场内不同层次和职能；

　　　　2）进入工作场所的承包方和访问者；

　　　　3）其他相关方。

　　e）信息交流的方式。

7.4.1.2　策划信息交流过程时，应：

　　a）必须考虑其法律法规要求和其他要求；

　　b）必须考虑到各种差异（如性别、语言、文化、读写能力等）的沟通需求；

　　c）确保外部相关方的观点被考虑；

　　d）确保所交流的质量安全环境信息与一体化管理体系形成的信息一致且真实可信；

　　e）对其一体化管理体系相关的信息交流做出响应；

　　f）适当时，保留成文信息，作为其信息交流的证据。

理解要点

1）本条旨在确保发射场建立、实施和保持所需的与一体化管理体系相关的内部和外部信息交流机制。

本条从总体上就信息交流的过程、信息交流的内容、信息交流的响应，以及信息交流的证据等提出了要求。

2）"信息"（GB/T 19000—2016 标准中 3.8.2）是指"有意义的数据"。

"数据"（GB/T 19000—2016 标准中 3.8.1）是指"关于客体的事实"。

信息交流使发射场能够提供并获得与其一体化管理体系相关的信息，信息交流包括在发射场内部和外部的交流。

为了使信息交流有效，信息交流过程应使发射场和人员能够：

a）快速传达和接收信息并据此采取相应行动；

b）建立彼此信任；

c）传达顾客满意、过程绩效等的重要性；

d）识别改进的机会。

3）在建立、实施和保持信息交流过程时，应确定如下方面的要求：

a）信息交流的主体，即谁去交流。宜依据部门、岗位所承担的职责确定信息交流的主体。

b）信息交流的内容，即交流什么。一是从质量、安全、环境三个方面考虑交流内容；二是从法律法规要求和其他要求方面考虑交流内容，包括法律法规要求必须交流的信息和发射场自愿承诺公开、通报和沟通的信息；三是从内部和外部两个方面考虑交流内容，并应确保外部相关方的观点被考虑。无论是在内部还是与外部交流的信息，都应确保所交流的信息是真实、准确、可靠的。

c）信息交流的时机，即何时交流。通常，需要针对不同类别和内容的信息考虑信息交流的时机，包括例行和非例行的，如出现紧急情况或事件时、相关方提出要求时，或执行相关法规的特定要求时。

d）信息交流的对象，即与谁交流。通常，需要针对信息类别和内容考虑交流的对象，并考虑内部不同层次和职能之间的交流对象，以及外部相关方的交流对象（包括在进入工作场所的承包方和访问者之间、在其他相关方之间），向所有相关的工作人员和相关方提供相关信息。

e）信息交流的方式，即如何交流。通常，需要针对不同类别和内容的信息、信息交流的对象和交流的时机，分别考虑适宜的信息交流方式。可以采用正式方式，也可以采用非正式方式。可能采用一种方式就足以满足多个不同相关方的需求，而对于个别相关方的特殊需求，则可能需要采用多种信息交流方式。应考虑双向沟通，便于信息的收集、接收、回复。应考虑正常情况下的沟通和异常情况下的沟通方式。对于涉密信息的交流，应符合涉密信息的传递要求。必须考虑多样性方面（如性别、语言、文化、读写能力等）的沟通需求。无论采用何种方式，均应确保所有相关的工作人员和相关方能接收到和理解交流的信息。

4）无论在内部或与外部的信息交流都应该是双向交流过程。发射场应及时回复所接收的信息，尤其应对来自内部或外部的建议、意见、抱怨或投诉要及时给出明确的回复。对这些投诉类信息进行事后分析能为寻求一体化管理体系的改进机会提供有价值的信息。

5）适当时，应保留成文信息，作为其信息交流的证据。成文信息的内容可包括信息交流的过程信息和结果信息，如交流的人员、时间、地点、对象、内容、形成的意见等。

成文信息的形式可以是记录表单、会议纪要、信息通报、简讯、信函、公告等。

▲ 实施要点

1）发射场应建立、实施和保持包含信息交流主体、内容、时机、对象、方式及成文信息要求的信息交流过程。

在相关规章制度、标准中，特别是在岗位作业指导书中明确信息交流的具体要求。

在建立、实施和保持信息交流过程时，应落实 5.4e）8）条款的要求，安排非管理类工作人员参与。

2）对于涉密信息的交流，应符合涉密信息传递的有关规定。

3）适当时，应保留成文信息，作为其信息交流的证据。

▲ 审核要点

1）通过与领导层、业务主管部门有关人员交流，了解发射场信息交流过程的建立、实施和保持情况，关注过程策划的全面性、充分性、可操作性，信息交流的及时性、有效性。

2）通过与业务部门、单位人员交流，核查其对发射场建立的信息交流过程的熟悉程度，是否掌握与岗位工作相关的信息交流要求。

▲ 常见问题

1）建立的信息交流过程协调性不够、操作性不强，如上下级的信息交流过程对同一信息规定的交流时机、内容、对象等不同，自下而上的信息交流渠道不畅，未明确信息回复的时限要求等。

2）工作人员对有关的信息交流过程了解掌握不够，如所叙述的过程与成文信息规定的过程不符等。

▲ 标准条文

7.4.2　内部信息交流

发射场应：

a）在其各职能和层次间就一体化管理体系的相关信息进行内部信息交流，适当时，包括交流一体化管理体系的变更；

b）确保其信息交流过程能够使在其控制下工作的人员为持续改进做出贡献。

▲ 理解要点

1）本条旨在确保发射场能够按照建立的过程实施充分的内部信息交流。

在发射场各职能和层次间就一体化管理体系的相关信息进行内部信息交流，可以使工作人员认同发射场的一体化管理理念，恰当理解一体化管理体系的相关信息，认真履行岗位职责，分享其建议和意见，增强工作的积极性、主动性、创造性，为持续改进做出贡献。

2）一体化管理体系相关的内部信息交流包括（但不限于）：

a）最高管理者应确保就有效的质量安全环境管理和符合一体化管理体系要求的重要性进行沟通；确保建立和实施工作人员协商和参与的过程（见 5.1）。

b）方针应在发射场内得到沟通、理解和应用（见 5.2.2）。

c）最高管理者应确保发射场各层次相关岗位的职责、权限得到分配、沟通和理解（见 5.3）。

d）强调与非管理类工作人员在如下方面的协商（见 5.4），包括：确定相关方的需求和期望（见 4.2）；建立方针（见 5.2）；适用时，分配角色、职责和权限（见 5.3）；确定如何满足法律法规要求和其他要求（见 6.1.5）；制定目标并为其实现进行策划（见 6.2）；确定对外包、采购和承包方的适用控制（见 8.4）；确定所需监视、测量和评价的内容（见 9.1）；策划、建立、实施和保持审核方案（见 9.2.2）；确保持续改进（见 10.3）等。

e）强调非管理类工作人员在如下方面的参与（见 5.4），包括：确定其协商和参与的机制，辨识危险源并评价风险和机遇（见 6.1.3），确定消除危险源和降低安全风险的措施（见 6.1.6），确定能力要求、培训需求、培训和培训效果评价（见 7.2），确定沟通的内容和方式（见 7.4），确定控制措施及其有效实施和应用（见 8.1、8.5.6、8.8），调查事件和不符合并确定纠正措施（见 10.2）。

f）适当时，应在各层次和职能间沟通其重要环境因素（见 6.1.4）。

g）确定如何将这些法律法规要求和其他要求应用于发射场，以及所需沟通的内容（见 6.1.5）。

h）目标应予以沟通（见 6.2.1）。

i）与所有工作人员沟通并提供与其义务和职责有关的信息（见 8.8）。

j）按其应遵守的法律法规要求和其他要求及其建立的信息交流过程，就有关质量安全环境绩效的信息进行内部和外部信息交流（见 9.1.1）。

k）确保向相关管理者报告审核结果，确保向工作人员及其代表（若有）以及其他有关的相关方报告相关的审核结果（见 9.2.2）。

l）最高管理者应就相关的管理评审输出与工作人员及其代表（若有）进行沟通（见 9.3.3）。

m）就与职业健康安全有关的成文信息与相关工作人员及其代表（若有）和其他有关的相关方进行沟通（见 10.2.2）。

n）就有关持续改进的结果与工作人员及其代表（若有）进行沟通（见 10.3）。

3）宜根据发射场结构及运作方式、文化特色等，采用恰当的方式进行内部信息交流，可通过文件、会议、座谈、访谈、通知、简报、传真、电报、电话、网络、意见箱等进行信息交流。

▲ 实施要点

1）按照建立的内部信息交流过程在发射场各职能和层次间就一体化管理体系的相关信息进行信息交流。

2）适当时，应保留成文信息，作为信息交流的证据。

▲ 审核要点

通过与业务部门、单位人员交流，结合查阅相关成文信息，核查内部信息交流过程实施情况，重点关注信息交流的及时性、有效性。

▲ 常见问题

信息交流的计划性、科学性、时效性不强，如上传下达不及时，没有足够的时间收集信息，信息回复不及时等。

▲ 标准条文

7.4.3 外部信息交流

发射场应按适用的法律法规要求和其他要求及其建立的信息交流过程就一体化管理体系的相关信息进行外部信息交流。

▲ 理解要点

1）本条旨在确保发射场能够按照建立的过程实施充分的外部信息交流。

发射场与外部的信息交流可以使相关方了解发射场的质量安全环境绩效和其他相关业绩，增进相关方对发射场在质量安全环境管理方面所做努力的理解和认同，为发射场营造更有利的发展环境；也可以使相关方（如供方、合同方）理解发射场的质量安全环境要求，促进各相关方与发射场采取协调行动，共同为改善质量安全环境做出贡献。同时，主动与外部沟通，还可以使发射场及时了解相关方的期望和要求，为发射场的一体化管理体系和质量安全环境绩效的持续改进决策提供基础。

2）一体化管理体系的相关的外部信息交流应包括（但不限于）：

a）适用的法律法规要求和其他要求中规定的需要交流的信息，如工作情况、重大质量问题、安全环境事件的报告等。

b）本标准要求与外部交流的信息，包括：

ⅰ）理解工作人员和其他相关方的需求和期望（见 4.2）。

ⅱ）范围应作为成文信息予以保持，并可为相关方所获取（见 4.3）。

ⅲ）方针应：适宜时，可为有关相关方所获取（见 5.2.2）。

ⅳ）确定如何将这些法律法规要求和其他要求应用于发射场，以及所需沟通的内容

（见6.1.5）。

ⅴ）策划信息交流过程时，应：确保外部相关方的观点被考虑（见7.4.1）。

ⅵ）对于发射场确定的策划和运行一体化管理体系所必需的来自外部的成文信息，应进行适当识别，并予以控制（见7.5.3）。

ⅶ）与外部供方沟通发射场的相关安全、环境要求（见8.1.1）。

ⅷ）顾客沟通（见8.2.1）。

ⅸ）若顾客没有提供成文的要求，发射场在接受顾客要求前应对顾客要求进行确认（见8.2.3）。

ⅹ）提供给外部供方的信息（见8.4.3）。

ⅺ）若顾客或外部供方的财产发生丢失、损坏或发现不适用情况，发射场应向顾客或外部供方报告（见8.5.3）。

ⅻ）在确定所要求的交付后活动的覆盖范围和程度时，应考虑：顾客要求、顾客反馈（见8.5.5）。

ⅹⅲ）适用时得到顾客的批准（见8.6）。

ⅹⅳ）发射场应通过下列一种或几种途径处置不合格输出：c)告知顾客（见8.7.1）。

ⅹⅴ）与承包方、访问者、应急响应服务机构、政府部门、当地社区（适当时）沟通相关信息；必须考虑所有有关相关方的需求和能力，适当时确保其参与制定所策划的响应（见8.8）。

ⅹⅵ）按其应遵守的法律法规要求和其他要求及其建立的信息交流过程，就有关质量安全环境绩效的信息进行内部和外部信息交流（见9.1.1）。

ⅹⅶ）监视顾客对其需求和期望已得到满足的程度的感受（见9.1.2）。

ⅹⅷ）确保向工作人员及其代表（若有）以及其他有关的相关方报告相关的审核结果（见9.2.2）。

ⅹⅸ）应考虑：顾客满意和有关相关方的反馈的趋势；来自相关方的有关信息交流，包括抱怨（见9.3.2）。

ⅹⅹ）通过下列活动［有关职业健康安全的事件或不符合应有工作人员的参与（见5.4）和其他相关方的参加］，评价是否需要采取措施，以消除产生事件或不符合（不合格）的根本原因，防止其再次发生或者在其他场合发生（见10.2.1）。

ⅹⅺ）就与职业健康安全有关的成文信息与相关工作人员及其代表（若有）和其他有关的相关方进行沟通（见10.2.2）。

c)除适用的法律法规及本标准要求与外部交流的信息外，发射场确定的需要与外部相关方交流的信息，如工作和任务有关事项的请示、报告、公告、通告等。

3）外部信息交流的方式灵活多样，可通过文件（包括合同、协议、信函等）、会议、公告、座谈、访问、传真、电话、网络等进行信息交流。

▲ 实施要点

1）按照建立的外部信息交流过程进行外部信息交流。

2）适当时，应保留成文信息，作为信息交流的证据。

审核要点

通过与业务部门、单位人员交流，结合查阅相关成文信息，核查外部信息交流过程的实施情况，重点关注信息交流的及时性、有效性以及对来自内外部的建议、意见、抱怨或投诉的回复情况。

常见问题

信息交流的计划性、科学性、时效性不强，如信息回复不及时，进入工作场所的相关方不了解有关安全、环境管理要求等。

3.7.5　成文信息

标准条文

> **7.5　成文信息**
>
> **7.5.1　总则**
>
> 发射场的一体化管理体系应包括：
>
> a）本标准要求的成文信息；
>
> b）发射场确定的为确保一体化管理体系有效性所需的成文信息。
>
> 注：不同组织的一体化管理体系成文信息的复杂程度可能不同，取决于：
>
> ——组织的规模及其工作和任务的类型；
>
> ——证明履行其法律法规要求和其他要求的需要；
>
> ——过程的复杂性及其相互作用；
>
> ——在组织控制下工作的人员的能力。
>
> **7.5.2　创建和更新**
>
> 在创建和更新成文信息时，发射场应确保适当的：
>
> a）标识和说明（如标题、日期、承办单位及人员、文件编号等）；
>
> b）形式（如语言文字、软件版本、图表）和载体（如纸质的、电子的）；
>
> c）评审和批准，以确保适宜性和充分性。
>
> **7.5.3　成文信息的控制**
>
> **7.5.3.1**　发射场应控制一体化管理体系和本标准要求的成文信息，以确保：
>
> a）在需要的场合和时机均可获得并适用；
>
> b）得到充分的保护（如防止失泄密、不当使用或完整性受损）；
>
> c）保持的成文信息协调一致，现行有效；
>
> d）保留的成文信息完整、可追溯，并能证明工作和任务满足要求的程度；
>
> e）工作和任务过程中需要的成文信息按有关规定归档。

7.5.3.2　适用时，应针对下列成文信息的活动进行控制：

　　a）分发、访问、检索和使用；

　　b）存储和防护，包括保持可读性；

　　c）更改的控制（如版本控制）；

　　d）保留和处置；

　　e）防止作废成文信息的非预期使用。

对于发射场确定的策划和运行一体化管理体系所必需的来自外部的成文信息，应进行适当识别，并予以控制。

对所保留的、作为符合性证据的成文信息应予以保护，防止非预期的更改。

注1：对文件的"访问"可能意味着仅允许查阅，或者意味着允许查阅并授权修改。

注2：电子化文件的管理，通常包括规定数据的保护过程，如防止丢失、未授权更改、非预期修改、损坏或物理损坏。

▲ 理解要点

1）本条旨在确保发射场对为了符合本标准所需的成文信息进行控制，对已确定的为了一体化管理体系有效性所需的成文信息进行控制；确保发射场在创建和更新成文信息时，使用适当的标识、形式和载体，且这些信息得到了评审和批准；确保当需要时能以适当的载体获得成文信息，并妥善保护这些信息。

2）本标准未规定或限制一体化管理体系成文信息的多少与详略程度，这取决于发射场的规模及其运行和过程的复杂程度、顾客和法律法规的要求以及所涉及人员的能力状况等。

3）在创建和更新成文信息时，发射场应确保适当的：

a）标识和说明，如采用标题、创建日期、版本号、承办单位（人员）、文件编号等方式对成文信息进行适当的标识和说明，使成文信息便于识别、查找、使用，防止被错误使用。

b）形式和载体，如不同的语言文字、软件、图片、视频、实物，纸张、硬盘、磁盘、光盘等。

c）评审和批准，包括会签、标准化检查等，以确保成文信息的适宜性和充分性。评审和批准的权限及方式应与成文信息的性质和特点、重要程度和风险大小相匹配，不同层次、内容或重要性的文件宜采用不同的评审方式，由不同的授权人批准。电子手段创建和更新的成文信息，需特别关注相适宜的权限和配置管理。

4）成文信息的评审与更新，可考虑以下时机：

a）当一体化管理体系的内外部环境出现重大变化时。内部环境变化，如组织机构、工作和任务、设施设备等的变化；外部环境变化，如顾客需求、法律法规等的变化。

b）当出现不符合、质量问题、安全环境事件需要采取相应纠正措施时。

c）定期进行文件评审，主动地、持续地改进一体化管理体系。

　　5）发射场应有效控制一体化管理体系所要求的成文信息，以确保：

　　a）在需要的场合和时机均可获得并适用。一是确保有关部门、单位、岗位人员能够及时、方便、正确地获取到所需要的成文信息，二是要确保其所获取到的成文信息的载体、形式等适合其用途。

　　b）得到妥善的保护，如：存储、传递及使用等过程中遵守有关保密规定，防止失泄密；分发、使用等过程中核对清楚版本及内容，防止错误使用；存储、传递及使用等过程中应防止完整性受损等。

　　c）保持的成文信息协调一致，现行有效，如：及时识别获取适用的法律法规要求和其他要求的最新成文信息；根据有关上位法的修订、颁布情况，及时修订完善发射场有关规章制度、标准；依据总体技术方案的更改及时更改单位、岗位所使用的有关方案等。

　　d）保留的成文信息内容完整，具有可追溯性，能够证明工作和任务满足要求的程度，如：应明确需要保留哪些成文信息，防止丢三落四；明确确保成文信息具有可追溯性的所应有的要素；确定能够证明工作和任务满足要求的程度所需的要素等。

　　e）成文信息应按有关规定归档。按照适用法律法规中及发射场的有关规定归档，如《中华人民共和国职业病防治法》第三十六条要求"用人单位应当为劳动者建立职业健康监护档案，并按照规定的期限妥善保存。职业健康监护档案应当包括劳动者的职业史、职业病危害接触史、职业健康检查结果和职业病诊疗等有关个人健康资料"等。

　　6）成文信息应予以控制，适用时进行以下活动：

　　a）分发、访问、检索和使用。管理体系需要保持的成文信息发布后，为了确保其可以在适当范围被及时获取，可以采取分发给需要此文件的部门、领域或人员并进行记录的方式，以便更新或回收时可以追溯，还可以通过电子文件的访问控制对获取成文信息的权限和渠道进行管理。为了易于查找、方便使用，通常对成文信息进行编目、索引，以利于访问和检索。

　　b）存储和防护，包括保持可读性。应在适宜的环境及防护条件下存储信息，防止因存储不当造成损坏或缺失，如：纸质的成文信息要防止发霉变质、鼠啃虫咬、失火等情况发生，电子介质如磁盘、磁带要留有备份，存放在防磁柜里；中心机房需采用有效的技术防范措施，通过备份与恢复、病毒检测与消除等方式保障运行安全，采用访问权限控制、密码保护和 ID 登录等措施防范偶然或恶意破坏、更改。

　　c）更改的控制。成文信息更改时应按规定的程序进行，包括履行审批手续、变更版本、发放和收回等。

　　d）保留和处置。应根据工作和任务的特点、法律法规要求和其他要求的要求（如GB 25201—2010《建筑消防设施的维护管理》10.2.3 条要求《建筑消防设施检测记录表》《建筑消防设施故障维修记录表》《建筑消防设施维护保养计划表》《建筑消防设施维护保养记录表》的存档时间不应少于五年）和顾客要求，规定成文信息的保留时限，有些信息的保留时间需要与工作和任务的寿命周期相一致。保留期间应按要求维护、存储和必要时检索，超出保留时限的成文信息，应规定过期的处置方式，包括回收、销毁等，有保密要求时应确保彻底销毁，严格审批和监销，防止信息不当披露。

e）防止作废成文信息的非预期使用，如：成文信息发放部门应及时收回作废成文信息；使用部门应及时识别、销毁作废成文信息；如需保留作废成文信息，应做出明显标识等。

f）应关注电子化成文信息的控制，将其作为成文信息的一部分加以考虑，采取包括规定数据的保护过程，如防止丢失、未授权更改、非预期修改、损坏或物理损坏等措施加以控制。

7）如发射场确定来源于外部的成文信息对于一体化管理体系的策划和运行是必需的，则需恰当识别这些成文信息，并与其他成文信息同样得到控制。

外部成文信息可包括适用的法律法规和标准、政府部门和上级机关与一体化管理体系有关的文件、顾客投诉、顾客的文件、图纸以及来自有关相关方的各类成文信息等。

成文信息的控制措施，适用时包括分发、访问、检索和使用、存储和防护、变更控制、保留和处置的要求等，同样应考虑应用于发射场确定的这些外部成文信息。

8）对所保留的、作为符合性证据的成文信息应予以保护，防止非预期的更改。需要保留的成文信息是符合性证据，反映了一体化管理体系运行的真实情况，除授权的更正以外不许擅自更改。

◢ 实施要点

1）根据一体化管理体系要求，结合发射场工作和任务实际，明确为确保一体化管理体系有效性所需的成文信息，满足所有工作和任务都有据可依、重要过程和关键环节都有据可查的要求。一体化管理体系的体系文件，既可采用发射场传统意义上的规章制度的形式，也可以是管理手册、程序文件、操作文件的形式，还可以采用规章制度、标准等形式。

2）明确成文信息创建和更新的要求并加以落实。

3）明确成文信息的控制要求并加以落实。

◢ 审核要点

1）通过与业务主管部门有关人员交流，结合查阅有关成文信息，核查发射场是否明确了成文信息的控制要求。

2）通过对一体化管理体系各过程的责任部门、单位的审核，核查成文信息的控制情况，包括：

a）成文信息创建和更新的标识和说明、评审和批准情况；

b）在需要使用成文信息的场所能否得到所需的有关成文信息，所使用的成文信息是否协调一致、现行有效；

c）保留的成文信息能否完整、可追溯，并能证明工作和任务满足要求的程度；

d）成文信息的归档情况是否符合有关规定；

e）成文信息的储存环境是否符合有关规定；

f）成文信息的处置是否符合有关规定。

▲ **常见问题**

1）未按照标准要求及有关法律法规要求保持、保留有关成文信息。

2）保持的成文信息未经评审和批准。

3）成文信息内容存在不够协调一致的情况。

4）工作现场未获得适用的成文信息。

5）使用作废成文信息。

6）保留的成文信息要素不全、可追溯性不强，不能证明工作和任务满足要求的程度。

7）未按有关规定要求对成文信息进行归档。

8）成文信息的储存环境未满足规定的要求。

9）成文信息的保存期限不符合有关规定的要求。

3.8　运行

3.8.1　运行的策划和控制

▲ **标准条文**

8　运行

8.1　运行的策划和控制

8.1.1　总则

为满足一体化管理体系要求及工作和任务实施的要求，并实施第 6 章所确定的措施，发射场应通过以下措施对所需的过程（见 4.4）进行策划、实施和控制：

a）确定工作和任务的要求，包括质量安全环境方面的要求；

b）建立下列内容的准则：

1）过程运行；

2）工作和任务的放行或接收。

c）确定所需的资源以使工作和任务符合要求；

d）确定工作和任务中质量安全环境风险识别、评价、控制等要求；

e）按照 GJB 2786 的要求，编制软件开发计划，确定并实施软件需求分析、设计、实现、测试、验收、交付等过程，以及相关的策划与跟踪、文档编制、质量保证、配置管理等；

f）使工作适合于工作人员；

g）在多单位的工作场所，发射场应与其他单位协调一体化管理体系的相关部分；

h) 建立、实施和保持通过采用下列控制层级用于消除危险源和降低安全风险的过程：

    1) 消除危险源；

    2) 用危险性低的过程、操作、材料或设备替代；

    3) 采用工程控制和重新组织工作；

    4) 采用管理控制，包括培训；

    5) 使用适当的个体防护装备。

i) 从生命周期观点出发，发射场应：

    1) 适当时，制定控制措施，确保在工作和任务的设计和开发过程中，落实安全防护、环境保护要求，此时应考虑生命周期的每一阶段（见8.3.2、8.3.3、8.3.5）；

    2) 适当时，确定外部提供的过程、产品和服务的安全、环境要求（见8.4.1、8.4.2）；

    3) 与外部供方沟通发射场的相关安全、环境要求（见8.4.3）；

    4) 考虑提供与其工作和任务有关的运输或交付、使用、寿命结束后处理和最终处置相关的潜在重大安全、环境影响的信息的需求（见8.3.5、8.6）。

j) 工作和任务有关信息的收集和分析要求，并应用于工作和任务的控制和改进；

k) 按照运行准则实施过程控制；

注：环境管理方面的运行控制可包括工程控制和程序。控制可按层级（例如：消除、替代、管理）实施，并可单独使用或结合使用。

l) 在必要的范围和程度上，确定并保持、保留成文信息，以：

    1) 确信过程已经按策划得到实施；

    2) 证实工作和任务符合要求。

策划的输出应适合于发射场的运行。

发射场应确保外包过程受控（见8.4），确保对外包过程实施控制或施加影响。

8.1.2 变更管理

发射场应建立过程，用于实施和控制所策划的、影响工作和任务符合要求及质量安全环境绩效的临时性和永久性变更。这些变更包括（但不限于）：

a) 新的工作和任务、过程，或对现有工作和任务、过程的变更；

b) 法律法规要求和其他要求的变更；

c) 有关质量风险、危险源和安全风险、环境因素和环境影响的知识或信息的变更；

d) 知识和技术的发展。

发射场应评审非预期性变更的后果，必要时采取措施，以减轻任何不利影响，确保持续地符合要求。

注：变更可带来风险和机遇。

理解要点

1）本章旨在确保过程的运行满足一体化管理体系的要求，确保过程获得预期的结果。

本条旨在确保发射场策划、实施和控制其过程运行及工作和任务实施所需的过程，包括外部提供的任何过程。

2）6.1 条要求在管理体系层面，为应对风险和机遇提出对策措施，6.2 条要求为实现质量安全环境目标策划方案或措施。本条则要求在实施层面（或过程层面）进一步策划和采取具体的运行控制措施，以落实管理体系层面提出的对策措施，确保实现一体化管理体系的预期结果。

在策划期间（第 6 章）所确定的风险和机遇及目标，包括潜在的变更，是策划和控制运行时以及建立过程运行准则及工作和任务的放行或接收准则时应考虑的关键输入。

策划的输出需要作为发射场运行的输入。应以适当的形式和载体保持这些输出，以供需要的单位和人员使用。

3）在过程运行及工作和任务实施前，过程及工作和任务的主体责任单位应对过程运行及工作和任务的实施进行系统策划，再依据策划结果实施有关活动并进行必要的控制，策划时应确定以下方面的适当内容：

a）工作和任务的质量安全环境要求。这里的要求是指来自法律法规、标准规范、顾客、发射场的发展战略和相关利益方等的明示的、通常隐含的或必须履行的需求或期望。

b）建立过程运行及工作和任务的放行或接收准则，包括 4.4 条确定的各过程的运行准则、工作和任务各阶段的放行准则等。运行策划的关键是为已识别和建立的过程和活动规定运行准则，保证每一过程的输入能够在受控条件下转化为预期的过程输出。

运行准则的内容取决于运行控制的目的，控制措施涉及的管理或技术范畴，以及控制措施的预期结果。为便于理解，下面仅以内容为例，提示运行准则可能需要考虑的内容：

ⅰ）过程的责任者；

ⅱ）过程中的主要活动，主要活动的执行者；

ⅲ）过程及其活动的运行程序，包括过程和活动的流程及转序要求；

ⅳ）过程及其活动输入的要求；

ⅴ）过程及其活动输出的要求；

ⅵ）过程及其活动运行中的控制要求；

ⅶ）设施设备使用、维护要求；

ⅷ）人员能力和技能要求；

ⅸ）过程及其活动运行中关键特性的监视、测量要求，如需监视或测量的关键活动、关键点、监视或测量的项目、方法、参数、指标等；

ⅹ）事件、不符合（不合格）的处置或处理要求。

为确保过程和活动能按规定的准则运行，便于培训、学习、传达和执行，宜将上述内容以适宜的形式形成成文信息。

c）当上述准则确定后，应为过程运行配备必要的资源。资源包括人员、基础设施、过程运行环境、监视和测量资源、知识和技术等。这里的"确定"包括对内部现有资源和从外部供方获取资源的判断。

d）工作和任务中质量安全环境风险识别、评价、控制等要求。明确工作和任务中如何实施风险管理以及具体要求，包括制定风险管理计划，对工作和任务各阶段的风险进行分析、评价，明确控制措施，形成风险管理文件，监视风险应对措施的有效性，确保工作和任务各阶段的风险控制在可接受范围之内等。

e）按照 GJB 2786 的要求，实施软件工程化管理。对软件开发所需的需求分析、设计、实现、测试、验收、交付等过程做出规定，明确相关的策划与跟踪、文档编制、质量保证、配置管理等要求。

f）使工作适合于工作人员，如规定或重新规定工作的组织方式，引进新的工作人员，规定或重新规定过程运行和工作环境，当新设计或改造工作场所、设备等时，采用人类工效学方法等。

g）在多单位的工作场所，发射场应与其他单位协调一体化管理体系的相关部分，如《中华人民共和国安全生产法》第四十五条规定："两个以上生产经营单位在同一作业区域内进行生产经营活动，可能危及对方生产安全的，应当签订安全生产管理协议，明确各自的安全生产管理职责和应当采取的安全措施，并指定专职安全生产管理人员进行安全检查与协调。"

h）安全管理方面的运行控制应建立、实施和保持消除危险源和降低安全风险的过程。消除危险源和降低安全风险的控制层次为：

ⅰ）消除危险源，如停止使用危险化学品，在规划新的工作场所时应用人类工效学方法，消除单调的工作或导致负面压力的工作等；

ⅱ）用危险性低的过程、操作、材料或设备替代，如使用机械操作代替人工操作、引入远程操作代替近距离操作、用较低危险的物质替换危险物质等；

ⅲ）采用工程控制和重新组织工作，如将人与危险源隔离，实施集体防护措施（如隔离、机械防护装置、通风系统），采用机械装卸，降低噪声，使用护栏防止高处坠落，采用工作重组以避免人员单独工作、有碍健康的工作时间和工作负荷，或防止重大伤害等；

ⅳ）采用管理控制，如进行入职、在职安全培训，设置安全标志，及时有效地沟通协商，规定和运行必要的程序，实施定期的安全检查、健康体检，改变工作模式（如轮班），激励人员及时发现报告安全隐患等。安全标志的设置及使用可参考 GB 2894《安全标志及其使用导则》；

ⅴ）使用适当的个体防护装备，如防护服、防护镜、听力保护器具、面罩、安全带、安全索、安全鞋、口罩、手套等。个体防护装备选用可参考 GB/T 11651《个体防护装备选用规范》，个体防护装备的配备可参考 GB/T 29510《个体防护装备配备基本要求》。

ⅰ）将生命周期观点应用于工作和任务安全、环境管理的全过程，包括设计开发过程、外部提供过程，以及运输或交付、使用、寿命结束后处理和最终处置等过程。

j）工作和任务有关信息的收集和分析要求，并应用于工作和任务的控制和改进。明确哪些单位、人员在工作和任务的什么阶段，收集、分析什么数据，形成哪些结果、报告等。

k）按照确定的运行准则实施过程控制，确保实现预期结果。偏离运行准则可能会导致过程运行及工作和任务质量安全环境方面的控制不满足要求，出现其他非预期的情况等。

l）在为环境管理有关过程和活动选择和确定具体的运行控制措施时，特别是选择用于控制有害环境影响的方法和措施时，可考虑采用如下顺序：

ⅰ）源消除或源削减，如禁用有毒有害原材料，淘汰高消耗、高污染的设备或工艺等；

ⅱ）原材料或能源替代，如有毒有害材料的替代、稀有资源材料的替代、化石能源的替代等；

ⅲ）工程技术控制，如采用先进的工艺和设备、采用物料和能源利用率高的技术、采用污染物或废物减量化技术以及污染物排放控制和处理技术、采用物料或能源循环利用技术，或实施专项建设或改造工程等；

ⅳ）管理控制，如规定和运行必要的程序，实行科学的工作流程、良好的操作惯例、良好的现场管理，实施例行的监视和测量活动，确保人员具备相应能力和技能，使用必要的指令文件等。

可以将上述运行控制的方法或措施单独或整合地实施于一体化管理体系各有关过程和其他业务过程。

m）在必要的范围和程度上，确定并保持、保留成文信息。应根据过程运行及工作和任务需要，确定保持哪些成文信息以支持过程运行，保留哪些成文信息以证实过程按策划运行、结果符合放行准则的要求。

4）运行策划的输出可以是过程运行控制规范、工作和任务指示或通知、组织指挥机构组成及职责、组织计划网络图、实施方案、工作列表、简短的文字描述等成文信息。成文信息的类型、形式、数量、详略程度等，根据发射场的实际状况和工作和任务特点来定，以便于工作和任务的运行控制为宜。策划的输出可以一次输出，也可以分阶段多次输出，还应根据需要更新策划的输出。

5）在对具体工作和任务进行策划时，若所需的某些过程在一体化管理体系中已有明确规定，且这些规定也适用于该工作和任务的相应过程控制要求，可以直接引用这些规定。对于特定工作和任务，策划的重点应放在策划工作和任务不同过程的新要求，以及评审相关的过程成文信息经过补充、调整、重新组合后的协调性，以确保这些成文信息中的要求适用于所策划的过程。

如果即将执行的工作和任务与曾经执行过的工作和任务要求完全相同，可以直接引用以往工作和任务策划的结果；如果即将执行的工作和任务与曾经执行过的工作和任务要求不完全相同，则可以部分使用以往工作和任务策划的结果，补充新的内容，形成工作和任务策划的结果；如果是全新的工作和任务及要求，可以在充分识别工作和任务要求的基础上，进行完整的工作和任务策划，形成全新的策划输出。

6）应确保外包过程受控，确保对外包过程实施控制或施加影响，具体按本标准 8.4 的要求实施。

7）在策划运行时，宜同时考虑计划中的变更和非预期的变更，以及这些变更可能对运行造成的影响。这些变更可能是由于顾客要求、发射场自身要求、客观环境条件等带来的变化，包括工作和任务的要求，法律法规要求和其他要求，有关危险源和安全风险、环境因素和环境影响的知识或信息的变更，以及知识和技术的发展等。变更管理的需求可能是策划（见 6.1.6）的输出。

在过程运行及工作和任务实施过程中，发射场所处的内外部环境或条件可能发生意外的变化，如外部供方或外部提供的产品或服务的非预期变化、突发事件的出现、关键岗位人员的意外变更、紧急性的设施设备维护、工作和任务计划的临时性调整等。为应对这些变化，发射场可能需要对既有的过程或活动做出应急性或临时性的变更。

针对出现的非预期变更，发射场应在适当的时机对变更所产生的后果进行预测或评估，并及时对变更产生的结果进行调查、分析和评审，识别可能或已经产生的质量安全环境影响，必要时采取相应的措施，尽可能消除或降低由于非预期性的变更所带来的任何不利影响，确保持续地符合要求。

▲ **实施要点**

1）工作和任务通用过程策划。识别、建立工作和任务的质量、安全、环境的共性管理过程，明确相应控制要求，包括：

a）识别和策划过程。质量方面所需的过程主要包括各业务系统、各职能单位、各岗位的例行工作过程，如航天发射测控任务组织指挥，测试发射、测量控制、信息通信、气象保障、技术勤务保障等系统的组织实施，各单位、岗位的具体工作等过程。安全、环境所需的过程主要包括与安全风险、环境因素相关的控制过程，如特种设备、危险化学品、安全用电、建设施工、消防等方面的运行控制，能源、资源、固体废物、废水、废气、噪声等方面的运行控制。

b）针对识别和策划的过程，建立相应的运行准则和实施运行控制，如形成相应的规章制度、标准等，明确过程的责任主体、工作流程、方法、标准、要求等，并据此实施运行控制。

2）工作和任务专用过程策划。识别、确定具体工作和任务所需的过程，明确相应控制要求，包括：

a）识别和确定过程。以具体工作和任务为主线，识别、确定满足 8.1 要求所需的过程。

b）针对识别和确定的过程，明确需建立或引用的运行准则，形成具体工作和任务的方案、计划、流程图等成文信息，并据此实施运行控制。

3）在工作和任务过程策划时，应落实 5.4e) 9) 条款的要求，安排非管理类工作人员的参与。

4）处理好本条与 8.2、8.3、8.4、8.5、8.6 条的关系。8.2 的输出结果可作为本条中 a) 的输入，8.3 中的设计输出也可作为本条中 a) 的输入，对外包过程策划要满足 8.4 的要求，8.5 的过程控制要符合本条策划的要求，8.6 中对工作和任务放行的标准就是本条中 b) 输出的准则。

5）对策划的变更进行控制。

▲ **审核要点**

1）通过与业务部门、单位人员交流，结合现场审核，核查是否策划了与过程运行及工作和任务相关的过程，过程策划是否充分。

2）通过查阅策划结果的成文信息，核查策划的内容是否满足本条款要求。

3）通过对有关部门、单位现场观察，结合查阅有关成文信息，核查按照策划的过程、准则实施过程控制的情况。

质量方面，关注实施情况与策划的一致性。

安全方面，关注危险源及其安全风险的控制情况，包括控制措施的选择顺序，危险作业的审批程序和许可签发，现场作业的安全控制，有关安全法规、标准的落实等情况。

环境方面，关注重要环境因素的控制情况，包括控制措施的选择顺序，环境保护设施设备的运行，能源、资源的消耗控制，废物利用、处置，有关环境保护法规的落实等情况。

4）通过与业务部门、单位人员交流，结合现场观察，查阅有关成文信息，核查有无策划的变更情况以及变更控制情况。有关变更可与 8.2.4、8.3.6、8.5.6 条款一起审核。

5）通过与业务部门、单位人员交流，结合现场观察，查阅有关成文信息，核查有无外包过程及相应的控制情况。有关外包过程的控制可与 8.4 条款一起审核。

▲ **常见问题**

1）过程策划不充分，如：

a）质量、安全、环境有关运行过程的策划未全面覆盖实际的工作和任务过程以及有关安全风险、重要环境因素；

b）具体工作和任务策划未充分考虑本条款要求的有关方面；

c）策划的输出与输入要求不符；

d）运行准则不明确，如未明确工作和任务的放行标准、安全检查标准以及污水、噪声、废气排放标准等。

2）未落实策划变更的控制要求。

3）未按照策划的输出实施过程及工作和任务控制，如：

a）未落实风险识别、评价、控制的要求；

b）安全设施、环境保护设施运行不正常；

c）化学品使用、储存现场无相关化学品安全技术说明书（MSDS）资料；

d）在用灭火器存在压力不足、生锈、老化或超过维修、报废期限等问题；

e）电气设备未按有关规定要求安装剩余电流动作保护装置或装置失效；

f）电气设备未可靠接地；

g）工作人员未按要求配备、使用个体防护装备；

h）主副食存放超过保质期；

i）食堂未按规定进行食品留样；

j）未按有关规定收集、处置危险废弃物；

k）存在长明灯、长流水及其他跑、冒、滴、漏问题；

l）污水处理站未按规定的要求运行。

3.8.2　工作和任务要求

▲ 标准条文

8.2　工作和任务要求

8.2.1　顾客沟通

发射场与顾客沟通的内容应包括：

a）提供有关工作和任务的信息，包括安全防护、环境保护的要求；

b）处理问询等事宜，包括更改；

c）获取有关工作和任务的顾客反馈，包括顾客投诉；

d）处置或控制顾客财产；

e）关系重大时，制定应急措施的特定要求。

注："关系重大"是指因内部或外部原因，可能对实现顾客要求造成重大不利影响的情况。

▲ 理解要点

1）本条旨在确保当确定拟承担的工作和任务时，发射场与顾客进行清晰的沟通。

发射场通过与顾客沟通，获得顾客要求和处置其他与顾客相关事宜的要求，并最终增强顾客满意和应对相关的风险和机遇。

2）为及时获取顾客信息，方便顾客参与，发射场应建立顺畅、便捷的沟通渠道，包括采用文件、会议、电话、传真、拜访、回访等多种有效形式及时进行沟通。

3）应针对下述内容，采取适宜有效的方式与顾客进行沟通：

a）确保对工作和任务信息的全面、准确、一致理解；

b）明确顾客如何联系发射场进行问询，发射场和顾客如何共同处理要求的更改等事宜；

c）建立收集顾客意见和满意情况信息的渠道，并采用适宜的方法收集顾客对工作和任务的意见等反馈信息（包括满意的和抱怨的信息）；

d）明确对顾客财产处置或控制的有关要求；

e）明确对实现顾客要求造成重大不利影响的情况下，制定应急措施的特定要求。

实施要点

1）按照本标准 7.4 条的要求进行必要的策划，明确有关沟通的主体、职责、内容、时机、对象、方式等。

2）结合工作和任务实际，通过学习领会有关指示、通知精神以及技术文件，参加总体协调会，接受顾客对发射场的考察、检查、评审，工作和任务情况汇报、通报等方式，实施及时有效的顾客沟通，包括：

a）在接受工作和任务前，全面了解和掌握相关要求，包括安全防护、环境保护的要求；在工作和任务中，视情及时向顾客通报工作和任务有关进展情况；

b）在工作和任务中，及时回复顾客问询，处理有关更改事宜；

c）在工作和任务中及工作和任务后，通过主动与被动结合的方式，获取顾客对工作和任务的情况反馈，包括肯定方面的、改进建议方面的信息，以及抱怨、投诉方面的信息；

d）在工作和任务前、中、后就顾客财产处置或控制的相关信息进行沟通；

e）在工作和任务前、中、后就制定、采取应急措施的信息进行沟通。

审核要点

1）通过与业务部门、单位人员交流，结合查阅相关成文信息，核查顾客沟通机制的建立情况是否满足本条款要求。

2）通过与业务部门、单位人员交流，结合查阅有关成文信息，核查按照策划的顾客沟通过程进行相应沟通的情况。

常见问题

1）对顾客沟通的策划不够充分。

2）对工作和任务要求的理解不充分或有偏差。

3）未进行安全防护、环境保护方面必要的沟通。

4）未充分获取顾客反馈的有效信息。

标准条文

8.2.2 工作和任务要求的确定

在确定工作和任务的要求时，发射场应确保：

a）工作和任务的要求得到规定，包括：

　　1）适用的法律法规要求；

　　2）发射场认为的必要要求。

b）工作和任务的结果，能够满足声明的要求。

▲ 理解要点

1）本条旨在确保发射场确定其工作和任务要求。

2）"要求"（GB/T 19000　2016标准中3.6.4）是指"明示的、通常隐含的或必须履行的需求或期望"。通常隐含是指组织和相关方的惯例或一般做法，所考虑的需求或期望是不言而喻的。规定要求是经明示的要求，如在成文信息中阐明。特定要求可使用限定词表示，如服务要求、质量要求、安全要求、环境要求等。要求可由不同的相关方或组织自己提出。为实现较高的顾客满意，可能有必要满足那些顾客既没有明示，也不是通常隐含或必须履行的期望。

发射场在确定工作和任务要求时应考虑以下方面：

a）顾客规定的要求，包括对工作和任务固有特性的要求（如可靠性、安全性、正确性、及时性、完整性、保密性等）、对工作和任务的交付要求（如环境条件、数据、结果报告等）以及与工作和任务有关的其他要求（如技术勤务保障、培训、咨询）等；

b）顾客虽然没有明确规定，但规定的用途或已知预期的用途所必需的要求，如基本的工作、生活条件等；

c）适用于工作和任务的法律法规要求，如与工作和任务质量、安全、环保、保密等有关的法规、标准等；

d）发射场认为的必要要求，如发射场工作和任务的有关规定，为增强顾客满意而主动做出的某些承诺等。

3）发射场应在确保工作和任务要求得到规定的基础上，基于对发射场完成工作和任务能力的全面、系统的分析、评审，确保发射场工作和任务的预期结果能够满足声明的要求。

▲ 实施要点

1）确保工作和任务的有关要求得到确定。

2）确保有能力完成承担的工作和任务。

▲ 审核要点

1）通过与业务主管部门、单位人员交流，结合查阅有关成文信息，了解工作和任务要求的确定情况，核查工作和任务要求确定的充分性情况。

2）通过与业务主管部门、单位人员交流，结合查阅有关成文信息，了解发射场采取了哪些措施确保工作和任务的结果满足声明的要求。

3）抽查工作和任务要求的完成情况，核查是否按要求完成了相应的工作和任务。

▲ 常见问题

1）工作和任务要求确定的内容不够全面充分。

2）未能充分识别完成工作和任务能力不足方面的问题，并采取有效措施。

▲ 标准条文

8.2.3　工作和任务要求的评审

8.2.3.1　发射场应确保有能力完成承担的工作和任务。在承诺能够完成工作和任务之前，发射场应对如下各项要求进行评审：

　　a）顾客规定的要求，包括对交付及交付后活动的要求；

　　b）顾客虽然没有明示，但规定的用途或已知的预期用途所必需的要求；

　　c）发射场规定的要求；

　　d）适用于工作和任务的法律法规要求和其他要求；

　　e）与以前表述不一致的要求；

　　f）主要质量风险、安全风险、重要环境因素及其控制措施。

发射场应确保与以前规定不一致的要求已得到解决。

若顾客没有提供成文的要求，发射场在接受顾客要求前应对顾客要求进行确认。

8.2.3.2　适用时，发射场应保留与下列方面有关的成文信息：

　　a）评审结果；

　　b）工作和任务的新要求。

▲ 理解要点

1）本条旨在确保发射场评审对顾客做出的承诺，并具备履行这些承诺的能力；确保发射场保留成文信息，以证实与顾客之间达成的最终协议，包括任何纠正和修改，并表明能够满足顾客要求。

通过评审，可使发射场降低在工作和任务实施期间和交付后发生问题的风险。

通过保留成文信息，可为发射场工作和任务策划以及发射场与新顾客或现有顾客在未来明确类似协议时提供依据。

2）发射场在做出有能力完成承担的工作和任务承诺之前，应对工作和任务要求及发射场的实际能力进行系统评审，评审的内容应包括本条 a）～f）的有关要求，并确保与以前规定不一致的要求已得到解决。

3）评审的主体、时机和方式。与工作和任务有关要求的评审可由发射场、上级机关或总体部门组织进行。上级机关或总体部门一般在工作和任务的立项论证、发射场建设、工作和任务准备情况检查等阶段，通过研讨会、协调会、评审会等形式对工作和任务要求及发射场完成工作和任务的能力进行评审。发射场在派出人员参加上述会议或接受评审前，一般采用现场检查、会议评审、会签评审、经授权人审查批准等方式，根据顾客对发射场工作和任务的要求，结合实际对发射场完成工作和任务的能力进行分析、评估，得出能够完成工作和任务的结论或提出相应需求、建议，提交会议讨论，就有关要求达成一致，确保发射场有能力完成规定的工作和任务。

4）如果顾客是以口头方式提出的要求，发射场应考虑用适宜的方式对这些要求进行确认，如复述顾客的要求、再次请顾客认可等。

5）适用时，明确保留评审结果、工作和任务的新要求的成文信息要求。

▲ 实施要点

1）在承诺能够完成工作和任务之前，应对工作和任务的要求进行评审。

2）评审内容应覆盖本条款要求的有关内容。

3）对顾客没有提供成文信息要求的情况，在接受顾客要求前应对其要求进行确认。

4）根据工作和任务的重要程度，明确保留评审结果、工作和任务的新要求等成文信息的要求，如成文信息的形式、内容、分发、归档等。

▲ 审核要点

1）通过与业务主管部门、单位有关人员交流，了解工作和任务要求的评审情况，核查工作和任务要求评审的时机是否在做出能够完成承担的工作和任务的承诺之前进行，评审的内容是否覆盖了本条 a）～f）方面的要求，与以前表述不一致的要求是否已得到解决，对顾客没有提供成文信息要求的情况是否进行了确认。

2）核查工作和任务要求的评审结果、工作和任务的新要求等成文信息保留的策划、落实情况。

▲ 常见问题

1）对工作和任务要求的评审未在做出能够完成承担的工作和任务的承诺之前进行。

2）未保留必要的工作和任务要求的评审结果、工作和任务的新要求等成文信息。

▲ 标准条文

8.2.4　工作和任务要求的更改

若工作和任务要求发生更改，发射场应确保相关的成文信息得到修改，并确保相关人员知道已更改的要求。

▲ 理解要点

1）本条旨在确保发射场内外部的相关人员知晓对工作和任务要求的任何更改。

2）发射场在完成工作和任务过程中，可能会发生相关要求更改的情况。更改可能源于顾客要求，也可能源于发射场自身情况。更改一旦经过确认，需要及时落实相关成文信息的修改，并告知与更改内容相关的所有人员。"相关人员"不仅指发射场自身的人员，也可能包括顾客。

实施要点

1）识别工作和任务要求的更改，确保相关的成文信息得到修改。
2）确保相关人员知道并落实已更改的要求。

审核要点

通过与业务主管部门、单位有关人员交流，了解是否有工作和任务更改情况。如有更改，核查相关成文信息的修改情况及相关人员了解、执行更改要求的情况。

常见问题

1）未能识别工作和任务要求的更改情况。
2）工作和任务要求的更改未得到落实，包括未修改有关成文信息，未按更改后的要求实施更改等。

3.8.3　工作和任务的设计和开发

标准条文

> **8.3　工作和任务的设计和开发**
> 8.3.1　总则
> 　　发射场应建立、实施和保持适当的设计和开发过程，以确保后续的工作和任务的实施。

理解要点

1）本条旨在确保发射场建立、实施和保持设计和开发过程，以确保其工作和任务满足要求，并确定工作和任务特性。

工作和任务的设计和开发是实现工作和任务要求的一个重要过程，对工作和任务最终能否满足顾客和法律法规要求，包括相关方的要求有着极其重要的作用。

2）"设计和开发"（GB/T 19000—2016 标准中 3.4.8）是指"将对客体的要求转换为对其更详细的要求的一组过程"。对一项工作或任务，可以有多个设计和开发阶段。

因设计和开发的对象不同，设计和开发的性质也不尽相同，可以是工作和任务的设计和开发、过程（工艺）的设计和开发或体系的设计和开发等。

如果没有更加详细的对工作和任务要求的转换，则可以认为没有工作和任务的设计和开发活动。

　　发射场工作和任务的设计和开发，可包括将工作和任务要求形成规章制度、标准、技术方案、计算机软件等成文信息的过程。

　　3）建立"适当的"设计和开发过程，意即设计和开发控制的复杂程度应与工作和任务的性质相匹配。不同性质的工作和任务，其设计和开发的要求可以有所不同，如阶段的划分、评审、验证、确认活动的方式及复杂程度等。

▲　**实施要点**

　　1）识别发射场工作和任务的设计和开发活动，建立适当的工作和任务设计和开发过程，包括设计和开发程序、相关职责和权限、设计和开发各阶段的活动，以及这些活动的输入、输出和控制所需的准则，保持和保留的成文信息等。

　　2）实施和保持所建立的设计和开发过程。

▲　**审核要点**

　　1）通过与业务部门、单位有关人员交流，结合现场审核收集到的有关情况，核查发射场有哪些设计和开发活动，是否建立和保持了适当的设计和开发过程。

　　2）结合设计开发其他条款的审核，核查设计和开发过程的实施情况，要求是否得到详细的转换。

▲　**常见问题**

　　1）实际存在设计和开发活动，但未识别建立设计和开发过程。

　　2）未按所建立的设计和开发过程实施设计和开发控制。

▲　**标准条文**

8.3.2　设计和开发策划

　　在确定设计和开发的各个阶段和控制时，发射场应考虑：

　　a）设计和开发活动的性质、持续时间和复杂程度；

　　b）所需的过程阶段，包括适用的设计和开发评审；

　　c）所需的设计和开发验证、确认活动；

　　d）设计和开发过程涉及的职责和权限；

　　e）设计和开发所需的内部、外部资源；

　　f）设计和开发过程参与人员之间接口的控制需求；

　　g）顾客及组织管理、总体技术、指挥操作等相关人员参与设计和开发过程的需求；

　　h）对后续工作和任务实施的要求；

　　i）顾客和其他有关相关方所期望的对设计和开发过程的控制水平；

---

j）落实软件开发计划的措施，确定软件需求分析、设计、编码、测试等要求，以及测试工作独立性的要求；

k）工作和任务有关的安全防护、环境保护要求；

l）工作和任务适用的法律法规要求和其他要求；

m）证实已经满足设计和开发要求所需的成文信息。

发射场应保留设计和开发策划输出的成文信息，并及时更新。

理解要点

1）本条旨在确保发射场进行设计和开发策划，以确定所需的设计和开发活动和任务。这些策划应包括考虑发射场确定所需的措施（第 6 章和 8.1），这些措施可能对策划活动的实施、资源需求以及岗位和职责的界定产生影响。

2）本条的要求提供了在设计和开发策划期间需要考虑的一组关键要素，包括考虑：

a）设计和开发活动的性质、持续时间和复杂程度，如重复设计、新设计、工作和任务的性质等。

b）所需的阶段及评审。划分阶段的目的在于对设计和开发过程实施有效控制。发射场工作和任务的设计和开发一般包括输入、设计和开发、输出等阶段，在输入、输出阶段通常应进行相应的设计和开发评审。有些相对简单的设计和开发，不一定非要划分出诸多不同阶段。

c）确保输出满足输入要求所需的验证活动，以及确保工作和任务最终结果满足规定的预期要求的确认活动。

d）根据设计和开发内容，明确参与设计和开发各阶段有关的工作人员分工、职责和权限。

e）设计和开发所需要的内部和外部资源，包括自身的能力和知识、技术、设备、顾客或外部供方的支持、临时工作人员、提供技术信息的法规或标准等。

f）设计和开发参与人员之间的接口与沟通，尤其是对于多个项目组共同参与或有外包的情况，更要特别关注他们之间的接口与沟通。通常，组织接口要明确相关人员的职责和分工，技术接口要明确沟通方法、沟通时机和沟通内容，还应考虑参与的人数和信息共享的方式。要确保分工明确，沟通方式适宜，沟通结果有效。

g）顾客及组织管理、总体技术、指挥操作等相关人员参与设计和开发过程的需求，增强设计和开发的针对性、有效性。

h）发射场工作人员实施工作和任务或交付所需的条件，如技术文件、控制措施、原材料、接收准则等。

i）顾客和其他有关相关方所期望的对设计和开发过程的控制水平如何。如果顾客和其他相关方没有明确的要求，应考虑工作和任务的性质确定合理的控制水平。

j）按软件工程化方法实施计算机软件设计和开发过程控制，包括编制软件设计和开发计划、软件设计和开发阶段的配置管理计划等，规定对软件的需求分析、设计、编码、测试、人员及接口关系等管理要求，包括所需的文档。

　　k）工作和任务有关的安全风险、环境因素及其控制要求。

　　l）工作和任务适用的法律法规要求和其他要求，包括质量、安全、环境等方面的法律法规要求和其他要求。

　　m）证实是否已经满足设计和开发要求，以及在评审、验证和确认阶段过程是否得到适当实施所需的成文信息，如项目策划、会议纪要、有关措施的落实情况、测试报告、技术文件等。

　　3）设计和开发策划的输出可以是设计和开发工作计划、方案，也可以是项目的立项申请、研制方案等其他形式的成文信息。随着设计和开发活动的进展，如果相关要求或资源需求等方面因素发生变化，应在适当时修改或更新策划的输出。

▲ 实施要点

　　1）根据工作和任务性质，考虑标准对设计和开发策划的要求，进行设计和开发策划。

　　2）保留设计和开发输出的成文信息，并及时更新。

▲ 审核要点

　　1）通过与业务部门、单位有关人员交流，结合查阅有关设计和开发策划输出的成文信息，了解有哪些设计和开发活动，核查设计和开发策划的输出与本条款要求、工作实际的符合性情况。

　　2）结合设计和开发其他条款的审核，核查设计和开发策划的执行情况，以及根据设计和开发的实际进度调整更新策划的输出情况。

▲ 常见问题

　　1）未形成设计和开发策划输出的成文信息。

　　2）设计和开发策划未充分考虑本条款要求的内容，如未明确设计和开发的阶段，各阶段应有的评审、验证、确认活动，有关的安全风险、环境因素及其控制要求，证实已经满足设计和开发要求所需的成文信息等必要内容。

　　3）未能根据设计和开发活动的实际情况调整更新策划的输出。

▲ 标准条文

> 8.3.3　设计和开发输入
>
> 　　发射场应针对具体工作和任务的设计和开发确定必需的要求，应考虑：
>
> 　　a）功能和性能要求；
>
> 　　b）有关设施设备的图纸、资料、使用说明书等；
>
> 　　c）安全风险、环境因素控制要求，此时应考虑生命周期的每一阶段；
>
> 　　d）以往类似工作和任务设计和开发活动的适用信息；

e) 适用的法律法规要求和其他要求；

f) 发射场承诺实施的标准或规范；

g) 由工作和任务性质所导致的潜在的失效后果。

针对设计和开发的目的，输入应是充分和适宜的，且应完整、清楚。

相互矛盾的设计和开发输入应得到解决。

发射场应保留有关设计和开发输入的成文信息。

发射场应对设计和开发输入的充分性和适宜性进行评审，并保留评审结果的成文信息。

▲ 理解要点

1) 本条旨在确保发射场将确定设计和开发的输入作为设计和开发策划期间的一项活动。这些输入应清晰、完整，并与规定工作和任务特性的要求相一致。

规定设计和开发输入的内容，目的是为设计和开发提供充分的依据。设计和开发输入内容的准确性、全面性、适宜性和协调一致性，对设计和开发输出结果的正确性起着决定性的作用。

2) 设计和开发部门（小组）应全面收集与具体工作和任务的设计和开发有关的要求，包括考虑：

a) 工作和任务的功能和性能要求。其主要内容为 8.2 条的输出，包括：上级的工作和任务指示、通知、试验大纲、技术方案等要求；运载火箭、航天器研制、使用单位对发射场的技术要求、安全要求，以及提供的图纸、技术说明书、工艺要求等；发射场提出的工作和任务要求等。

b) 与工作和任务有关设施设备的图纸、资料、使用说明书等。工作和任务的实施应考虑符合有关设施设备的实际，符合相关要求。

c) 工作和任务全过程中涉及的安全风险、环境因素的控制要求。

d) 以往类似工作和任务设计和开发活动的适用信息。这些信息不仅有助于提高设计和开发的针对性，而且可以提高设计和开发的效率。通过借鉴以往设计和开发的经验、汲取教训，一方面可以减少和避免设计和开发活动中的错误，另一方面可以通过补充、丰富和完善设计和开发活动，创造出更好的设计。

e) 与工作和任务相关的质量、安全、环境管理方面的法律法规要求和其他要求。

f) 发射场承诺实施的标准或规范，包括国家、军队、行业、地方的有关标准、规范。

g) 由工作和任务性质所导致的潜在的失效后果。如因工作和任务中某个过程的失效、失控可能造成的质量、安全、环境方面的不良影响等的情况。

3) 应解决相互冲突的设计和开发输入，要注意所有要求的关联性及其相互影响，对于有冲突的要求应协调一致。

◢ **实施要点**

1）设计和开发输入应考虑本条 a）～g）所要求的内容，并确保输入充分和适宜，且应清楚、完整，不存在相互矛盾。

2）保留设计和开发输入的成文信息。

3）按照设计和开发策划的安排，对设计和开发输入的充分性和适宜性进行评审，并保留评审结果的成文信息。

◢ **审核要点**

通过与设计和开发部门、单位有关人员交流，结合查阅有关工作和任务设计和开发输入及评审的成文信息，核查设计和开发输入的充分性、适宜性、完整性、协调性、符合性等方面的情况。

◢ **常见问题**

1）未保留设计和开发输入的成文信息。

2）未保留设计和开发输入评审结果的成文信息。

3）设计和开发输入存在不充分、不适宜及相互矛盾等情况，如未考虑以往设计和开发的相关信息，未包含安全、环境的相关要求，未识别出设计和开发输入相互矛盾的情况等。

◢ **标准条文**

8.3.4 设计和开发控制

发射场应对设计和开发过程进行控制，以确保：

a）规定拟获得的结果；

b）实施评审活动，以评价设计和开发的结果满足要求的能力；

c）实施验证活动，以确保设计和开发输出满足输入的要求；

d）实施确认活动，以确保工作和任务能够满足规定的要求；

e）针对评审、验证和确认过程中确定的问题采取必要措施；

f）保留这些活动的成文信息。

注1：设计和开发的评审、验证和确认具有不同目的，可单独或以任意组合的方式进行。

注2：计算机软件的验证和确认，包括软件过程的分析、评价、评审、审查、评估和测试等，确保满足预期用途和工作需要。

◢ **理解要点**

1）本条旨在确保输入一旦确定之后，则应根据策划实施设计和开发并加以控制，从而确保过程有效。

2）规定拟获得的结果，也就是要事先根据工作和任务的要求，明确预期的最终输出。

"评审"（GB/T 19000—2016 标准中 3.11.2）是指"对客体实现所规定目标的适宜性、充分性或有效性的确定"。可根据具体情况采用会议、会签、审批等方式进行评审。

"验证"（GB/T 19000—2016 标准中 3.8.12）是指"通过提供客观证据对规定要求已得到满足的认定"。设计和开发验证可采用将新设计与已证实的类似设计进行比较、实施替代计算、开展测试和演示、发布前检查设计阶段的成文信息等方式进行。

"确认"（GB/T 19000—2016 标准中 3.8.13）是指"通过提供客观证据对特定的预期用途或应用要求已得到满足的认定"。设计和开发确认可采用例行试验、模拟演练、运行测试、联调、合练等方式进行。

设计和开发的评审、验证和确认具有不同目的。根据设计和开发的具体情况，其评审、验证和确认活动可以单独或任意组合方式进行，可以共同作为单一过程完成，也可以作为独立活动分开完成。

3）发射场应结合工作和任务的实际情况，根据不同目的和需要，对设计和开发过程加以控制，并应确保：

a）参与设计和开发活动的所有人员知晓并充分理解顾客的要求和预期的最终输出。

b）设计和开发策划各阶段及其输出的评审均已实施，以便确认其满足了输入要求、确定了问题并制定了解决方案。不参与设计和开发过程具体阶段的人员可参与其评审，包括参与工作和任务实施的人员以及相关顾客、最终用户和外部供方。就复杂性的不同程度而言：

ⅰ）复杂设计的评审可能在正式会议上进行，其会议纪要将作为相关记录；

ⅱ）简单设计的评审可能不需要那么正式，其记录可能由计划上表明已得到评审的批注、评审人员的签名和签署日期组成。

c）进行验证，以确保满足在设计和开发过程之初所识别的所有要求。对于较大的项目，其过程可划分为若干个关键阶段，在每个关键阶段结束时按要求进行验证。

d）进行确认，以确保最终工作和任务满足顾客和最终用户的特定要求或预期用途。

e）若评审、验证和确认活动显示存在问题，则应确定解决这些问题的措施。对这些措施有效性的评价应作为下次评审工作的一部分。

f）保留评审、验证和确认活动的成文信息，作为证明设计和开发活动已按照计划实施的证据，如会议纪要、演练和测试报告以及顾客批准文件等。

▲ 实施要点

1）规定设计和开发的预期结果。

2）依据设计和开发策划的安排，实施各阶段的评审、验证和确认活动，对设计和开发过程进行控制。

3）针对评审、验证和确认过程中确定的问题采取必要措施。

4）保留设计和开发控制活动的成文信息。

审核要点

1）通过与设计和开发部门、单位有关人员交流，结合查阅有关成文信息，核查保留设计和开发控制活动的成文信息情况。

2）通过查阅有关成文信息，核查规定设计和开发预期结果的情况，依据设计和开发策划的安排实施评审、验证、确认的情况，以及针对评审、验证、确认过程中确定的问题采取必要措施的情况。

常见问题

1）未按设计和开发的策划安排实施评审、验证、确认活动。

2）未针对评审、验证、确认过程中确定的问题采取必要措施。

3）未保留设计和开发控制的成文信息。

标准条文

8.3.5　设计和开发输出

发射场应确保设计和开发输出：

a）满足输入的要求；

b）满足后续工作和任务实施的需要；

c）包括或引用监视和测量的要求，适当时，包括工作和任务放行或接收准则；

d）对实现预期目的、保证安全、保护环境和正常实施所必需的工作和任务特性做出规定。

发射场应保留有关设计和开发输出的成文信息。

理解要点

1）本条旨在确保设计和开发输出为实施工作和任务所需的所有过程提供必要的信息。这些信息应足够清晰，以确保参与者都理解将采取的措施和其相关顺序。

设计和开发输出根据设计和开发过程的性质以及工作和任务的要求而有所不同。设计和开发输出是工作和任务实施过程的关键输入。

2）设计和开发输出应：

a）与8.3.3条所规定的输入要求保持一致。

b）考虑到输出的使用者和使用条件，足以确保所有工作和任务的后续过程得到实施。

c）提供有关监视和测量的要求方面的明确信息，包括外部所提供的过程、工作和任务所有放行或接收准则（包括阶段放行），以及工作和任务放行的细节，如明确对哪些过程、结果进行监视和测量，采用什么方式、依据何种标准、在什么时机进行监视和测量等。

　　d）提供有关工作和任务特性的必要信息，以确保达到预期目的并以安全、环保和适宜的方式实施工作和任务。工作和任务的特性可能包括及时性、完整性、正确性、准确性、可靠性、安全性等，如指挥操作的正确性，诸元计算、装定的正确性，推进剂加注的安全性、准确性，实施发射的可靠性、安全性、及时性，测控设备实时跟踪测量控制的可靠性、精确性、完整性，气象预报的准确性，信息通信的可靠性、保密性，技术勤务保障的及时性、安全性、充分性，安全防护、环境保护、应急处置等措施的有效性，结果报告的正确性、完整性、真实性等。

　　3）设计和开发输出应作为成文信息予以保留，包括但不限于与完成工作和任务有关的规章制度、标准、工作或活动方案、技术方案、图纸、测试要求、控制计划、过程规范、所需设施设备的详细情况、施工计划、菜单、食谱、烹调方法、服务手册、计算机软件、培训教材、教学教案等成文信息。

实施要点

　　1）按照设计和开发策划的安排保留有关设计和开发的输出的成文信息。
　　2）设计和开发输出应能够对照设计和开发输入进行验证，并应能够证实其满足了设计和开发输入的要求。
　　3）确保设计和开发输出满足后续工作和任务实施的需要。
　　4）设计和开发输出应包括或引用监视和测量的要求。
　　5）设计和开发输出应规定工作和任务实施所必需的特性。

审核要点

　　1）通过与设计和开发部门、单位有关人员交流，结合查阅有关成文信息，核查保留工作和任务设计和开发输出的成文信息情况。
　　2）通过查阅工作和任务设计和开发输出的成文信息，核查满足输入的要求、满足后续工作和任务实施的需要、包括或引用监视和测量的要求、规定工作和任务特性的情况。

常见问题

　　1）设计和开发输出结果未完全包含设计和开发输入的要求。
　　2）设计和开发输出未包括或引用监视和测量的要求。
　　3）设计和开发输出未规定工作和任务有关的质量、安全、环境保护特性。

标准条文

8.3.6　设计和开发更改
　　发射场应对工作和任务在设计和开发期间以及后续所做的更改进行适当的识别、评审和控制，以确保这些更改对满足要求不会产生不利影响。发射场应保留下列方面的成文信息：

a）设计和开发更改；

b）评审的结果；

c）更改的授权；

d）为防止不利影响而采取的措施。

理解要点

1）本条旨在使发射场能够确定、评审和控制在设计和开发过程期间和后续阶段所做的更改。发射场应将如何实施与其他过程或相关方之间的互动作为设计和开发过程的组成部分，并应在确定进行设计和开发更改时予以考虑。

2）设计和开发的更改是指对设计和开发的输出的变更。设计和开发更改可能由工作和任务要求的变更引起，也可能由适用于工作和任务的法规的变更引发，还可能由设计评审、验证、确认活动发现的问题引发等。更改可产生于一体化管理体系内的任何活动和任何阶段，包括但不限于在实施设计和开发过程期间、在发布和批准设计和开发输出之后、将顾客满意和过程绩效作为监视结果时等。

3）"进行适当的识别、评审和控制"主要是指根据更改的性质、范围、内容以及对工作和任务的影响程度来确定评审和控制的方式。对比较重要的更改，不但应评审更改部分是否满足相关设计和开发的要求，还应评价更改对工作和任务可能造成的影响，以及防止不利影响而采取措施的有效性；对影响程度较小的更改也可以不进行评审，如文字性错误。

4）有关设计和开发更改而保留的成文信息，可包括更改对工作和任务的组成部分或已交付的工作和任务所产生影响的评价结果，以防止产生不利影响。评审、验证和确认过程通常可产生清晰的说明设计和开发更改的成文信息。成文信息也可详细说明对受到影响的后续过程所采取的措施，以及如何沟通这些措施。

成文信息可以是经批准的更改单或电子签名更改单。成文信息应表明授权由谁进行更改。成文信息控制应符合 7.5 条的要求。

实施要点

1）对设计和开发更改进行适当的识别、评审和控制，以确保这些更改对满足要求不会产生不利影响。

2）按照设计和开发策划中规定的职责和权限实施设计和开发更改。

3）保留设计和开发更改、评审的结果、更改的授权、为防止不利影响而采取的措施等成文信息。

审核要点

1）通过与设计和开发部门、单位有关人员交流，结合查看现场、查阅有关成文信息，核查有无设计和开发更改情况，是何种性质、类型的更改，采取何种方式进行评审，更改是否经授权人员批准，更改的具体实施，为防止不利影响而采取的措施等情况。

2）通过查阅有关设计和开发更改的成文信息，核查保留设计和开发更改、评审的结果、更改的授权、为防止不利影响而采取的措施方面的成文信息的情况。

常见问题

1）有设计和开发更改情况发生，但未进行适当的评审和控制。

2）设计和开发更改未经授权人员批准。

3）设计和开发更改未执行到位。

4）有关设计和开发更改的成文信息保留不够全面。

3.8.4　外部提供的过程、产品和服务的控制

标准条文

8.4　外部提供的过程、产品和服务的控制

8.4.1　总则

发射场应建立、实施和保持过程，确保外部提供的过程、产品和服务符合要求（包括一体化管理体系的要求以及质量、安全、环境方面的要求）。

在下列情况下，发射场应确定对外部提供的过程、产品和服务实施的控制（包括施加影响）：

a）外部供方的产品和服务将构成发射场自身的工作和任务的一部分；

b）外部供方代表发射场直接将产品和服务提供给顾客；

c）发射场决定由外部供方提供过程或部分过程。

发射场应基于外部供方按照要求提供过程、产品和服务的能力，确定并实施对外部供方的评价、选择、绩效监视以及再评价的准则（包括安全、环境方面的准则）。对于这些活动和由评价引发的任何必要的措施，应保留成文信息。

理解要点

1）本条旨在控制由外部供方提供的过程、产品和服务。

发射场有责任确保外部提供的过程、产品和服务符合要求。这里的要求包括发射场一体化管理体系的要求、适用的法律法规要求和其他要求、发射场确定的其他要求等。在质量方面，控制的重点是外部提供的过程、产品和服务的质量；在安全方面，控制的重点是与外部提供的过程、产品和服务有关的危险源及其安全风险；在环境方面，控制的重点是与外部提供的过程、产品和服务有关的环境因素及环境影响。

2）发射场应确定：

a）哪些内部过程与外部提供过程相互作用，以及外部提供的过程对运行绩效的影响；

b）外部提供的哪些过程、产品和服务构成发射场工作和任务的组成部分，或对其工

作和任务实施至关重要；

c）适用于外部提供的过程、产品和服务的要求和特定控制，这取决于他们能够对发射场运行绩效的影响。

3）对以下三种情况，发射场应对外部供方的相关过程和输出实施控制：

a）外部供方的产品和服务将构成发射场自身的工作和任务的一部分，如物资器材采购、外部供方配属或协助发射场开展工作和任务等；

b）外部供方代表发射场直接将产品和服务提供给顾客，如配属发射场执行航天发射测控任务的单位直接将测试、测量结果提供给顾客等；

c）发射场决定由外部供方提供过程或部分过程，如基础设施建设、设备研制、人员培训、设施设备维护保养等。

4）发射场需要确定和应用准则对外部供方进行评价、选择、绩效监视和再评价。实施该过程能够使发射场清晰地理解外部供方的当前能力，确定需要弥补的差距，以及确定这些问题的解决方案。

对外部供方进行评价、选择、绩效监视和再评价，可以考虑外部供方的以下因素：

a）能否提供发射场所需的过程、产品和服务，质量水平如何；

b）是否具备所需的资源，如材料、设备、人员等；

c）提供过程、产品和服务的交付期限、价格水平，包括在整个生命周期的使用成本是否可接受；

d）管理水平和遵守法律法规的情况，如是否建立、保持质量管理体系、环境管理体系以及职业健康安全管理体系，有无违法违规情况发生等；

e）质量安全环境绩效情况；

f）履约能力及财务状况；

g）交付和交付后活动的时效性情况；

h）环境可持续性等。

但这并不意味着对外部供方的评价、选择、绩效监视以及再评价准则完全相同或一致。准则应围绕外部供方按照要求提供过程、产品和服务的能力来确定。不同过程、产品和服务供方的评价、选择、绩效监视以及再评价准则不尽相同。

顾客对特定外部供方的指定可以确立为准则，但对这类外部供方仍需进行绩效方面的监视。

当内外部条件发生变化、发射场的要求发生变化时应对供方进行再评价，也可以定期实施再评价。再评价可以是完整的评价，也可以是针对某些领域的评价。

▲ 实施要点

1）识别和确定需外部提供的过程、产品和服务活动，建立、实施和保持外部提供的过程、产品和服务控制过程。

在建立外部提供的过程、产品和服务控制过程时，应落实5.4d）6）条款的要求，与非管理类工作人员进行协商。

2）基于外部供方按照要求提供过程、产品和服务的能力，确定并实施对外部供方的评价、选择、绩效监视以及再评价的准则（包括安全、环境方面的准则）。

3）按照所规定的准则对供方进行评价、选择、绩效监视以及再评价。

4）保留确定并实施对外部供方的评价、选择、绩效监视以及再评价的准则等活动和由评价引发的任何必要的措施的成文信息。

▲ 审核要点

1）通过与业务主管部门、单位有关人员交流，结合查阅有关成文信息，核查发射场是否识别了所需的外包过程，并建立、实施和保持了外部提供的过程、产品和服务控制过程。

2）通过查阅有关成文信息，核查是否确定了对外部供方的评价、选择、绩效监视以及再评价的准则，准则是否考虑了不同供方提供所要求的过程、产品和服务的能力，是否包括了应有的安全、环境方面的准则。

3）通过审阅对外部供方评价、选择、绩效监视以及再评价的成文信息，核查其评价过程及证据与准则要求的符合性，以及根据评价的结果采取必要措施的情况。

▲ 常见问题

1）对外部提供的过程、产品和服务活动识别界定不够准确全面。

2）未建立外部提供的过程、产品和服务控制过程。

3）未明确对外部供方的评价、选择、绩效监视以及再评价的准则或者内容不够全面。

4）未按外部供方的评价、选择、绩效监视以及再评价的准则实施对外部供方的控制。

5）未保留确定并实施对外部供方的评价、选择、绩效监视以及再评价的准则等活动和由评价引发的任何必要的措施的成文信息。

▲ 标准条文

> 8.4.2 控制类型和程度
>
> 发射场应确保外部提供的职能和过程得到控制，确保外部提供的过程、产品和服务不会对发射场稳定地完成顾客赋予的工作和任务的能力以及安全、环境绩效产生不利影响。发射场应：
>
> a）确保外部提供的过程保持在其一体化管理体系的控制之中，确保承包方及其工作人员满足其一体化管理体系要求；
>
> b）确保其外包安排符合法律法规要求和其他要求，并与实现一体化管理体系的预期结果相一致；
>
> c）规定对外部供方的控制及其输出结果的控制，包括安全、环境方面的控制；
>
> d）考虑：

> 1）外部提供的过程、产品和服务对发射场稳定地提供满足顾客要求和适用的法律法规要求的能力以及安全、环境绩效的潜在影响；
> 2）由外部供方实施控制的有效性。
> e）确定必要的验证或其他活动，以确保外部提供的过程、产品和服务满足要求。

▲ 理解要点

1）本条旨在确保对外部供方的控制，以使发射场确信所完成的工作和任务符合要求。

2）"外包"（GB/T 19000—2016 标准中 3.4.6）是指"安排外部组织承担组织的部分职能或过程"。

外部供方并非发射场的组成部分，但外包过程是发射场一体化管理体系的组成部分，在按 8.1.1 条要求进行策划时就应得到识别，发射场对其是否满足要求负有责任。因此，发射场应策划对外部供方的过程、结果实施控制，包括控制的内容、方式、时机、程度等。

3）在确定对外部提供的过程、产品和服务控制的类型和程度时，发射场应：

a）确保在其一体化管理体系之内的且由外部供方提供的过程符合本标准的适用要求。

b）确保其外包安排符合法律法规要求和其他要求，如《中华人民共和国安全生产法》第四十六条规定："生产经营单位不得将生产经营项目、场所、设备发包或者出租给不具备安全生产条件或者相应资质的单位或者个人""生产经营项目、场所发包或者出租给其他单位的，生产经营单位应当与承包单位、承租单位签订专门的安全生产管理协议，或者在承包合同、租赁合同中约定各自的安全生产管理职责；生产经营单位对承包单位、承租单位的安全生产工作统一协调、管理，定期进行安全检查，发现安全问题的，应当及时督促整改"。

确保其外包安排与实现一体化管理体系的预期结果相一致，如应充分考虑外部组织满足发射场一体化管理体系要求的能力，以及对发射场实现一体化管理体系预期结果的能力的潜在影响等。

c）确定对外部供方实施哪些控制或由外部供方实施哪些控制，包括考虑外包的过程或职能被再分包的程度。这些控制旨在确保工作和任务实施按照策划的安排进行，并确保工作和任务符合要求以及安全环境绩效实现预期结果。

d）考虑外部提供的过程、产品和服务对发射场稳定地提供满足顾客要求和适用的法律法规要求的能力以及安全、环境绩效的潜在影响，包括在哪些方面有影响、影响的程度如何、采取哪些措施消除或减小不利影响等，并考虑所确定的由外部供方实施控制的有效性。

e）根据外部提供的过程、产品和服务的性质和重要程度，确定合适的验证方式和验证程度，以确保外部提供的过程、产品和服务满足要求。对产品的验证可以采用检验、试验、测量等方法，或查验供方提供的产品合格的证据等；对过程、服务的验证可以采用检查、测量、评审等方式。

对不同过程、产品和服务及其供方可以采用不同的控制类型和程度。

▲ 实施要点

1）发射场在建立外部提供的过程、产品和服务控制过程时，应明确对外部提供的过程、产品和服务控制的类型和程度。

2）确保外部提供的过程保持在发射场一体化管理体系的控制之中，即所有外部提供的过程都要纳入发射场的一体化管理体系进行管理。

3）确保外包安排符合法律法规要求和其他要求，并与实现一体化管理体系的预期结果相一致。

4）依据外部提供的过程、产品和服务的影响，在与外部供方签订采购（外包）合同中规定对外部供方的控制及其输出结果的控制要求。

5）根据供方的质量保证能力及过程、产品和服务的重要性、验证成本等具体情况，确定对过程、产品和服务的验证方式、验证准则。

▲ 审核要点

1）通过与业务主管部门、单位有关人员交流，结合查阅有关成文信息，核查发射场是否明确了对外部提供的过程、产品和服务控制的类型和程度，在做出相关规定时是否考虑了不同的供方及其提供的过程、产品和服务对发射场稳定地完成顾客赋予的工作和任务的能力以及安全、环境绩效的潜在影响，是否考虑了对不同供方的控制能力。

2）通过与业务主管部门、单位有关人员交流，结合具体工作和任务过程，了解发射场如何确保将外部提供的过程保持在其一体化管理体系的控制之中，如何对供方及其提供的过程、产品和服务实施控制。

3）通过查阅有关成文信息，抽取不同过程、产品和服务及供方，核查是否规定了对供方的控制及其输出结果的控制，是否确定、实施了必要的验证或其他活动。

▲ 常见问题

1）外部提供的过程未保持在发射场一体化管理体系的控制之中。

2）未规定对外部供方的控制及其输出结果的控制。

3）未确定必要的验证或其他活动。

4）未按照确定的验证或其他活动实施验证或其他活动。

▲ 标准条文

8.4.3　提供给外部供方的信息

发射场应确保在与外部供方沟通之前所确定的要求是充分和适宜的。

发射场应与外部供方沟通以下要求：

a）需提供的过程、产品和服务；

　　　b）对下列内容的批准：

　　　　　1）产品和服务；

　　　　　2）方法、过程和设备；

　　　　　3）产品和服务的放行或接收。

　　　c）能力，包括所要求的人员资格；

　　　d）安全要求，以辨识由下列方面所产生的危险源并评价和控制安全风险：

　　　　　1）对发射场造成影响的承包方的活动和运行；

　　　　　2）对承包方工作人员造成影响的发射场的活动和运行；

　　　　　3）对工作场所内其他相关方造成影响的承包方的活动和运行。

　　　e）环境保护要求；

　　　f）外部供方与发射场的互动；

　　　g）发射场使用的对外部供方绩效的控制和监视；

　　　h）发射场或其顾客拟在外部供方现场实施的验证或确认活动。

▲ **理解要点**

　　1）本条旨在确保发射场向外部供方明确沟通对外部提供的过程、产品或服务所需的要求和控制，以避免对发射场工作和任务的实施以及安全、环境绩效造成不利影响。

　　2）发射场应确保其要求完整、明确，并对可能引起模糊或混淆之处做出说明，应与外部供方就所要求的内容达成一致。这些内容包括：

　　a）需提供的过程、产品和服务，包括明确其功能、特性及其他相关信息，如过程规范、服务规范、产品规格型号、技术指标、交付日期和地点、数量、响应时间以及研制任务书、技术协议等文件中规定的内容。

　　b）对下列内容的批准：

　　ⅰ）产品和服务，即对产品和服务应接受的检验、试验、测试、分析和确认等所依据的准则或标准的确定；

　　ⅱ）方法，即对外部提供的过程、产品和服务在其实现过程中应执行的程序性要求的确定；

　　ⅲ）过程，即对与过程、产品和服务提供有关的实现过程的确定；

　　ⅳ）设备，即对过程、产品和服务提供中使用设备能力的批准或认可要求；

　　ⅴ）产品和服务的放行，即明确产品和服务的放行准则，包括采取的方式、依据的标准、有权放行的人员等。

　　c）能力。规定外部供方中从事对过程、产品和服务质量、安全等有影响的人员应具备的任何能力。适用时，还包括相应的资质，如特种作业人员应具备相应的职业资格等。

　　d）安全要求。对承包方辨识与提供的过程、产品和服务有关的危险源并评价和控制其所引起的安全风险的要求。包括评估和控制三种情况的安全风险，即：对发射场造成影响的承包方的活动和运行，对承包方工作人员造成影响的发射场的活动和运行，对工作场所内其他相关方造成影响的承包方的活动和运行。总体目标是确保承包方以及承包方的人员满足发射场的安全管理要求。

e）环境保护要求。对外部供方识别与提供的过程、产品和服务有关的环境因素并评价和控制其所引起的环境影响的要求。总体目标是确保外部供方满足发射场的环境管理要求。

f）外部供方与发射场的互动。对外部供方与发射场在业务活动中的交互作用和相互沟通的要求，如已策划的一系列质量、进度评审会议或规定主要联系人等。

g）发射场使用的对外部供方绩效的控制和监视。确定对外部供方的哪些过程和管理体系能力进行要求，进而确定如何控制和监视这些能力和结果，并与外部供方沟通，如规定外部供方必须达到的绩效水平、控制和监视的类型和频次等。

h）发射场或其顾客拟在外部供方现场实施的验证或确认活动。当验证和确认需要在供方现场进行时，发射场应与外部供方明确验证和确认的具体安排。

3）提供给外部供方信息的方式可以是合同、协议、订单、标书、任务书、会议纪要等成文信息或口头表述的信息等形式。

4）在与外部供方沟通前，应通过适当的方式进行评审、批准，确保有关要求的信息是适宜的和充分的。

▲ 实施要点

1）发射场在建立外部提供的过程、产品和服务控制过程时，应明确提供给外部供方的信息的要求。

2）发射场应对提供给外部供方的信息进行适当的评审、批准，以确保在与外部供方沟通之前确定的对外部提供的过程、产品和服务的要求是充分和适宜的。

3）通过适当的方式，与外部供方沟通过程、产品和服务的要求。

4）保留与外部供方沟通的适当的成文信息。

▲ 审核要点

通过查阅有关成文信息，抽取不同过程、产品和服务及供方，核查与外部供方沟通信息的充分性和适宜性情况。

▲ 常见问题

1）提供给外部供方的信息中只有质量方面的内容，缺少适用的安全、环境方面的要求。

2）未明确对外部供方绩效的控制和监视内容或内容不够具体。

3）未明确应有的拟在外部供方现场实施的验证或确认活动。

3.8.5　工作和任务的实施

8.5　工作和任务的实施

8.5.1　工作和任务实施的控制

发射场应在受控条件下完成工作和任务。

适用时，受控条件应包括：

a）可获得成文信息，以规定以下内容：

1）拟实施的工作和任务的特性；

2）拟获得的结果。

b）可获得和使用适宜的监视和测量资源；

c）在适当阶段实施监视和测量活动，以验证是否符合过程或输出的控制准则以及工作和任务的放行或接收准则；

d）为过程的运行使用适宜的基础设施，并保持适宜的环境；

e）配备胜任的人员，包括所要求的资格；

f）实施质量安全环境风险识别、评价、控制；

g）若输出结果不能由后续的监视或测量加以验证，应对工作和任务过程实现策划结果的能力进行确认，并定期再确认。确认内容包括：

1）过程评审和批准的准则；

2）设备认可和人员资格鉴定；

3）特定的方法和程序的使用；

4）保留成文信息的要求。

h）采取措施防止人为错误；

i）实施放行或接收、交付和交付后活动。

1）本条旨在使发射场对工作和任务实施进行控制，通过减少出现不合格输出（包括不符合、事件）的可能性，确保实现预期结果。

工作和任务的实施过程直接影响工作和任务的质量及安全、环境绩效。8.5条要求发射场应按设计和开发提供的有关信息及工作和任务策划的安排，对工作和任务的实施过程的所有相关活动进行考虑和有效控制。8.5.1条要求发射场结合工作和任务的性质，确定工作和任务过程中采取哪些具体的措施，确保过程能力和输出结果满足要求。

2）发射场应确定工作和任务实施的受控条件，以确保满足本标准8.1.1条所确定的准则。

发射场在确定需要对什么进行控制时，应考虑工作和任务实施的整个周期，包括交付后的活动要求。适用时，应考虑如下受控条件：

a）使参与活动或过程的人员能够获得表述拟实施的工作和任务特性的易于理解的成文信息，如有关工作和任务项目、内容、程序、方法、标准、进度等方面的信息。

b）使参与活动或过程的人员能够获得表述拟获得结果的易于理解的成文信息，如有关工作和任务的最终结果的形式、完整性、时效性、准确性等方面的信息。

c）任何必要的监视和测量资源，如为进行特定监视和测量配备已校准/检定、得到识别的测量设备，交付过程中使用的规定方法等。

d）在适当阶段实施监视和测量活动，包括对工作和任务特性、作业人员、作业活动过程、过程运行环境等实施监视和测量。

e）为过程的运行提供适宜的基础设施和环境。基础设施和环境的范围及准则见7.1.3、7.1.4 条的内容。

f）配备胜任的人员。工作人员应具备相应岗位的工作能力（见 7.2），法律法规规定要求持证上岗的岗位工作人员应经培训合格持证上岗。

g）落实 8.1.1 条确定的质量安全环境风险识别、评价、控制要求。

h）对工作和任务过程实现结果的能力进行确认和再确认。并非所有的工作和任务过程都需要确认，有些工作和任务过程所形成的结果不能由后续的监视或测量加以验证其是否达到了规定要求，或存在的问题在交付后才显露出来，这样的过程主要是由过程能力来确保工作和任务满足规定的要求，因此应实施过程能力确认，以证实其可有效实现所策划的结果。这些不能由后续的监视或测量加以验证的过程，需要根据实际情况来确定，可能包括如下情况：

ⅰ）不能立即得出输出是否满足要求的结论的过程，如混凝土浇筑过程，难以及时确定其强度；

ⅱ）交付后或使用中问题才显现的过程，如航天器的实时发射、测控设备实时跟踪测量控制、应急响应等过程；

ⅲ）在测量过程中会导致产品损坏的过程，如金属件焊接、紧固件安装、涂层的涂覆等的承载强度的测试是破坏性测试；

ⅳ）不易直接进行监视测量的外包过程。一些外包过程，如防水层很难进行全过程的监视测量，为了保证外包过程、产品和服务满足发射场的要求，也可以采取对过程进行确认的方法进行外包方控制。

i）对能力进行确认和再确认的方式，常常是对影响过程结果的若干过程要素的确认。应根据需要确认的过程的性质和对工作和任务的影响程度以及需要确认过程运行的成熟程度等，对涉及过程能力的因素做出相应安排和规定，包括以下内容：

ⅰ）规定用于评审和批准过程的依据（准则），包括规定过程结果应达到的质量要求，评审的方法，评审、批准的人员等；

ⅱ）确定设备能力和人员资格需达到的要求，并进行设备认可和人员鉴定；

ⅲ）规定并执行过程实施的方法和程序，包括为什么做、由谁做、何时和何处做、做什么、如何做等；

ⅳ）明确保留过程确认的成文信息的要求；

ⅴ）定期的或特殊情况下进行再确认的要求，如使用的设备、操作的人员、过程的方法和放行或接收准则发生了变更以及出现严重质量问题等情况下对过程进行再次确认。

j）采取措施防止人为错误。人为错误，即人的行为失误，是指人员在工作过程中导致实际要实现的功能与所要求的功能不一致，其结果可能以某种形式给工作和任务带来不良影响的行为。人为错误可能发生在组织计划、设计开发、指挥操作、监视测量、应急响应等工作和任务的各个过程之中。因此，在风险分析时应充分分析与人为错误有关的风险，制定有效措施，在实施工作和任务过程中有效落实这些措施，防止非预期结果的发生，如限制过长时间的工作、采取适当措施促进形成适宜的工作环境、提供适当的培训和指导、过程自动化、对关键信息要求双重电子准入、提供可用设备以避免使用错误工装、避免人员注意力分散、采取轮班制、要求提交前完整填写信息等。

k）实施放行、交付和交付后活动。"放行"（GB/T 19000—2016 标准中 3.12.7）是指"对进入一个过程的下一阶段或下一过程的许可"。"交付"是指向顾客的交付。应按 8.1.1 条中策划的安排对工作和任务过程和结果的放行、交付和交付后的活动进行控制，并按 8.5.5、8.6 和 8.7 条的要求实施。

▲ **实施要点**

1）根据工作和任务的性质、特点，确定需要对具体工作和任务的哪些过程、哪些条件加以控制，以及如何控制。确定的结果可体现在有关工作规范、操作规程、作业指导书等成文信息中。

2）按照确定的受控条件，实施工作和任务具体过程的控制。

▲ **审核要点**

1）通过与业务部门、单位工作人员交流及查阅有关成文信息，抽取不同类型的工作和任务或不同时期的相同类型的工作和任务，核查其确定的工作和任务受控条件与本条款要求的符合程度，以及与工作实际的符合程度。

2）通过现场观察及查阅有关成文信息，结合 8.5 其他条款的审核，核查按确定的工作和任务受控条件实施工作和任务过程控制的情况。

▲ **常见问题**

1）未针对工作和任务的性质、特点，明确需要加以控制的受控条件。

2）未按照确定的受控条件，实施工作和任务具体过程的控制，如未获得表述拟完成的工作和任务特性的成文信息、未获得和使用适宜的监视和测量资源、未在适当阶段实施监视和测量活动、未使用适宜的基础设施、未保持适宜的过程运行环境、未配备胜任的人员、未识别需要确认的过程、未对需要确认的过程实施过程能力确认、未采取有效措施防止人为错误、未实施放行、交付和交付后活动等。

标准条文

8.5.2　标识和可追溯性

　　需要时，发射场应采用适当的方法识别输出，以确保工作和任务符合要求。

　　发射场应在工作和任务的整个过程中按照监视和测量要求识别输出状态。

　　当有可追溯要求时，发射场应控制输出的唯一性标识，并应保留所需的成文信息以实现可追溯。

理解要点

1）本条旨在确保发射场利用标识和可追溯性，以便在整个工作和任务过程中能够确定可能受到潜在不合格输出影响的工作和任务。

本条规定了工作和任务过程输出的标识、监视和测量状态的标识、可追溯性标识的要求。标识的目的是防止错用、混用、非预期使用，防止发生指挥操作失误，以及在有追溯要求时能通过标识实现可追溯。进行标识和可追溯性的原因各不相同。

2）输出既可以是最终的工作和任务结果，也可以是某一过程的结果。标识的方法和手段取决于输出的特性。

发射场应根据工作和任务的性质，使用不同的方法识别输出。在选择标识方法时，应考虑为什么需要标识输出，在过程的哪个或哪些阶段进行标识以及如何标识。

可在工作和任务总结（报告）、检查评审报告、测试测量数据及处理结果报告、飞行试验结果分析报告、声像资料等成文信息中，以工作和任务名称、代号、阶段、场所、设备、人员、日期等内容标识相应过程的输出。

3）在工作和任务全过程的所有活动中监视和测量状态（结果）都必须能够被识别，以防止不同状态的混淆，尤其是防止误指挥、误操作、误使用。监视和测量状态可包括正常/异常、主用/备用、正式/备份、运行/停用、已测/待测、合格/不合格、开/关、安全等级等标识。

4）"可追溯性"（GB/T 19000—2016 标准中 3.6.13）是指"追溯客体的历史、应用情况或所处位置的能力"。

当对输出有可追溯性要求时，发射场应确保已标识的过程输出的相关成文信息得到保留并可获取。

可在工作和任务有关成文信息中标明工作和任务的内容、依据、阶段，原、辅材料的来源，所用设施设备、软件的名称、型号、规格、版本、编号，工作流程及有关参数设置、操作人员、检查人员、记录人员、地点、日期、时间、质量状态、环境条件，交付后分布和场所等，以实现可追溯性。

▲ 实施要点

1）在过程策划时，考虑过程输出的标识、监视和测量状态的标识、可追溯性标识的需要，确定适宜的标识方法。

2）在工作和任务中，按照策划的要求，实施过程输出的标识、监视和测量状态的标识、可追溯性标识。

▲ 审核要点

1）通过与业务部门、单位有关人员交流，结合现场观察，核查对过程输出的标识、监视和测量状态的标识、可追溯性标识规定的合理性。

2）通过现场观察，结合查阅有关成文信息，核查过程输出的标识、监视和测量状态的标识、可追溯性标识与规定及实际情况的符合性。

▲ 常见问题

1）过程输出的标识、监视和测量状态的标识、可追溯性标识的规定不够具体明确。

2）过程输出的标识、监视和测量状态的标识的实施不够全面、具体，如：标识在使用中消失而未按规定补加标识；产品分割、分装时，未按规定将标识转移至每一部分；当有有效期限限制时未做出有效期标识；不合格输出未加标识；标识与实际状态不符或标识错误等。

3）未保留可追溯性标识所需的成文信息，或成文信息内容不够全面、具体，如：标识不具有唯一性，无法追溯；印鉴、签署、记录不完整等。

▲ 标准条文

8.5.3　顾客或外部供方的财产

发射场应爱护在发射场控制下或发射场使用的顾客或外部供方的财产。

对发射场使用的或构成工作和任务一部分的顾客和外部供方财产，发射场应予以识别、验证、保护和防护。

若顾客或外部供方的财产发生丢失、损坏或发现不适用情况，发射场应向顾客或外部供方报告，并保留所发生情况的成文信息。

注：顾客或外部供方的财产可能包括材料、零部件、工具和设备以及场所、知识产权和个人资料。

▲ 理解要点

1）本条旨在确保对不属于发射场、但处于发射场控制下的财产得到保护。

2）顾客或外部供方的财产控制的范围是指在发射场控制下或发射场使用的顾客或外

部供方的财产。这些财产可能是有形的，也可能是无形的，如运载火箭、航天器及其备品、备件、附件、配套软件，运载火箭、航天器等研制、使用单位的测试设备、材料、工具、特种燃料、气体，运载火箭、航天器研制、使用单位生成或提供的图纸、资料等成文信息，知识产权，个人信息等。

3）应对顾客和外部供方的财产进行识别、验证，如清点数量，检查型号、规格、编号等，进行必要的检查、测试，履行交接手续，进行登记等。识别、验证根据顾客或外部供方的要求而有所不同。

4）在使用中应采取相应的保护和防护措施，按有关规定要求使用、维护顾客或外部供方财产，使其不受损失。所应采取的保护措施取决于财产的类型。

适用时，发射场应清晰地标识财产的所有者，并让发射场内的人员知晓。可在设备上进行标识，或在单独隔离区域保管顾客或外部供方财产，或限制对知识产权的访问等。

5）本条要求成文信息的目的是确保能够使用相关信息，以确保当顾客或外部供方的财产发生丢失、损坏或发现其他不适用或不可用的情况时，准确地告知顾客或外部供方。

🔺 实施要点

1）界定顾客或外部供方财产，明确管理要求。

2）按发射场规定或与顾客或外部供方的约定实施对其财产的识别、验证、保护和防护活动。未经顾客或外部供方同意，不得擅自处置其财产。

3）当顾客或外部供方的财产发生丢失、损坏或发现不适用情况时，应向顾客或外部供方报告，并保留所发生情况的成文信息。

🔺 审核要点

1）通过与业务部门、单位有关人员交流，结合查阅顾客或外部供方财产管理的成文信息及现场观察，了解发射场对顾客或外部供方财产的界定与工作实际的符合性情况。

2）通过查阅有关成文信息及现场观察，核查对顾客或外部供方财产识别、验证、保护和防护的情况。

3）通过与业务部门、单位有关人员交流，结合现场观察及查阅有关成文信息，核查顾客或外部供方的财产发生丢失、损坏或发现不适用情况的处理情况。

🔺 常见问题

1）顾客或外部供方的财产界定不够全面。

2）未按有关规定对顾客或外部供方的财产进行识别、验证、保护和防护。

3）顾客或外部供方的财产发生丢失、损坏或发现不适用情况时，未向顾客或外部供方报告，未保留所发生情况的成文信息。

▲ 标准条文

8.5.4　防护
　　发射场应在工作和任务中对输出进行必要的防护，以确保符合要求。
　　注：防护可包括标识、处置、污染控制、静电控制、包装、储存、传输或运输以及保护。

▲ 理解要点

1）本条旨在确保工作和任务实施期间的所有阶段，对输出进行必要的防护。

防护的对象是工作和任务的输出，包括工作和任务中间过程及最终过程的输出。防护的目的是确保输出符合要求。

2）发射场应确定那些可能变质或退化以及影响工作和任务符合性的输出，并采取适当的防护方法。防护的方法或措施可包括：

a）标识。建立并保持与工作和任务相适宜的防护标识，如防火、防磁、防静电、防倒置、防潮湿、防挤压、防碰撞、防振动、防雨淋、防光照、防触动、防高低温等标识。这里的标识是指对工作和任务输出防护的标识，不同于 8.5.2 条中工作和任务输出的标识。

b）处置。采取适当措施，保持输出状态，如经验证确认后冻结工作和任务状态，在金属零件表面涂防锈油进行油封处理等。

c）污染控制，如保持工作和任务环境的洁净度，采取隔离措施等。

d）静电控制，如选择适宜的材料，减小摩擦或接触频率，采取接地或释放静电等措施。

e）包装。选择使用有利于物资、设备、器材、媒介、原料等储存、搬运的包装方法和包装材料。

f）储存。提供与工作和任务输出特性相适宜的储存方式和条件，如温湿度、洁净度、防磁、防静电等。

g）传输和运输。使用适当的设备、传输或运输工具、方法和人员，必要时需要制定传输或运输方案的规程，以防止工作和任务的输出因传输或运输不当而受损。

h）保护。考虑外界各种环境可能造成的影响，采取适宜的防护措施，如防火、防雷、防磁、防尘、防静电、防倾倒、防污损、防潮湿、防高低温、防挤压、防碰撞、防振动、防雨淋、防光照、防锈蚀、防触动、防病毒、防泄密、防破坏、防遗失、防感染、防鼠、防虫咬等。

防护可以是上述一种或几种形式的组合。

▲ 实施要点

1）界定需要防护的对象，明确防护的范围、措施等要求。

2）在工作和任务过程中落实具体防护措施。

▲ 审核要点

1）通过与业务部门、单位有关人员交流，结合现场观察及查阅有关成文信息，核查防护对象界定的合理性，防护措施确定的适宜性情况。

2）通过与业务部门、单位有关人员交流，结合现场观察，核查防护措施确保工作和任务符合要求的情况。

▲ 常见问题

1）防护对象界定不够全面。

2）防护措施落实不到位，如标识缺失、处置不当、包装不适宜、储存条件不满足要求、保护不到位等。

▲ 标准条文

8.5.5　交付后的活动

发射场应满足与工作和任务相关的交付后活动的要求。

在确定所要求的交付后活动的覆盖范围和程度时，应考虑：

a）法律法规要求和其他要求；

b）与工作和任务相关的潜在不良的后果；

c）工作和任务的性质、使用和预期寿命；

d）顾客要求；

e）顾客反馈。

▲ 理解要点

1）本条旨在确保发射场在完成工作和任务后履行相关要求，认识到交付未必表明发射场所承担责任的终止。

2）在确定交付后活动时，发射场不仅应考虑已知的要求（如法律法规要求或顾客要求），还应考虑可能发生工作和任务与预期不符时，需要采取的进一步措施。若发射场没有考虑可能的或已经规定的交付后活动，则将导致增加顾客不满意或丢失潜在机遇的风险。

交付后活动的要求可以是顾客向发射场提出的要求，也可以是发射场向顾客做出的承诺，这些要求也是双方达成的合同或协议的一部分。在确定所要求的交付后活动的覆盖范围和程度时，应考虑：

a）法律法规要求和其他要求，如火箭残骸坠落对相关方造成损失的处理，应按相关法规要求进行赔偿等；

b）与工作和任务相关的潜在不良的后果，包括可能出现的质量问题，以及安全、环境问题，非预期使用产生的风险及需要的后续措施等；

c）工作和任务的性质、使用和预期寿命，如形成的规章制度、标准的使用，检查、测试的运用，设施设备的使用，工作报告、试验报告的利用等；

d）顾客对交付后活动的明确要求；

e）顾客正面评价、负面意见等的反馈。

▲ 实施要点

1）识别、明确发射场交付后活动的控制范围、控制要求。

2）按照确定的交付后活动的要求实施相应的交付后活动。

▲ 审核要点

1）通过与业务部门、单位有关人员交流，结合查阅相关成文信息，了解发射场有哪些交付后的活动，覆盖范围及程度是否考虑法律法规要求和其他要求，与工作和任务相关的潜在不良的后果，工作和任务的性质、使用和预期寿命，顾客要求及顾客反馈。

2）通过与业务部门、单位有关人员交流，结合现场观察及查阅相关成文信息，核查交付后活动的实施情况。

▲ 常见问题

1）未确定所要求的交付后活动的覆盖范围和程度。

2）未按要求实施交付后活动。

▲ 标准条文

8.5.6　变更控制

发射场应对工作和任务实施的变更进行必要的评审和控制，以确保持续地符合要求。这些变更包括（但不限于）：

a）工作和任务组织；

b）工作和任务条件；

c）基础设施、原辅材料；

d）工作和任务人员，包括劳动力；

e）工作和任务场所的位置和周边环境。

发射场应保留成文信息，包括有关变更评审的结果、授权进行变更的人员以及根据评审所采取的必要措施。

▲ 理解要点

1）本条旨在确保发射场对工作和任务实施期间发生的变更进行评审和控制，以符合策划期间所确定的要求（见 6.3、8.1.2）。

本条针对的是在工作和任务实施期间所进行的影响工作和任务符合要求及质量安全环境绩效的变更，包括临时性和永久性变更。

发射场在工作和任务实施过程中，可能会因为顾客要求或外部条件的变化（如外部供方延迟交付或质量问题、突发事件的出现），以及发射场自身因素（如工作和任务组织模式的变化、环境条件的变化、关键设施设备出现故障、劳动力或关键岗位人员的变化、多次出现不合格输出等），变更工作和任务的实施过程。这些变更既会涉及工作和任务质量，也可能会带来危险源、安全风险以及环境因素、环境影响的变化。

发射场应重点关注为处理工作和任务实施的变更所确定的措施，以确保工作和任务的输出持续符合适用的要求，包括符合质量、安全、环境管理各方面的要求。

变更控制的需求可能是策划（见 6.3、8.1.2）的输出。

在特定情况下，变更的实施结果可以作为设计和开发活动的输入（见 8.3.1 和 8.3.6）。

2）发射场应通过控制工作和任务实施期间的变更，评审所采取的措施，以及评审这些措施如何影响为符合 8.5.1 条所实施的控制，确保工作和任务实施的完整性得到保持。

对变更评审的内容参见 8.2.3.1 条的有关要求。

变更控制的典型活动包括对变更进行必要的评审、按规定审批变更、实施前的验证和确认、保留有关成文信息等，确保实施 8.2.4 条要求的措施。

3）发射场应确定拟保留的成文信息及其保留方式，如评审活动的会议纪要、验证和确认的结果、对变更的描述、授权进行变更的人员的详细情况等。

▲ 实施要点

1）明确变更控制的范围、职责、权限、程序等要求。

2）按策划的变更控制要求，进行必要的评审和控制。

3）落实 5.4e）9）条款的要求，安排非管理类工作人员参与变更的控制。

4）保留有关变更评审的结果、授权进行变更的人员以及根据评审所采取必要措施的成文信息。

▲ 审核要点

1）通过与业务部门、单位有关人员交流，结合查阅有关成文信息，了解明确对工作和任务实施变更的控制要求的情况。

2）通过与业务部门、单位有关人员交流，结合现场观察及查阅有关成文信息，了解有无工作和任务实施的变更情况。如有变更，核查变更的评审、控制、保留有关成文信息的情况。

▲ 常见问题

1）未充分识别工作和任务的变更。

　　2）未按要求控制工作和任务实施的变更，如未识别变更、未进行评审、未落实控制措施、未保留有关成文信息等。

3.8.6　工作和任务的放行

标准条文

8.6　工作和任务的放行

　　发射场应在适当阶段实施策划的安排，以验证工作和任务的要求已得到满足。

　　除非得到有关授权人员的批准，适用时得到顾客的批准，否则在策划的安排已圆满完成之前，不应向顾客放行、交付工作和任务。

　　发射场应保留有关工作和任务放行、交付的成文信息，包括：

　　a）符合接收准则的证据；

　　b）可追溯到授权放行人员的信息。

理解要点

　　1）本条旨在确保在放行、交付工作和任务之前，符合所有的适用要求（见8.1.1）。

　　2）验证应根据8.1.1、8.5.1条中策划的有关安排，以及8.3.5条明确的准则实施，包括考虑以下方面：

　　a）验证的对象、时机，即何时需要对哪些工作和任务、过程特性进行验证。

　　b）验证准则，即验证的依据是什么，如评审标准、验收细则、协议要求等。

　　c）验证方法，即用什么方法进行验证，如技术、方法、试验方案等。

　　d）验证的人员，即验证人员能力要求及授权，包括哪些人员参加、需要具备哪些能力、对其授权的要求等。

　　e）放行的授权，即谁有权力决定工作和任务实施过程已经完成，可以放行或交付给顾客。决定此事的人员应得到发射场的授权并具备判断的能力。可在有关规章制度、标准中明确有权放行人员的职责和权限。

　　f）需保留的成文信息，即验证、放行需要形成什么样的证据，如评审报告、验收纪要等，这些证据应能证实工作和任务是否符合规定的要求，清楚地指明有权放行的人员。

　　3）通常情况下，在所有策划安排的验证活动没有得以完成并获得符合要求的结果之前，不得向顾客放行、交付工作和任务。

　　如果因特殊情况需要在策划的安排完成之前放行、交付，必须得到有关授权人员的批准，在某些情况下，可能要得到顾客的批准。

　　发射场应对需要获得顾客批准的情况，考虑建立准则。在这种情况下，可以应用8.7条中对不合格输出的要求。

▲ **实施要点**

1) 按照策划的安排实施工作和任务的放行工作。例外放行时应得到有关授权人员的批准，适用时得到顾客的批准。

2) 保留有关工作和任务放行、交付的成文信息。

▲ **审核要点**

1) 通过与业务部门、单位有关人员交流，结合现场观察及查阅放行策划、实施的成文信息，核查按照策划的安排实施工作和任务放行、交付的情况，包括是否得到有关授权人员的批准，适用时得到顾客的批准，策划的安排是否已圆满完成等。

2) 通过与业务部门、单位有关人员交流，结合现场观察及查阅有关成文信息，核查例外放行的控制情况。

3) 核查有关工作和任务放行、交付的成文信息的保留情况，包括符合接收准则的证据，可追溯到授权放行人员的信息。

▲ **常见问题**

1) 未依据策划的安排实施工作和任务的放行控制，如放行的时机与策划不一致、验证的标准与准则不符、放行人员未经授权等。

2) 例外放行未得到有关授权人员的批准，适用时得到顾客的批准。

3) 未保留有关工作和任务放行、交付的成文信息，或者保留的成文信息不够全面。

3.8.7 不合格输出的控制

▲ **标准条文**

8.7 不合格输出的控制

8.7.1 发射场应确保对不符合工作和任务要求的输出进行识别和控制，以防止非预期的使用或交付。

发射场应根据不合格的性质及其对工作和任务符合性的影响采取适当措施。这也适用于在工作和任务过程中或交付之后发现的不合格输出。

发射场应通过下列一种或几种途径处置不合格输出：

a) 纠正；

b) 隔离、限制、更换或暂停工作和任务；

c) 告知顾客；

d) 获得让步接收的授权。

对不合格输出进行纠正之后应验证其是否符合要求。

8.7.2 发射场应保留下列成文信息：

---

　　a）描述不合格；

　　b）描述所采取的措施；

　　c）描述获得的让步；

　　d）识别处置不合格的授权。

理解要点

　　1）本条旨在确保在工作和任务实施的所有阶段，防止非预期地使用或交付不合格输出，确保保留与不合格及其处置有关的成文信息。

　　2）"不合格"（GB/T 19000—2016 标准中 3.6.9）是指"未满足要求"。

　　不合格输出既包括发射场最终提供给顾客的工作和任务结果的不合格，也包括发射场在工作和任务过程中阶段性结果的不合格，涉及工作和任务活动中各种类型的不合格，如组织计划、设计开发、指挥操作等方面的不合格。

　　3）在确定不合格输出后，发射场应基于其对工作和任务符合性的影响采取适当措施。

　　根据不合格输出的性质和影响程度的不同，对不合格输出的处置可采取以下适用的一种或几种方法：

　　a）纠正。采取措施，消除已经出现的不合格输出，如返工、返修。

　　b）隔离、限制、更换或暂停工作和任务。"隔离"是把不合格输出明显区分开的措施。"限制"是指防止不合格输出用以原来用途的措施，可以降级或改作他用。"更换"是用合格输出替换不合格输出的措施。"暂停"是维持现状避免扩大不良影响的措施，待分析研究后进一步确定解决措施。

　　c）告知顾客。基于不合格输出的严重程度或顾客要求，通知顾客。若不合格输出已经交付，则可由顾客采取措施，或由发射场和顾客共同采取有效应对措施。

　　d）获得让步接收的授权。"让步"（GB/T 19000—2016 标准中 3.12.5）是指"对使用和放行不符合规定要求的产品或服务的许可"。让步使用、放行或接收不合格的输出，在发射场内须得到有关授权人员的批准，在有约定的情况下还需要得到顾客的批准。

　　若需要采取进一步措施（如预防再发生），需要应用纠正措施的要求（见 10.2）。

　　本条中放行、让步接收的对象是不合格输出，8.6 条中放行、让步接收的对象是未按策划的安排完成的输出。

　　4）对不合格输出采取适当处置措施后，应对其再次进行验证，以证实其是否符合规定的要求或使用要求。

　　5）发射场应保留有关不合格输出控制的成文信息，包括以下方面的细节：

　　a）描述不合格，包括不合格性质、特征和类型，便于判断其已经造成的影响和后续影响的严重程度；

　　b）描述所采取的措施，见 8.7.1 条中的有关措施；

　　c）描述获得的让步，如发射场研究确定的让步意见，与顾客达成的具体协议等；

　　d）识别处置不合格的授权，成文信息应可以追溯到对采取相关措施实施判断和决定的授权人。

不合格输出控制的成文信息可以是问题或故障的情况报告、归零报告、案例汇编等。

保留有关以上内容的成文信息可以帮助发射场实现过程的改进和优化，调整有关过程控制，将信息传达给相关人员，以及用作不符合趋势分析的依据。

实施要点

1) 明确不合格输出的控制要求，包括职责、权限，处置程序、方式、要求，纠正后验证的要求，保留成文信息的要求等。

2) 按照不合格输出的控制要求实施控制。

审核要点

1) 通过与业务部门、单位有关人员交流，结合现场观察及查阅不合格输出控制的有关规定，了解发射场对不合格输出的界定是否准确、合理。

2) 通过与业务部门、单位有关人员交流，结合现场观察及查阅保留的对不合格输出控制的有关成文信息，了解有无不合格输出发生，是何种类型的不合格，核查是否正确识别不合格输出，对不合格输出的控制是否合理及符合有关规定，以及保留不合格输出控制的成文信息的情况。

常见问题

1) 未正确识别不合格输出。

2) 未按规定处置不合格输出，如未进行纠正、未告知顾客、未获得让步授权、纠正后未验证等。

3) 未保留不合格输出控制的成文信息。

3.8.8 应急准备和响应

标准条文

8.8 应急准备和响应

发射场应建立、实施并保持对 6.1.1 中识别的潜在紧急情况进行应急准备并做出响应所需的过程，包括：

    a) 通过策划的措施做好响应紧急情况的准备，包括提供急救，以预防或减轻它所带来的不利影响；

    b) 为所策划的响应提供培训；

    c) 定期测试和演练所策划的响应能力；

    d) 对实际发生的紧急情况做出响应；

    e) 根据紧急情况和潜在影响的程度，采取相适应的措施以预防或减轻紧急情况带来的后果；

f) 定期评审并修订过程和策划的响应措施，特别是发生紧急情况后或进行测试后；

g) 与所有工作人员沟通并提供与其义务和职责有关的信息；

h) 与承包方、访问者、应急响应服务机构、政府部门、当地社区（适当时）沟通相关信息；

i) 必须考虑所有有关相关方的需求和能力，适当时确保其参与制定所策划的响应。

发射场应保持和保留关于响应潜在紧急情况的过程和计划的成文信息，以确信过程能按策划得到实施。

▲ **理解要点**

1）本条旨在确保发射场建立、实施和保持应急准备和响应所需的过程，以预防和减轻潜在紧急情况可能造成的不利影响。

2）严格意义上讲，应急准备和应急响应是两个概念。应急准备是针对可能发生的紧急情况，为迅速有效地开展应急行动而预先所做的各种准备。应急准备的要求常以应急预案、程序或计划等形式表现。应急响应是在紧急情况发生的状态下启动应急预案、程序或计划，采取应急响应行动，处理紧急情况及其产生的后果，以防止或减轻对质量、安全、环境和对发射场的不利影响。

3）发射场应区分6.1.1中识别的质量、安全、环境方面的紧急情况，以及紧急情况的性质、程度、位置、场所等不同情况，合理地预见可能的事件及可能产生的质量、安全、环境影响，针对不同紧急情况建立相应的应急准备和响应过程。有的紧急情况可能同时导致质量、安全、环境中两个以上方面的不利影响，此类情况应在建立应急准备和响应过程时同时考虑质量、安全、环境方面不同的处置要求，避免顾此失彼。应急准备和响应措施通常以应急预案、应急程序或计划的形式体现。

《突发事件应急预案管理办法》中第六条明确："应急预案按照制定主体划分，分为政府及其部门应急预案、单位和基层组织应急预案两大类。"第七条明确："政府及其部门应急预案由各级人民政府及其部门制定，包括总体应急预案、专项应急预案、部门应急预案等。"《生产安全事故应急预案管理办法》中第六条明确："生产经营单位应急预案分为综合应急预案、专项应急预案和现场处置方案。"

发射场应以确保应急准备要求和应急响应措施能够被充分理解和被有效执行为基本原则，结合实际构建包括综合应急预案、专项应急预案和现场处置方案的应急预案体系，策划保持有关成文信息的需求。

4）应急预案的建立还应考虑符合相关法律法规的要求，如：

《中华人民共和国消防法》第十六条规定："机关、团体、企业、事业等单位应当履行下列消防安全职责：（一）落实消防安全责任制，制定本单位的消防安全制度、消防安全操作规程，制定灭火和应急疏散预案。"

《中华人民共和国特种设备安全法》第三十四条规定："特种设备使用单位应当建立岗位责任、隐患治理、应急救援等安全管理制度，制定操作规程，保证特种设备安全运行。"

第六十九条规定："特种设备使用单位应当制定特种设备事故应急专项预案，并定期进行应急演练。"

《中华人民共和国职业病防治法》第二十条规定："用人单位应当采取下列职业病防治管理措施：（六）建立、健全职业病危害事故应急救援预案。"

《中华人民共和国固体废物污染环境防治法》第八十五条规定："产生、收集、贮存、运输、利用、处置危险废物的单位，应当依法制定意外事故的防范措施和应急预案，并向所在地生态环境主管部门和其他负有固体废物污染环境防治监督管理职责的部门备案。"

《危险化学品安全管理条例》第七十条规定："危险化学品单位应当制定本单位危险化学品事故应急预案，配备应急救援人员和必要的应急救援器材、设备，并定期组织应急救援演练。"

《医疗废物管理条例》第八条规定："医疗卫生机构和医疗废物集中处置单位，应当制定与医疗废物安全处置有关的规章制度和在发生意外事故时的应急方案。"

《突发环境事件应急管理办法》第十三条规定："企业事业单位应当按照国务院环境保护主管部门的规定，在开展突发环境事件风险评估和应急资源调查的基础上制定突发环境事件应急预案，并按照分类分级管理的原则，报县级以上环境保护主管部门备案。"

GA 1131—2014《仓储场所消防安全管理通则》中12.2条规定："石油库的消防应急预案应按照'一罐一案'的要求制定，根据不同油品的火灾危险性制定相应对策，包括库区现有的消防设施器材用量、油库物料的转移、现场警戒等内容，并将区域内消防联防力量及附近可以调用或共用的水源纳入预案中，与消防联防力量之间应建立有效的无线通讯指挥体系。"

5）应急预案的编制可参考 GB/T 29639《生产经营单位生产安全事故应急预案编制导则》、GB/T 38315《社会单位灭火和应急疏散预案编制及实施导则》、GB/T 33942《特种设备事故应急预案编制导则》、GJB 7348《航天发射试验突发事件应急预案要求》，以及《企业突发环境污染事故应急预案编制指南》《危险化学品事故应急救援预案编制导则（单位版）》等文件中的有关要求，考虑如下方面内容：

a）负责应急准备和应急响应所需的组织机构、人员和职责。

b）紧急情况可能产生的质量、安全、环境影响的类型及其严重程度。不仅应考虑到紧急情况产生的初始质量、安全、环境影响，还应考虑到由于响应初始质量、安全、环境影响而可能导致的二次质量、安全、环境影响。

c）响应紧急情况的最适当的步骤和方法。

d）为使质量、安全、环境影响最小化所需采取的措施。

e）可能发生紧急情况的场所中储存或使用的有害物质、能量物质的性质，以及在泄漏或意外释放时应采用的科学处理方法。

f）应对不利自然因素或邻近设施设备故障诱发的紧急情况或事故的措施。

g）应急准备和响应所需物资及设施设备的配置、提供与维护。

h）内部监测资源的配备、提供与维护，外部监测资源的获取。

i) 参与应急准备和响应的所有相关方所需的知识、技能和培训。

j) 涉及应急准备和响应的内部和外部信息交流过程。

k) 内、外部有关机构和关键人员的名录及联络方式。

l) 外部救援计划，如对应急服务机构、相邻组织或居民等有关相关方的需求。

m) 现场应急疏散与救援方案。

n) 事故的信息通报。

o) 环境状况的应急修复或恢复。

p) 紧急情况后的评估过程，包括对环境和对发射场影响的评估，对原策划的应急响应措施的评价，以及对实施纠正和预防措施的安排。

q) 应急响应程序、预案或计划及其措施的试验、评审，以及对实施改进措施的安排。

6）发射场应根据有关法律法规要求，结合实际明确对应急准备和响应措施定期测试的要求及对应急准备和响应措施定期评审的要求。可行时，应定期测试所策划的响应措施，并让有关相关方适当参与其中。必要时修订过程和策划的响应措施，特别是发生紧急情况后或进行测试后。

《中华人民共和国消防法》第二十条规定："举办大型群众性活动，承办人应当依法向公安机关申请安全许可，制定灭火和应急疏散预案并组织演练，明确消防安全责任分工，确定消防安全管理人员，保持消防设施和消防器材配置齐全、完好有效，保证疏散通道、安全出口、疏散指示标志、应急照明和消防车通道符合消防技术标准和管理规定。"

《突发环境事件应急管理办法》第十五条规定："突发环境事件应急预案制定单位应当定期开展应急演练，撰写演练评估报告，分析存在问题，并根据演练情况及时修改完善应急预案。"

▲ 实施要点

1）建立、实施和保持应急准备和响应所需的过程，明确发射场应急准备和响应有关部门的职责、权限，应急预案体系构成、内容要求，以及定期测试和演练、评审等要求。

在建立、实施和保持应急准备和响应所需的过程时，应落实5.4e）9）条款的要求，安排非管理类工作人员参与。

2）建立各类紧急情况的各级预案体系，按照应急预案要求做好物资、设备、人员等方面的准备工作，使所有相关方掌握应急预案的有关要求。

3）定期组织应急准备和响应措施的测试和演练、评审。

4）保留必要的成文信息，以确信过程按策划予以实施。

▲ 审核要点

1）通过与业务部门、单位有关人员交流，结合现场观察及查阅应急准备和响应的有关成文信息，核查建立的应急准备和响应所需的过程与6.1.1条中识别的紧急情况的协调性及与本条款要求的符合性情况。

2）通过查阅应急预案等成文信息，结合现场观察，核查有关应急准备和响应物资、设备等的准备情况。

3）通过与有关工作人员交流，核查其对有关应急准备和响应措施的了解掌握、实际能力情况。

4）通过与有关工作人员交流，了解有无实际采取应急措施情况，如有，核查应急措施实际运用情况。

5）通过查阅有关成文信息，核查对有关应急准备和响应措施定期测试和演练、评审及完善措施的情况。

常见问题

1）未按照本条款及有关法律法规要求建立应急准备和响应所需的过程。

2）应急准备和响应措施内容不够协调、全面，如总体预案、专项预案、现场处置方案内容不够协调，未考虑有关相关方的需求，未考虑环境状况的应急修复或恢复，未明确如何定期测试、评审等。

3）实际配备的应急准备和响应物资与策划的应急物资不符或应急物资不能正常使用。

4）有关工作人员对有关应急准备和响应措施了解掌握不够。

5）未对有关应急准备和响应措施进行定期测试和演练、评审，未及时修订应急程序、预案。

3.9　绩效评价

3.9.1　监视、测量、分析和评价

标准条文

9　绩效评价

9.1　监视、测量、分析和评价

9.1.1　总则

发射场应建立、实施和保持监视、测量、分析和评价绩效的过程。

发射场应确定：

a）需要监视和测量的内容，包括（但不限于）以下方面：

1）工作和任务的实施情况；

2）满足顾客要求、法律法规要求和其他要求的程度；

3）与所辨识的危险源、风险和机遇相关的活动和运行；

4）与所识别的环境因素相关的活动和运行；

5）实现目标的进展情况；

6）过程绩效，包括运行控制和其他控制的有效性；

7）本标准其他条款中要求的监视、测量。

b）适用时的监视、测量、分析和评价的方法，以确保结果有效；

c）评价其质量安全环境绩效所依据的准则和适当的参数；

d）实施监视和测量的时机；

e）监视和测量的主体；

f）对监视和测量的结果进行分析、评价和沟通的时机；

g）对监视和测量的结果进行分析和评价的主体。

发射场应评价其质量安全环境绩效并确定一体化管理体系的有效性。

发射场应按其应遵守的法律法规要求和其他要求及其建立的信息交流过程，就有关质量安全环境绩效的信息进行内部和外部信息交流。

发射场应保留适当的成文信息，作为监视、测量、分析和评价绩效的结果的证据。

⚑ 理解要点

1）本章旨在确保发射场对其质量安全环境绩效及一体化管理体系的有效性进行评价，以保持一体化管理体系的适宜性、充分性和有效性。

本条旨在确保发射场开展监视、测量、分析和评价活动，以使发射场确定是否正在实现预期结果。

2）本章的绩效评价过程是 PDCA 循环中所描述的检查（C）过程，是 PDCA 循环中承上启下的过程。相对而言，"9.1 监视、测量、分析和评价"更为强调针对一体化管理体系过程和活动的运行是否满足要求及目标实现的情况进行检查；"9.2 内部审核"则强调检查一体化管理体系整体的符合性和有效性；"9.3 管理评审"主要强调针对发射场的内外部环境变化情况、持续改进的要求，评审一体化管理体系的持续的适宜性、充分性和有效性。

本条是"监视、测量、分析和评价"的总体要求，要求发射场确定需要监视和测量的内容，及用于评价绩效和有效性的方法，包括监视、测量、分析和评价的对象、方法和时机，以确保监视、测量、分析和评价活动的有效性。

3）监视的主要目的是获取客体的状态信息，可包含持续地检查、监督、严格观察或确定状态，以便识别所要求的或所期望的绩效水平的变化。监视可适合于管理体系、过程或控制。

测量的主要目的是获取客体的量值信息，通常涉及对目标或事件赋值，需要使用测量设备。

通过实施恰当的监视、测量活动，可以及时发现客体可能存在或发生的波动、不良信息或不期望发生的状况，从而及时采取相应措施，确保被监视、测量的客体处于正常状态以及符合预期要求。

分析是检查数据以揭示关系、模式和趋势的过程。

绩效评价是为确定主题事项在实现所制定的目标方面的适宜性、充分性和有效性所开展的一项活动。

4）对监视、测量、分析和评价活动进行策划的目的是为确保监视、测量、分析和评价活动的有效性。本条款只提出了监视、测量、分析和评价的要求，并没给出具体的监视和测量方法。因此，发射场应对这些活动事先进行策划，策划得越周密，实施效果就会越好。发射场应根据自身的实际情况和需要、工作和任务的性质和特点来策划以下内容：

a）需要监视、测量的项目和内容，包括但不限于以下方面：

ⅰ）工作和任务的实施情况。对工作和任务过程及最终结果进行监视、测量，如工作和任务实施的控制（见 8.5.1）、不合格输出的控制（见 8.7）等。

ⅱ）满足顾客要求、法律法规要求和其他要求的程度。对满足 8.2.3 条确定的顾客要求、6.1.5 条确定的法律法规要求和其他要求的程度进行监视、测量，如顾客满意（见9.1.2）、合规性评价（见 9.1.3）。

ⅲ）与所辨识的危险源、风险和机遇相关的活动和运行。对与 6.1.3 条中辨识出的危险源、风险和机遇相关的活动和运行，包括如何有效防范风险、充分利用机遇等情况进行监视、测量。

ⅳ）与所识别的环境因素相关的活动和运行。对与 6.1.4 条中识别出的环境因素相关的活动和运行的情况进行监视、测量。

ⅴ）实现目标的进展情况。对质量、安全、环境目标的实现情况进行监视、测量（见6.2.1）。

ⅵ）过程绩效，包括运行控制和其他控制的有效性。对一体化管理体系各过程、工作和任务实施过程及安全、环境等运行控制的有效性进行监视、测量。

对于法律法规有明确要求的监视、测量，应符合其相关规定，如：

《机关、团体、企业、事业单位消防安全管理规定》第二十六条要求："机关、团体、事业单位应当至少每季度进行一次防火检查，其他单位应当至少每月进行一次防火检查。检查的内容应当包括：（一）火灾隐患的整改情况以及防范措施的落实情况；（二）安全疏散通道、疏散指示标志、应急照明和安全出口情况；（三）消防车通道、消防水源情况；（四）灭火器材配置及有效情况；（五）用火、用电有无违章情况；（六）重点工种人员以及其他员工消防知识的掌握情况；（七）消防安全重点部位的管理情况；（八）易燃易爆危险物品和场所防火防爆措施的落实情况以及其他重要物资的防火安全情况；（九）消防（控制室）值班情况和设施运行、记录情况；（十）防火巡查情况；（十一）消防安全标志的设置情况和完好、有效情况；（十二）其他需要检查的内容。"

GA 1131—2014《仓储场所消防安全管理通则》5.1.2 条要求："防火检查应包括以下内容：a）各项消防安全制度和消防安全操作规程的执行和落实情况；b）防火巡查、火灾隐患整改措施落实情况；c）安全员消防知识掌握情况；d）室内仓储场所是否设置办公室、员工宿舍；e）物品入库前是否经专人检查；f）储存物品是否分类、分组和分堆（垛）存放，防火间距是否满足要求，是否存放影响消防安全的物品等；g）火源、电源管理情况，用火、用电有无违章；h）消防通道、安全出口、消防车通道是否畅通，是否有明显的安全标志；i）消防水源情况，灭火器材配置及完好情况，消防设施有无损坏、停用、埋压、遮挡、圈占等影响使用情况；j）其他需要检查的内容。"

《用人单位职业病危害因素定期检测管理规范》第四条要求："用人单位应当建立职业病危害因素定期检测制度，每年至少委托具备资质的职业卫生技术服务机构对其存在职业病危害因素的工作场所进行一次全面检测。"

法律法规规定的需要监测的项目如废水、废气中的污染因子和噪声的定期监测等。

vii）在确定需要监视、测量的内容时，应考虑本标准其他条款中要求采取的措施，如"9.1.4分析与评价""9.3.2管理评审输入"中所需的监视、测量结果等。一体化管理体系标准中有关监视、测量、分析和评价的条款如下：

· GB/T 19001—2016标准中有关监视、测量、分析和评价的条款见表3-19。

表3-19　GB/T 19001—2016标准中有关监视、测量、分析和评价的条款

序号	监视、测量、分析和评价要求	GB/T 19001—2016条款
1	组织应对这些外部和内部因素的相关信息进行监视和评审	4.1
2	组织应监视和评审这些相关方的信息及其相关要求	4.2
3	组织应策划：b）如何：2）评价这些措施的有效性	6.1.2
4	质量目标应：e）予以监视	6.2.1
5	策划如何实现质量目标时，组织应确定：e）如何评价结果	6.2.2
6	当要求测量溯源时，或组织认为测量溯源是信任测量结果有效的基础时，测量设备应：a）对照能溯源到国际或国家标准的测量标准，按照规定的时间间隔或在使用前进行校准和（或）检定	7.1.5.2
7	组织应：c）适用时，采取措施以获得所需的能力，并评价措施的有效性	7.2
8	在创建和更新成文信息时，组织应确保适当的：c）评审和批准，以保持适宜性和充分性	7.5.2
9	组织应控制策划的变更，评审非预期变更的后果，必要时，采取措施减轻不利影响	8.1
10	组织应确保有能力向顾客提供满足要求的产品和服务。在承诺向顾客提供产品和服务之前，组织应对如下各项要求进行评审	8.2.3.1
11	在确定设计和开发的各个阶段和控制时，组织应考虑：b）所需的过程阶段，包括适用的设计和开发评审；c）所需的设计和开发验证、确认活动	8.3.2
12	组织应对设计和开发过程进行控制，以确保：b）实施评审活动，以评价设计和开发的结果满足要求的能力；c）实施验证活动，以确保设计和开发输出满足输入的要求；d）实施确认活动，以确保形成的产品和服务能够满足规定的使用要求或预期用途	8.3.4
13	组织应对产品和服务在设计和开发期间以及后续所做的更改进行适当的识别、评审和控制，以确保这些更改对满足要求不会产生不利影响	8.3.6
14	组织应与外部供方沟通以下要求：e）组织使用的对外部供方绩效的控制和监视；f）组织或其顾客拟在外部供方现场实施的验证或确认活动	8.4.3
15	适用时，受控条件应包括：c）在适当阶段实施监视和测量活动，以验证是否符合过程或输出的控制准则以及产品和服务的接收准则	8.5.1
16	组织应在生产和服务提供的整个过程中按照监视和测量要求识别输出状态	8.5.2
17	对组织使用的或构成产品和服务一部分的顾客和外部供方财产，组织应予以识别、验证、保护和防护	8.5.3
18	组织应对生产或服务提供的更改进行必要的评审和控制，以确保持续地符合要求	8.5.6

续表

序号	监视、测量、分析和评价要求	GB/T 19001—2016 条款
19	组织应在适当阶段实施策划的安排,以验证产品和服务的要求已得到满足	8.6
20	组织应确保对不符合要求的输出进行识别和控制,以防止非预期的使用或交付	8.7.1
21	对不合格输出进行纠正之后应验证其是否符合要求	8.7.1
22	组织应确定:a)需要监视和测量什么;b)需要用什么方法进行监视、测量、分析和评价,以确保结果有效;c)何时实施监视和测量;d)何时对监视和测量的结果进行分析和评价	9.1.1
23	组织应评价质量管理体系的绩效和有效性	9.1.1
24	组织应监视顾客对其需求和期望已得到满足的程度的感受。组织应确定获取、监视和评审该信息的方法	9.1.2
25	组织应分析和评价通过监视和测量获得的适当的数据和信息	9.1.3
26	组织应按照策划的时间间隔进行内部审核	9.2.1
27	最高管理者应按照策划的时间间隔对组织的质量管理体系进行评审	9.3.1
28	评审所采取的纠正措施的有效性	10.2.1

· GB/T 45001—2020 标准中有关监视、测量、分析和评价的条款见表 3 - 20。

表 3 - 20　GB/T 45001—2020 标准中有关监视、测量、分析和评价的条款

序号	监视、测量、分析和评价要求	GB/T 45001—2020 条款
1	组织应:d)强调与非管理类工作人员在如下方面的协商:7)确定所需监视、测量和评价的内容(见 9.1)	5.4
2	在策划过程中,组织应结合组织及其过程或职业健康安全管理体系的变更来确定和评价与职业健康安全管理体系预期结果有关的风险和机遇	6.1.1
3	组织应建立、实施和保持过程,以:a)评价来于已辨识的危险源的职业健康安全风险,同时必须考虑现有控制的有效性;b)确定和评价与建立、实施、运行和保持职业健康安全管理体系相关的其他风险	6.1.2.2
4	组织应建立、实施和保持过程,以评价:a)提升职业健康安全绩效的职业健康安全机遇;b)改进职业健康安全管理体系的其他机遇	6.1.2.3
5	组织应策划:b)如何:2)评价这些措施的有效性	6.1.4
6	职业健康安全目标应:d)得到监视	6.2.1
7	在策划如何实现职业健康安全目标时,组织应确定:e)如何评价结果,包括用于监视的参数	6.2.2
8	组织应:c)在适用时,采取措施以获得和保持所必需的能力,并评价所采取措施的有效性	7.2
9	创建和更新文件化信息时,组织应确保适当的:c)评审和批准,以确保适宜性和充分性	7.5.2
10	组织应评审非预期性变更的后果,必要时采取措施,以减轻任何不利影响	8.1.3
11	为了对 6.1.2.1 中所识别的潜在紧急情况进行应急准备并做出响应,组织应建立、实施和保持所需的过程,包括:d)评价绩效,必要时(包括在测试之后,尤其是在紧急情况发生之后)修订所策划的响应	8.2
12	组织应建立、实施和保持用于监视、测量、分析和评价绩效的过程	9.1.1

续表

序号	监视、测量、分析和评价要求	GB/T 45001—2020 条款
13	组织应评价其职业健康安全绩效并确定职业健康安全管理体系的有效性	9.1.1
14	组织应建立、实施和保持用于对法律法规要求和其他要求(见6.1.3)的合规性进行评价的过程	9.1.2
15	组织应按策划的时间间隔实施内部审核	9.2.1
16	最高管理者应按策划的时间间隔对组织的职业健康安全管理体系进行评审	9.3
17	当事件或不符合发生时,组织应:f)评审任何所采取措施的有效性,包括纠正措施	10.2

· GB/T 24001—2016 标准中有关监视、测量、分析和评价的条款见表 3-21。

表 3-21　GB/T 24001—2016 标准中有关监视、测量、分析和评价的条款

序号	监视、测量、分析和评价要求	GB/T 24001—2016 条款
1	组织应策划:b)如何:2)评价这些措施的有效性(见9.1)	6.1.4
2	环境目标应:c)得到监视	6.2.1
3	策划如何实现环境目标时,组织应确定:e)如何评价结果,包括用于监视实现其可度量的环境目标的进程所需的参数(见9.1.1)	6.2.2
4	组织应:d)适用时,采取措施以获得所必需的能力,并评价所采取措施的有效性	7.2
5	创建和更新文件化信息时,组织应确保适当的:c)评审和批准,以确保适宜性和充分性	7.5.2
6	组织应:e)定期评审并修订过程和策划的响应措施,特别是发生紧急情况后或进行试验后	8.2
7	组织应监视、测量、分析和评价其环境绩效	9.1.1
8	组织应评价其环境绩效和环境管理体系的有效性	9.1.1
9	组织应建立、实施并保持评价其合规义务履行状况所需的过程	9.1.2
10	组织应按计划的时间间隔实施内部审核	9.2.1
11	最高管理者应按计划的时间间隔对组织的环境管理体系进行评审	9.3
12	发生不符合时,组织应:d)评审所采取的任何纠正措施的有效性	10.2

· 一体化管理体系标准中有关监视、测量、分析和评价的条款见表 3-22。

表 3-22　一体化管理体系标准中有关监视、测量、分析和评价的条款

序号	监视、测量、分析和评价要求	一体化管理体系条款
1	发射场应监视和评审这些外部和内部因素的相关信息	4.1
2	发射场应监视和评审相关方的信息及其相关要求	4.2
3	发射场应:d)强调与非管理类工作人员在如下方面的协商:7)确定所需监视、测量和评价的内容(见9.1)	5.4
4	在策划过程中,应结合发射场及其过程或一体化管理体系的变更来确定和评价与一体化管理体系预期结果有关的风险和机遇	6.1.1.1
5	发射场应建立、实施和保持质量风险评估过程	6.1.2
6	安全风险和安全管理体系的其他风险的评价	6.1.3.2

续表

序号	监视、测量、分析和评价要求	一体化管理体系条款
7	安全机遇和安全管理体系的其他机遇的评价	6.1.3.3
8	发射场应策划:b)如何:2)评价这些措施的有效性(见 9.1)	6.1.6
9	发射场应确定:e)如何评价结果,包括用于监视实现其可度量的目标的进程所需的参数(见 9.1.1)	6.2.2
10	目标应:e)得到监视	6.2.1
11	发射场应:c)对需要控制的环境物理因素,应保留监视、测量、控制和改进的成文信息	7.1.4
12	当要求测量溯源时,或认为测量溯源是信任测量结果有效的基础时,测量设备应:a)对照能溯源到国际或国家标准的测量标准,按照规定的时间间隔或在使用前进行校准和(或)检定	7.1.5.2
13	发射场应:d)适用时,采取措施以获得和保持所需的能力,并评价所采取措施的有效性	7.2
14	在创建和更新成文信息时,发射场应确保适当的:c)评审和批准,以确保适宜性和充分性	7.5.2
15	发射场应评审非预期性变更的后果,必要时采取措施,以减轻任何不利影响,确保持续地符合要求	8.1.2
16	发射场应确保有能力完成承担的工作和任务。在承诺能够完成工作和任务之前,发射场应对如下各项要求进行评审	8.2.3.1
17	在确定设计和开发的各个阶段和控制时,发射场应考虑:b)所需的过程阶段,包括适用的设计和开发评审;c)所需的设计和开发验证、确认活动	8.3.2
18	发射场应对设计和开发输入的充分性和适宜性进行评审	8.3.3
19	发射场应对设计和开发过程进行控制,以确保:b)实施评审活动,以评价设计和开发的结果满足要求的能力;c)实施验证活动,以确保设计和开发输出满足输入的要求;d)实施确认活动,以确保工作和任务能够满足规定的要求	8.3.4
20	发射场应对工作和任务在设计和开发期间以及后续所做的更改进行适当的识别、评审和控制,以确保这些更改对满足要求不会产生不利影响	8.3.6
21	发射场应与外部供方沟通以下要求:g)发射场使用的对外部供方绩效的控制和监视;h)发射场或其顾客拟在外部供方现场实施的验证或确认活动	8.4.3
22	适用时,受控条件应包括:c)在适当阶段实施监视和测量活动,以验证是否符合过程或输出的控制准则以及工作和任务的放行或接收准则	8.5.1
23	发射场应在工作和任务的整个过程中按照监视和测量要求识别输出状态	8.5.2
24	对发射场使用的或构成工作和任务一部分的顾客和外部供方财产,发射场应予以识别、验证、保护和防护	8.5.3
25	发射场应对工作和任务实施的变更进行必要的评审和控制,以确保持续地符合要求	8.5.6
26	发射场应在适当阶段实施策划的安排,以验证工作和任务的要求已得到满足	8.6
27	发射场应确保对不符合工作和任务要求的输出进行识别和控制,以防止非预期的使用或交付	8.7.1
28	对不合格输出进行纠正之后应验证其是否符合要求	8.7.1

续表

序号	监视、测量、分析和评价要求	一体化管理体系条款
29	发射场应建立、实施并保持对 6.1.1 中识别的潜在紧急情况进行应急准备并做出响应所需的过程,包括:f)定期评审并修订过程和策划的响应措施,特别是发生紧急情况后或进行测试后	8.8
30	发射场应建立、实施和保持监视、测量、分析和评价绩效的过程	9.1.1
31	发射场应监视顾客对其需求和期望已得到满足的程度的感受	9.1.2
32	发射场应建立、实施和保持对其遵守适用的安全、环境法律法规要求和其他要求(见 6.1.5)的情况进行评价的过程	9.1.3
33	发射场应分析和评价通过监视和测量获得的适当的数据和信息	9.1.4
34	发射场应按照策划的时间间隔实施内部审核	9.2.1
35	最高管理者应按照策划的时间间隔对发射场的一体化管理体系进行评审	9.3.1
36	发射场应:e)评审所采取的任何措施的有效性,包括纠正措施	10.2.1

b) 适用时的监视、测量、分析和评价的方法及所需的资源（见 7.1.5）。根据过程和对象的不同，以及所要达到的监视、测量目的，选择适宜的监视、测量、分析和评价方法，确保监视和测量的结果是可靠、可重现和可追溯的，分析和评价是可靠和可重现的，如访谈、对成文信息的评审、对正在实施的工作和任务的观察、使用经校准或验证的设备进行测量、统计过程控制、抽样检验、审核等，并确定这些方法的应用程度。统计技术可以帮助发射场了解、发现工作和任务或过程的变异，或在有变异的情况下，通过对变异进行测量、描述、分析、解释和建立模型，更好地理解变异的性质、程度和原因，进而帮助寻找最佳的方法，以解决现存问题，提高解决问题的有效性和工作效率，利用相关数据进行分析做出决策，并实施持续改进的活动。

c) 明确评价质量安全环境绩效所依据的准则和适当的参数。

d) 实施监视和测量的时机和频次。根据过程和对象的不同，以及所要达到的监视、测量目的，选择适宜的监视、测量时机。监视和测量的时机应与分析和评价结果的需求相协调。对于法律法规有明确要求的监视、测量，应符合其相关规定，如：

《中华人民共和国消防法》第十六条要求："机关、团体、企业、事业等单位应当履行下列消防安全职责：（三）对建筑消防设施每年至少进行一次全面检测，确保完好有效，检测记录应当完整准确，存档备查。"

《机关、团体、企业、事业单位消防安全管理规定》第二十六条要求："机关、团体、事业单位应当至少每季度进行一次防火检查。"

GA 1131—2014《仓储场所消防安全管理通则》5.1.1 条要求："仓储场所每月应至少组织一次防火检查，各部门（班组）每周应至少开展一次防火检查。"

《中华人民共和国特种设备安全法》第四十条要求："特种设备使用单位应当按照安全技术规范的要求，在检验合格有效期届满前一个月向特种设备检验机构提出定期检验要求。"

《中华人民共和国职业病防治法》第三十五条要求："对从事接触职业病危害的作业的

劳动者，用人单位应当按照国务院卫生行政部门的规定组织上岗前、在岗期间和离岗时的职业健康检查。"

《用人单位职业病危害因素定期检测管理规范》第四条要求："用人单位应当建立职业病危害因素定期检测制度，每年至少委托具备资质的职业卫生技术服务机构对其存在职业病危害因素的工作场所进行一次全面检测。"

GBZ 188—2014《职业健康监护技术规范》中规定，职业健康检查项目及周期：5.23 汽油（1 年）、5.32 氮氧化物（1 年）、5.51 偏二甲基肼（3 年）、6.2 煤尘（1～3 年）、7.1 噪声（1～2 年）、7.6 微波（2 年）、9.1 电工作业（2 年）、9.2 高处作业（1 年）、9.3 压力容器作业（2 年）、9.6 职业机动车驾驶作业（1～2 年）、9.7 视屏作业（2 年）等。

e）明确监视和测量的主体。通常根据部门、单位、岗位的职能确定其相应的监视、测量职责和权限。

f）对监视和测量的结果进行分析、评价和沟通的时机、主体。确定多长时间对哪些方面、哪一阶段或时期的监视测量结果进行分析、评价和沟通，由哪个部门、单位或个人进行分析、评价和沟通。

5）按照发射场应遵守的法律法规要求和其他要求及其建立的信息交流过程，就有关质量安全环境绩效的信息进行内部和外部信息交流。如向有关部门、单位、个人及时通报完成工作和任务的质量、进度情况，安全管理、环境保护的成效，质量、安全、环境方面存在的问题等。如《用人单位职业病危害因素定期检测管理规范》第十六条要求"用人单位应当及时在工作场所公告栏向劳动者公布定期检测结果和相应的防护措施"。

6）确定保留哪些方面、何种程度的成文信息，作为监视、测量、分析和评价结果的证据，同时为改进后续工作和任务提供参考和借鉴。

▲ **实施要点**

1）明确监视、测量、分析和评价绩效的内容、方法、主体、时机等要求。监视、测量、分析和评价过程的建立可以在构建一体化管理体系时在有关规章制度、标准中加以明确，也可以在工作和任务策划时加以明确。

在确定所需监视、测量和评价的内容时，应落实 5.4d）7）条款的要求，与非管理类工作人员进行协商。

2）按照建立的监视、测量、分析和评价过程，实施相应的监视、测量、分析和评价活动。

3）就有关质量安全环境绩效的信息进行内部和外部信息交流。

4）保留适当的成文信息，作为实施监视、测量、分析和评价结果的证据。

▲ **审核要点**

1）通过与领导层交流，了解发射场建立、实施和保持监视、测量、分析和评价绩效的过程的情况，以及就有关质量安全环境绩效的信息进行内部和外部信息交流的情况。

2）通过与业务部门、单位有关人员交流，结合查阅有关成文信息，核查监视、测量、分析和评价过程的建立与本条款要求、法律法规要求和其他要求及工作实际的符合性情况。

3）通过现场观察及查阅有关成文信息，核查监视、测量、分析和评价活动的实施及保留成文信息情况。

4）通过与业务部门、单位有关人员交流，结合查阅有关成文信息，核查对有关质量安全环境绩效的信息进行内部和外部信息交流的情况。

常见问题

1）监视、测量、分析和评价过程的建立不够全面，如：内容不够全面，未全面考虑与业务工作相关的监视、测量、分析和评价；未具体明确监视、测量、分析和评价的主体、时机、方法等事项；监视、测量内容、时机的策划未满足有关法律法规要求等。

2）未按照建立的过程实施监视、测量、分析和评价活动，如：内容不够全面，时机、频次不符合要求等；未按相关法规要求进行特种设备检验、消防设施检测、防雷装置检测、职业危害因素检测、电力工器具试验、锅炉水质化验、安全综合检查等；未按规定进行噪声、废气、污水等的监测。

3）未就有关质量安全环境绩效的信息进行内部和外部信息交流，如未及时向工作人员公布职业危害因素定期检测结果。

4）未保留有关监视、测量、分析和评价结果的成文信息，如未能提供对日常运行管理过程的监控记录。

标准条文

9.1.2　顾客满意
　　发射场应监视顾客对其需求和期望已得到满足的程度的感受。发射场应确定获取、监视和评审该信息的方法。

理解要点

1）本条旨在使发射场关注对顾客反馈的监视，以评价顾客满意程度并确定改进的机会。

发射场建立、实施和持续改进一体化管理体系的一个重要目标就是增强顾客满意，顾客满意的信息可作为评价发射场一体化管理体系绩效的指标之一，以此来衡量所建立的一体化管理体系的有效性。客观、全面、科学地对顾客满意程度进行监视和测量，并能根据顾客反馈信息找到改进的机会和变更的需要，采取改进措施，是一体化管理体系持续改进的重要方面。

2）"顾客满意"（GB/T 19000—2016 标准中 3.9.2）是指"顾客对其期望已被满足程

度的感受"。投诉是一种满意程度低的最常见的表达方式,但没有投诉并不代表顾客一定很满意。即使规定的顾客要求符合顾客的愿望并得到满足,也不一定确保顾客很满意。具体工作中也可使用"顾客满意度"表述具体的满意状态或程度。

3）发射场应确定期望从哪些顾客处获取顾客满意方面的反馈以及如何监视这些信息。针对不同类型的顾客,获取顾客满意信息的渠道和方式可以多种多样,如:对内部顾客,可从日常沟通中及时了解上级对完成工作和任务结果的满意程度,下级对上级服务工作的满意程度,部门之间、单位之间、同事之间对彼此工作的满意程度,也可以通过发放调查问卷、召开双向讲评会的方式了解对彼此工作的满意程度;对外部顾客,可通过电话询问调查、顾客走访、发放调查问卷、接受检查评审等方式获取顾客满意信息。顾客满意信息可以是书面的,如调查表、有关工作报告的批示,也可以是口头的,如电话沟通、会议讲话等。

4）对顾客满意信息的监视、评审应明确监视的职责分工、收集信息的频次、收集信息的内容、对信息的分析评审等要求。顾客满意信息监视和评审的着眼点应更加关注顾客不满意的方面,可以在工作和任务形势分析、工作和任务总结、管理评审等活动中,对收集到的顾客满意信息及处理情况进行分析、评审,针对存在的问题采取相应措施,不断改进工作。

▲ 实施要点

1）确定获取、监视和评审顾客满意信息的方法。可以在构建一体化管理体系时在有关规章制度、标准中加以明确,也可以在工作和任务策划时加以明确。

2）按照确定的方法获取、监视和评审顾客满意信息。

▲ 审核要点

1）通过与业务部门、单位有关人员交流,结合查阅有关成文信息,核查确定的获取、监视和评审顾客满意信息的方式、方法是否科学、合理,相关信息是否充分。

2）通过现场观察及查阅有关成文信息,核查获取、监视和评审顾客满意信息的情况。

▲ 常见问题

1）未明确获取、监视和评审顾客满意信息的方法。

2）未按照确定的方法获取、监视和评审顾客满意信息。

▲ 标准条文

9.1.3　安全环境合规性评价

发射场应建立、实施和保持对其遵守适用的安全、环境法律法规要求和其他要求（见 6.1.5）的情况进行评价的过程。

发射场应:

a) 确定实施合规性评价的频次和方法；

b) 评价合规性，需要时采取措施（见 10.2）；

c) 保持其合规状况的知识和对其合规状况的理解；

d) 保留成文信息，作为合规性评价结果的证据。

理解要点

1）本条旨在确保发射场建立、实施和保持安全环境合规性评价的过程，以促使其安全环境方面的运行符合相关法律法规要求和其他要求。

2）合规性评价的内容是发射场对其在 6.1.5 条识别出的安全、环境方面适用的法律法规要求和其他要求的遵守情况进行评价。

3）合规性评价的频次可以根据要求的重要性、运行条件的变化、法律法规要求和其他要求的变化，以及发射场以往绩效的变化来确定。既可以区分不同类型的内容确定不同的频次，也可以采用相同的频次定期实施，主要围绕促进保持运行活动与运行准则的符合性进行合规性评价，还可以结合工作和任务总结，作为其一部分内容进行评价。

4）合规性评价可以采取多种方式，如通过对有关成文信息的评审、对设施设备的检查、直接测量、与有关人员面谈、设施设备巡视或观察等方式，收集汇总法律法规要求和其他要求遵守情况的信息，分析评价其与相应法律法规要求和其他要求的符合程度，综合判定评估信息，得出合规性评价结论。

5）进行合规性评价，一方面要全面、准确把握应遵守的法律法规要求和其他要求，如哪些是特种设备、哪些是特种作业、哪些岗位涉及职业病、有哪些污染物排放标准、有哪些具体的管理要求等，另一方面要全面收集、了解安全、环境方面有关运行情况，在此基础上得出符合实际的合规性评价结论。

6）如果合规性评价结果表明未遵守法律法规要求和其他要求，则需要确定并采取措施以达到合规状态。

实施要点

1）明确合规性评价的内容、方法、主体、时机等要求。

2）按照建立的合规性评价过程，实施相应的合规性评价活动，需要时采取措施。

3）负责合规性评价的人员应当具有相应的知识和能力，并将相关知识纳入发射场的知识进行管理。

4）保留成文信息，作为合规性评价结果的证据。

审核要点

1）通过与一体化管理体系主管部门有关人员交流，结合查阅有关成文信息，核查合规性评价过程的建立与本条款要求、法律法规要求和其他要求及工作实际的符合性情况。

2）通过与业务部门、单位有关人员交流，结合现场观察及查阅有关成文信息，核查合规性评价活动的实施及保留成文信息的情况，如果合规性评价结果表明未满足法律法规要求和其他要求，进一步核查其采取措施满足要求的情况。

3）通过与业务部门、单位有关人员交流，结合查阅有关成文信息，核查保持其合规状况的知识和对其合规状况的理解情况。

▲ 常见问题

1）未建立合规性评价过程或者规定不够全面、具体，可操作性不强。

2）未按照建立的合规性评价过程实施合规性评价，如合规性评价的内容与 6.1.5 条识别的适用的法律法规要求和其他要求不一致，缺乏足够的评价依据支撑，未保留合规性评价结果的成文信息等。

3）当合规性评价结果表明未满足法律法规要求和其他要求时，未采取相应措施。

▲ 标准条文

9.1.4　分析与评价

发射场应分析和评价通过监视和测量获得的适当的数据和信息。

应利用分析结果评价：

a）工作和任务的符合性，安全、环境绩效；

b）顾客满意程度；

c）一体化管理体系的绩效和有效性；

d）策划是否得到有效实施；

e）应对风险和机遇所采取措施的有效性；

f）外部供方的绩效；

g）一体化管理体系改进的需求。

分析和评价结果应用于一体化管理体系、工作和任务的改进。

注：数据分析方法可包括统计技术。

▲ 理解要点

1）本条旨在使发射场分析和评价从监视和测量结果中获得的数据和信息，以确定过程、工作和任务是否满足要求，以及确定所需采取的措施和改进机会。分析与评价活动是"循证决策"原则的具体体现。

2）本条的"数据"不是狭义的数字概念，是指通过监视和测量获得的关于客体的事实，包括信息、文字或文件等。对数据的分析不仅指对数字的统计分析，也包括对文件、信息的总结、分析。

3）发射场应确定将要评审的适当的数据。数据的选取应确保所获得的分析和评价结果能够评价一体化管理体系的绩效和有效性，以及确定任何改进的需求。数据分析的结果应用于评价以下方面的内容并得出相应的结论：

a）工作和任务的符合性，安全、环境绩效，如完成工作和任务的数质量、进度等满足要求的程度，安全控制与管理的效果，环境保护的成效等。

b）顾客满意程度。对获取的顾客满意的情况进行分析和评价，确定内、外部顾客对工作和任务及相关服务的满意程度。对于顾客满意的方面应予以保持，对顾客不满意的情况尤其是抱怨应特别予以关注。

c）一体化管理体系的绩效和有效性。可以从顾客及相关方的反馈、目标的实现程度、过程绩效、监视测量结果、不符合（不合格）及纠正措施、改进的情况等信息反映发射场在绩效和有效性方面的趋势。通过工作和任务总结、内部审核、管理评审等对工作和任务完成情况、安全管理情况、环境保护情况、管理体系作用发挥情况等进行分析评价。

d）各过程的运行是否满足一体化管理体系策划的要求，是否按照策划的要求有效实施。

e）所策划的应对风险和机遇措施的实施情况和有效性。管理体系标准倡导采用过程方法，过程方法的一个重要内容就是基于风险的思维。本标准要求发射场在策划的时候就要识别可能的风险和机遇，策划应对这些风险和机遇的措施，并通过有效地实施这些措施降低不利影响、增强有利影响，以实现一体化管理体系预期结果的目的。但是发射场对风险和机遇的识别以及策划应对措施可能不够充分，实施效果也可能不尽人意，同时发射场的环境在不断变化，相关方的需求也在不断变化，因此发射场应对之前的策划和实施情况进行分析和评价。若通过评价认为之前的策划和实施存在问题，则应考虑对所策划的措施进行必要的变更。

f）外部供方的绩效。可以包括外部供方提供产品的质量、外包过程的质量、外部供方保持其按要求提供产品和服务的能力等信息，这些信息可作为发射场调整、改进、增进与外部供方合作关系的依据，并帮助发射场对外部供方实施更有效的控制。

g）一体化管理体系改进的需求。通过对分析结果的评价，发射场也可能会发现一些活动尽管现在有效，但仍然存在需要进一步改进的地方，这将有助于发射场做出改进决策。

4）发射场应考虑以什么样的频率分析和评价数据更有助于确定需要改进的方面。应确保所使用的方法和数据的质量（如代表性、公允性、完整性、准确性和适用性）能为管理决策提供有用的信息，确保分析和评价结果无偏倚、完整、准确。统计技术可作为分析和评价过程的有用工具。

5）分析和评价的输出可以是趋势分析或报告等信息形式，它也是管理评审的输入，其形式应该能够便于发射场做出是否需要采取措施的决定。尽管分析和评价通常与管理评审相关，但还应确定评价和分析这些信息的适当频次，如通过日、周、月、季度、年度例会或专项工作会议等进行分析和评价。

▲ 实施要点

1）结合发射场各部门的过程职责及所承担的工作和任务，明确分析和评价的职责、要求。可以在有关规章制度、标准中加以明确，也可以在工作和任务策划时加以明确。

2）按照策划的安排分析和评价通过监视和测量获得的适当的数据和信息。

3）将分析和评价结果应用于一体化管理体系、工作和任务的改进。

▲ 审核要点

1）通过与领导层交流，了解发射场分析和评价通过监视和测量获得的适当的数据和信息方面的情况，采用哪些方式进行了哪些方面的分析和评价，以及分析和评价的结果应用于一体化管理体系、工作和任务的改进的情况。

2）通过与业务部门、单位有关人员交流，结合查阅有关成文信息，了解其负责哪些方面的分析和评价工作，与其所承担的职责的符合性情况。

3）通过与业务部门、单位有关人员交流，结合查阅有关成文信息，核查按策划的安排实施分析和评价的情况。

4）通过与业务部门、单位有关人员交流，结合查阅有关成文信息，核查将分析和评价结果应用于一体化管理体系、工作和任务的改进的情况。

▲ 常见问题

1）分析和评价的内容未能覆盖业务部门、单位的主要工作。
2）分析和评价结果未应用于一体化管理体系、工作和任务的改进。

3.9.2   内部审核

▲ 标准条文

9.2   内部审核

9.2.1   发射场应按照策划的时间间隔实施内部审核，以提供一体化管理体系的下列信息：

　a）是否符合：

　　1）发射场自身的一体化管理体系的要求，包括方针和目标；

　　2）本标准的要求。

　b）是否得到有效的实施和保持。

9.2.2   发射场应：

　a）依据有关过程的重要性、对发射场产生影响的变化以及以往的审核结果，策划、建立、实施和保持一个或多个内部审核方案，包括实施审核的频次、方法、职责、协商、策划要求和报告；

　b）规定每次审核的审核准则和范围；

　c）选择审核员并实施审核，以确保审核过程客观公正；

　d）确保向相关管理者报告审核结果，确保向工作人员及其代表（若有）以及其他有关的相关方报告相关的审核结果；

　　e）采取措施，以应对不符合和持续改进其质量安全环境绩效（见第 10 章）；

　　f）保留成文信息，作为审核方案实施以及审核结果的证据。

理解要点

1）本条旨在从公正的角度，通过内部审核获得一体化管理体系的绩效和有效性的相关信息，以确保所策划的各项安排已经完成，并且一体化管理体系得到有效实施和保持。

内部审核的目的是确定一体化管理体系是否符合相关管理体系标准的要求和发射场一体化管理体系的要求，确定一体化管理体系是否得到有效实施和保持，是否获得预期的结果，及时识别一体化管理体系的薄弱环节和潜在的改进机会，并采取措施持续改进一体化管理体系的有效性。

2）"审核"（GB/T 19000—2016 标准中 3.13.1）是指"为获得客观证据并对其进行客观的评价，以确定满足审核准则的程度所进行的系统的、独立的并形成文件的过程"。内部审核也称为第一方审核，是指由发射场自己或以发射场的名义进行的审核，用于管理评审或其他内部目的，可作为发射场自我声明合格的基础。内部审核可以由与正在被审核的活动无责任关系的人员进行，以证实独立性。

"审核准则"（GB/T 19000—2016 标准中 3.13.7）是指"用于与客观证据进行比较的一组方针、程序或要求"。审核准则或依据通常包括相关标准、法律法规、一体化管理体系文件等。

"客观证据"（GB/T 19000—2016 标准中 3.8.3）是指"支持事物存在或其真实性的数据"。客观证据可通过观察、测量、试验或其他方法获得。通常，用于审核目的的客观证据，是由与审核准则相关的记录、事实陈述或其他信息所组成并可验证。

"审核证据"（GB/T 19000—2016 标准中 3.13.8）是指"与审核准则有关并能够证实的记录、事实陈述或其他信息"。成文信息等有形信息是审核证据，与受审核方人员交流、沟通的无形信息也是审核证据。

"审核发现"（GB/T 19000—2016 标准中 3.13.9）是指"将收集到的审核证据对照审核准则进行评价的结果"。

"审核结论"（GB/T 19000—2016 标准中 3.13.10）是指"考虑了审核目标和所有审核发现后得出的审核结果"。

审核组通过实施审核活动收集与审核准则有关的审核证据，并依据审核准则对审核证据进行评价获得审核发现，在考虑了审核目的并综合汇总分析所有审核发现的基础上做出最终的审核结论。由此可见，审核准则是判断审核证据符合性的依据，审核证据是获得审核发现的基础，审核发现是做出审核结论的基础。审核证据、审核准则、审核发现和审核结论之间的关系图如图 3 - 4 所示。

3）审核的特征在于其遵循若干原则。这些原则有助于使审核成为支持管理方针和控制的有效与可靠的工具，并为发射场提供可以改进其绩效的信息。遵循这些原则是得出相应和充分的审核结论的前提，也是审核员独立工作时，在相似的情况下得出相似结论的前提。

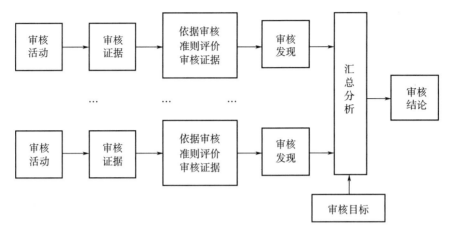

图 3-4 审核证据、审核准则、审核发现和审核结论之间的关系图

依据 GB/T 19011—2013《管理体系审核指南》，审核方案的管理、审核实施、审核员的能力和评价应基于以下审核原则：

a）诚实正直：职业的基础。

审核员和审核方案管理人员应：

ⅰ）以诚实、勤勉和负责任的精神从事他们的工作；

ⅱ）了解并遵守任何适用的法律法规要求；

ⅲ）在工作中体现他们的能力；

ⅳ）以不偏不倚的态度从事工作，即对待所有事务保持公正和无偏见；

ⅴ）在审核时，对可能影响其判断的任何因素保持警觉。

b）公正表达：真实、准确地报告的义务。

审核发现、审核结论和审核报告应真实和准确地反映审核活动。应报告在审核过程中遇到的重大障碍以及在审核组和受审核方之间没有解决的分歧意见。沟通必须真实、准确、客观、及时、清楚和完整。

c）职业素养：在审核中勤奋并具有判断力。

审核员应珍视他们所执行任务的重要性以及审核委托方和其他相关方对他们的信任。在工作中具有职业素养的一个重要因素是能够在所有审核情况下做出合理的判断。

d）保密性：信息安全。

审核员应审慎使用和保护在审核过程获得的信息。审核员或审核委托方不应为个人利益不适当地或以损害受审核方合法利益的方式使用审核信息。这个概念包括正确处理敏感的、保密的信息。

e）独立性：审核的公正性和审核结论的客观性的基础。

审核员应独立于受审核的活动（只要可行时），并且在任何情况下都应不带偏见，没有利益上的冲突。对于内部审核，审核员应独立于被审核职能的运行管理人员。审核员在整个审核过程应保持客观性，以确保审核发现和审核结论仅建立在审核证据的基础上。

f）基于证据的方法：在一个系统的审核过程中，得出可信的和可重现的审核结论的合理的方法。

审核证据应是能够验证的。由于审核是在有限的时间内并在有限的资源条件下进行的，因此审核证据是建立在可获得信息的样本的基础上。应合理地进行抽样，因为这与审核结论的可信性密切相关。

4）"审核方案"（GB/T 19000—2016 标准中 3.13.4）是指"针对特定时间段所策划并具有特定目标的一组（一次或多次）审核安排"。审核方案可以是以年度为周期的例行内部审核，也可以是针对特定目的（如为了接受第二方审核前进行的内部审核、针对特定问题或事件进行的专项审核、针对特定过程或部门进行的过程审核或部门审核）的专项内部审核。应针对审核目的策划审核方案，并考虑以下方面的内容：

a）关注相对重要的过程和区域，关注对发射场可能产生影响的内外部变化（特别是受到变化影响的过程和区域），以及以往审核发现问题的区域。对重要程度高、状况差、问题多的过程和区域应加大审核的力度，如增加频次和时间，派出能力较强的审核员等。

b）根据管理体系实施运行的具体情况及工作和任务的实际需要确定审核的频次，可以一年进行一次也可以数次，可以集中审核也可以按月、按季、按部门滚动式审核，可以结合日常工作检查定期进行审核，也可以组织工作和任务专项审核。在确定审核频次时，应运用基于风险的思维，考虑过程运行的频次、过程的成熟度或复杂性、过程变更以及内部审核的目标，如过程越成熟，需要的审核时间可能越少，过程越复杂，需要的审核就越频繁。

在策划审核时，可考虑的输入包括但不限于：

ⅰ）过程的重要性；

ⅱ）管理优先级；

ⅲ）过程绩效；

ⅳ）影响发射场的变更；

ⅴ）之前审核的结果；

ⅵ）顾客或相关方投诉趋势；

ⅶ）法律法规问题等。

c）确定审核方法。可依据标准条款实施审核，也可依据项目或过程实施审核。

审核的路径可采用正向和逆向的方法。正向法按工作和任务过程，从策划到实施直至交付，逆向法则与正向法相反。可采用自上而下法和自下而上法。自上而下法是先到信息比较集中的部门了解总体情况，然后分散到各部门调查；自下而上法是先到各部门调查、抽样，然后到集中管理部门进行确认。

审核方法可包括访谈、观察、抽样和信息评审。访谈时注意选择正确的访谈对象，系统、全面地获取信息。现场观察要细致、全面，并且带着问题去观察，对于有怀疑的地方，不要轻易放过。抽样应科学合理，尽量减小抽样风险。信息评审应关注与本标准要求、法律法规要求和其他要求、工作和任务实际的符合性。

d) 确定审核职责、策划要求和报告。明确审核的组织部门、审核组长及组员的职责，明确审核计划、审核检查单等策划要求以及报告审核结果的要求等。

5)"审核范围"（GB/T 19000—2016 标准中 3.13.5）是指"审核的内容和界限"。

审核范围通常包括对实际位置、组织单元、活动或过程、时间跨度的描述。

实际位置即在发射场管理控制下进行业务活动和过程的所有场所及所在位置，可能是固定场所、临时场所（如建筑工地）、流动性场所（如运输服务）。

组织单元可包括发射场的职能单元（如各职能部门、单位、岗位等）和临时性的组织机构（如为承担特定项目任务而设立的临时性的项目部、工作组等）。

活动或过程包括在发射场管理控制下的、与其工作和任务质量及其与之相关的所有安全风险、环境因素和环境影响有关的管理活动、资源提供、运行、绩效评价等活动和过程。

时间跨度的描述即审核覆盖的时间段，宜基于审核目的，并以可获得充分和适当的审核证据为原则考虑其合理的时间段。

在构成审核范围的四项要素中，活动和过程作为其核心要素，为其他三项要素的确定提供了依据。

在一个特定的时间段内所进行的审核，通常应覆盖发射场各类工作和任务以及一体化管理体系的所有要求及所有部门、场所、人员、活动，但并非每次审核都需要覆盖所有的内容。

审核范围应与审核方案和审核目标相一致。

6) 审核员应具备完成审核工作所需的能力，包括良好的个人行为及必要的知识与技能等。

a) 审核员应具备必要的素质，使其能够按照审核原则进行工作。审核员应在从事审核活动时展现职业素养，包括：

ⅰ) 有道德，即公正、可靠、忠诚、诚信和谨慎；

ⅱ) 思想开朗，即愿意考虑不同意见或观点；

ⅲ) 善于交往，即灵活地与人交往；

ⅳ) 善于观察，即主动地认识周围环境和活动；

ⅴ) 有感知力，即能了解和理解处境；

ⅵ) 适应力强，即容易适应不同处境；

ⅶ) 坚定不移，即对实现目标坚持不懈；

ⅷ) 明断，即能够根据逻辑推理和分析及时得出结论；

ⅸ) 自立，即能够在同其他人有效交往中独立工作并发挥作用；

ⅹ) 坚韧不拔，即能够采取负责任的及合理的行动，即使这些行动可能是非常规的和有时可能导致分歧或冲突；

ⅺ）与时俱进，即愿意学习，并力争获得更好的审核结果；

ⅻ）文化敏感，即善于观察和尊重受审核方的文化；

ⅹⅲ）协同力，即有效地与其他人互动，包括审核组成员和受审核方人员。

b）审核员应具有通用的知识和技能，包括：

ⅰ）审核原则、程序和方法：这方面的知识和技能使审核员能将适用的原则、程序和方法应用于不同的审核并保证审核实施的一致性和系统性。审核员应能够：

• 运用审核原则、程序和方法；

• 对工作进行有效的策划和组织；

• 按商定的时间表进行审核；

• 优先关注重要问题；

• 通过有效的面谈、倾听、观察和对文件、记录和数据的评审来收集信息；

• 理解并考虑专家的意见；

• 理解审核中运用抽样技术的适宜性及其后果；

• 验证所收集信息的相关性和准确性；

• 确认审核证据的充分性和适宜性，以支持审核发现和审核结论；

• 评定影响审核发现和审核结论的可靠性的因素；

• 使用工作文件以记录审核活动；

• 将审核发现形成文件，并编制适宜的审核报告；

• 维护信息、数据、文件和记录的保密性和安全性；

• 进行口头或书面的有效沟通；

• 理解与审核有关的各类风险。

ⅱ）管理体系和引用文件：这方面的知识和技能使审核员能理解审核范围并运用审核准则，应包括：

• 管理体系标准或用作审核准则的其他文件；

• 适用时，受审核方对管理体系标准的运用；

• 管理体系各组成部分之间的相互作用；

• 了解引用文件的层次关系；

• 引用文件在不同的审核情况下的运用。

ⅲ）组织概况：这方面的知识和技能使审核员能理解受审核方的结构、业务和管理实践，应包括：

• 组织的类型、治理、规模、结构、职能和相互关系；

• 通用的业务和管理概念，过程和相关术语，包括策划、预算和人员管理；

• 受审核方的文化和社会习俗。

ⅳ）适用的法律法规要求、合同要求和适用于受审核方的其他要求：这方面的知识和技能使审核员能了解适用于组织的法律法规和合同要求，并在此环境下开展工作。与法律责任或受审核方活动和产品有关的知识和技能包括：

·法律、法规及其主管机构；

·基本的法律术语；

·合约及责任。

c）审核员应具有特定领域和专业的知识与技能，包括：

ⅰ）特定领域管理体系的要求、原则及其运用；

ⅱ）与特定领域和专业有关的法律法规要求，如审核员应知晓与法律责任、受审核方的义务、活动及工作和任务相关的要求。

ⅲ）与特定领域有关的相关方的要求；

ⅳ）特定领域的基础知识，业务经营的基础知识，特定技术领域的方法、技术、过程和实践，应足以使审核员能审核管理体系，并形成适当的审核发现及审核结论；

ⅴ）与被审核的特定专业、业务性质或工作场所有关的特定领域的知识，应足以使审核员能评价受审核方的活动、过程及工作和任务；

ⅵ）与特定领域和专业有关的风险管理原则、方法和技术，以使审核员能评估和控制与审核方案有关的风险。

7）通常情况下，依据审核方案、审核计划进行审核，通过查阅成文信息、察看现场、询问人员等形式收集客观证据，将收集到的客观证据对照审核准则进行评价形成审核发现，考虑审核目的及所有审核发现后得出审核结果。应确保向相关管理者报告审核结果，为有关决策提供依据，确保向工作人员及其代表（若有）以及其他有关的相关方报告相关的审核结果，以回应其相关关切。

8）受审核区域的管理者应确保对审核发现的问题及时采取适当的纠正和纠正措施，以消除所发现的不符合及其原因，持续改进其质量安全环境绩效。可从制度是否健全完善、职责是否明确规定、工作是否事先策划、资源配备是否充足、培训是否有效、落实是否具体到位、检查是否及时深入、举一反三是否全面等方面分析发生不符合的根本原因，并采取有效纠正措施。

9）应保留有关实施审核方案以及审核结果的证据，如年度内部审核方案、每次的审核计划、现场审核记录、审核结果（不符合报告及审核报告）、纠正措施及验证情况等。

▲ 实施要点

1）可以考虑建立发射场的内部审核过程，明确内部审核的职责、程序、方法、时间间隔等有关要求。

2）拟定审核方案，明确审核的目的、范围、方法、频次、时间、职责、协商、策划要求和报告等事宜。

在策划、建立、实施和保持审核方案时，应落实 5.4d）8）条款的要求，与非管理类工作人员进行协商。

3）编制审核计划，明确审核目的、范围、准则、审核组成员及分工、时间安排等事宜。

4）审核组成员编写审核检查表，明确审核范围、思路、重点、方法、抽样方案等事宜。

5）实施现场审核。审核过程中应注意关注重要的要求、问题和绩效，不要专注于或者有意寻找意义不大的小问题，避免舍本逐末。在结束审核之前或者在发现问题时，应当场与受审核方沟通审核发现，特别是在自己认为发现了不符合时尤其重要，这样做可以让受审核方有机会纠正可能导致发现无效的任何误解，也保护了审核员的利益。有时候，审核员认为发现了不符合，但事实上并没有发现。审核记录应能够表明审核思路、审核过程，遵循样本明确充分、信息真实可靠，内容要素齐全、简明扼要、详略得当、重点突出、有可追溯性（如记录涉及的部门、场所、过程、人员、设施设备名称及编号、成文信息名称、具体事实、日期时间等）的原则，能够反映一体化管理体系运行的实际情况，对符合性事实可简单记录，对有推广价值的经验做法及存在的具体问题应详细记录。

6）形成不符合项报告。不符合事实描述应准确、具体，具有可追溯性。不符合标准条款的判定应遵循"由表及里、能细则细、就近不就远"的原则，尽量接近造成不符合的主要原因，并准确写出不符合标准条款的具体内容，以帮助受审核方有针对性地采取纠正措施。

7）编制审核报告。按策划的要求编制内部审核报告，可包括审核情况、审核发现、审核结论、改进建议等。审核情况通常包括审核时间、审核组组成、审核范围、审核准则等。审核发现通常包括一体化管理体系运行符合性、有效性的主要表现，不符合的分布情况等。审核结论通常包括一体化管理体系是否符合发射场一体化管理体系的要求及相关管理体系标准的要求，是否得到有效的实施和保持的结论，以及与特定审核目的有关的结论。改进建议通常包括从宏观层面、操作层面提出改进的建议，作为管理评审的输入。

8）沟通审核结果。向相关管理者报告审核结果，向工作人员及其代表（若有）以及其他有关的相关方报告相关的审核结果。

9）采取适当的纠正和纠正措施。针对审核中发现的不符合，相关单位应采取适当的纠正和纠正措施，所有部门、单位应进行举一反三。

10）保留作为实施审核方案以及审核结果的证据的成文信息，包括审核计划、检查单、审核报告、审核沟通、纠正及采取纠正措施的证据等。

11）内部审核结果需作为管理评审的输入。

◤ **审核要点**

1）通过与业务主管部门有关人员交流，结合查阅有关成文信息，核查发射场开展内部审核有哪些策划活动，审核方案是否关注了重要过程、以往审核的结果，尤其是对审核风险的识别和控制情况。

2）通过与业务主管部门有关人员交流，结合查阅有关成文信息，核查审核方案是否包括了审核的频次、方法、职责、协商、策划要求和报告要求，是否规定了每次审核的审核准则和范围。

3）通过与业务主管部门有关人员交流，结合查阅有关成文信息，核查审核人员是否具备相应的能力，是否确保了审核过程的客观性和公正性，内部审核是否按照策划的时间间隔和审核要求实施，审核有无遗漏，是否全面到位，审核结果是否向相关管理者报告，是否向工作人员及其代表（若有）以及其他有关的相关方报告，采取了哪些纠正和纠正措施，是否有效，保留的成文信息能否证明审核方案实施以及审核结果的证据等。

🔺 常见问题

1）审核方案策划未充分考虑有关过程的重要性、对发射场产生影响的变化以及以往的审核结果，策划的内容不完整，审核覆盖范围不全。

2）审核计划未满足审核方案的要求。

3）审核实施未覆盖审核计划的内容。

4）审核依据不充分，只考虑了管理体系标准、文件的要求，忽视了适用的法律法规要求和其他要求。

5）审核抓不住重点，发现不了存在的实质性问题。

6）审核记录未能表明抽样情况，缺乏可追溯性。

7）不符合项报告描述的事实不清，判断失准。

8）未按策划的安排向相关管理者报告审核结果，向工作人员及其代表（若有）以及其他有关的相关方报告相关的审核结果。

9）未针对不符合项采取适当的纠正和纠正措施，如原因分析不到位、纠正措施未能针对原因制定、缺乏针对性等。

10）未保留作为实施审核方案以及审核结果的证据的成文信息。

3.9.3　管理评审

🔺 标准条文

> **9.3　管理评审**
>
> 9.3.1　总则
>
> 　最高管理者应按照策划的时间间隔对发射场的一体化管理体系进行评审，以确保其持续的适宜性、充分性和有效性，并与发射场的战略方向保持一致。

🔺 理解要点

1）本条旨在确保由最高管理者实施管理评审。

管理评审应当是最高层次的，不必对详尽信息进行彻底评审。某些管理评审活动可由发射场中不同层级的人员完成，只需将获得的结果提供给最高管理者。

2）发射场应对管理评审的频次进行策划，可以采取两种方式：

a）定期的管理评审。规定时间间隔，可以每周、每月、每季度、每半年或每年进行一次管理评审。

b）特殊情况下应随时策划，增加管理评审活动。这样的时机包括内、外部环境出现重大变化时，出现重大质量、安全、环境问题或事件（包括顾客、相关方投诉）时，其他研究和决定一体化管理体系的重大改进时等。

3）一体化管理体系的适宜性、充分性、有效性是管理评审的重要内容。

a）适宜性是指管理体系适合其目的的程度。即一体化管理体系是否适合于发射场及其运行、文化及业务系统，表明一体化管理体系适应不断变化的内外部环境的控制能力，包括一体化管理体系与顾客及相关方要求、法律法规要求、发射场性质、规模、活动、过程、危险源、环境因素、资源、组织结构、职责权限、追求等的适宜性。发射场面临各种内外部的变化，如顾客需求和期望的发展变化、法律法规的颁布与修改、管理体系标准的换版、新技术的出现、职能使命或组织结构的调整、新设施设备的使用等，这就要求发射场能够及时识别和分析这些变化，并对一体化管理体系进行适当的变更，以使其保持与所处的客观情况相适应的能力。适宜性的评审应考虑方针、目标及一体化管理体系的过程及成文信息要求是否符合当前的现状，特别是在内、外部环境变化时是否仍能符合实际等。

b）充分性是指管理体系满足其用途的程度。即一体化管理体系是否够用并得到恰当地实施，表明一体化管理体系全面满足管理要求的能力和本领。包括发射场对过程、危险源、环境因素识别和控制的充分性，对法律法规识别和遵守的充分性，组织机构的健全性，职责与权限明确的充分性，资源配置的充分性等。发射场在建立一体化管理体系过程中，或是针对内外部变化的情况对一体化管理体系进行变更时，应针对自身一体化管理体系的特点以及发展和变更的需求，充分识别一体化管理体系所需过程及相互关系，并对有关的职责权限、接口关系、具体的控制方法等做出明确而充分的规定。对充分性的评审应考虑：是否已在一体化管理体系建立时识别了有关的全部过程；随着内、外部环境的变化而进行的改进中是否考虑了对过程的补充与完善；过程是否充分细化展开；过程职责特别是过程的接口职责是否都已明确；资源的配置是否充分；顾客的需求和期望，特别是顾客潜在的需求和未来的需求是否已充分识别清楚；在内、外部环境变化引发过程、资源需求增加时，原来系统、全面的体系是否还能保持充分性等。

c）有效性是指管理体系实现其预期结果的程度。即一体化管理体系是否正在实现预期结果，表明一体化管理体系实现预期目标的能力，体现完成策划的活动并得到策划结果的程度。包括方针和目标的实施、人员意识的提高、工作和任务的质量稳定性、顾客和相关方满意情况、主要安全风险控制的结果、重要环境因素控制的结果、法律法规的遵守情况、过程控制效果、质量安全环境绩效、应对和解决紧急情况和突发事件的能力和效果、自我完善机制的有效性等。对有效性的评审可以监测结果为依据，评价方针和目标的实现程度、顾客及相关方满意的程度、审核的结果、过程及质量安全环境管理绩效、各种改进措施的实施效果等。

4）管理评审形式可以多种多样。可以是正式的会议，也可以是有最高管理者参加并做出决定的讨论或报告，还可以文件传阅的方式进行管理评审；可以单独进行，也可以结合其他活动（如战略策划、月度会议、年度会议、专题会议或报告等）一起进行。无论以什么方式进行，关键是要以达到管理评审的目的为原则。

5）应明确需保留的有关管理评审的成文信息，包括评审活动策划、实施、评审结果、改进措施及其验证的成文信息等。

▲ 实施要点

1）可以考虑建立管理评审过程，明确管理评审的主管部门、程序、方法、时间间隔、输入、输出、成文信息等要求。

2）对每次管理评审进行策划，包括时机、目的、参加人员、输入、输出等。

3）最高管理者按照策划的安排，主持、实施管理评审。

▲ 审核要点

1）通过与领导层交流，了解发射场进行一体化管理体系评审的主要形式、时间间隔、实施效果等情况。

2）通过与主管业务部门有关人员交流，结合查阅有关成文信息，核查有关管理评审的策划与本条款要求及工作实际的符合情况。

3）通过与主管业务部门有关人员交流，结合查阅有关成文信息，核查管理评审的实施与本条款要求及策划安排的符合情况，如是否由最高管理者主持、时间间隔是否符合策划的安排等。

▲ 常见问题

1）未按策划的时间安排实施管理评审，也未进行变更的策划。

2）管理评审的主持人不是最高管理者。

▲ 标准条文

9.3.2　管理评审输入

策划和实施管理评审时应考虑下列内容：

a）以往管理评审所采取措施的情况；

b）以下方面的变化：

1）与一体化管理体系相关的内外部因素；

2）相关方的需求和期望；

3）法律法规要求和其他要求；

4）重要环境因素；

5）风险和机遇。

c）下列有关一体化管理体系绩效和有效性的信息，包括其趋势：

1）顾客满意和有关相关方的反馈；

2）方针和目标的实现程度；

3）过程绩效以及工作和任务的符合情况；

4）事件、不符合（不合格）、纠正措施和持续改进；

5）监视和测量结果；

6）对适用的安全、环境法律法规要求和其他要求的合规性评价的结果；

7）审核结果；

8）外部供方的绩效；

9）工作人员的协商和参与；

10）风险和机遇。

d）资源的充分性；

e）来自相关方的有关信息交流，包括抱怨；

f）应对风险和机遇所采取措施的有效性（见6.1.6）；

g）改进的机会。

理解要点

1）本条旨在确定在评价一体化管理体系绩效和有效性时需要考虑的各项输入。

管理评审的输入为评审一体化管理体系的适宜性、充分性、有效性提供依据，充分地输入信息，是实施有效的管理评审的基础。

2）管理评审的输入应来自于其他过程的输出。一次完整的、集中进行管理评审的输入应包括以下全部信息，而专题或分阶段进行的管理评审可涉及以下的一种或几种信息：

a）以往管理评审所采取措施的情况，包括以往管理评审所做决定或措施的实施情况及有效性方面的信息。如果更早时间的管理评审所确定的改进措施有遗留问题未解决，还应关注其进展情况。

b）以下方面的变化：

ⅰ）与"4.1理解发射场及其所处的环境"中识别的质量、安全、环境方面相关的内外部因素的变化情况等；

ⅱ）与"4.2理解工作人员和其他相关方的需求和期望"中识别的质量、安全、环境方面相关方的需求和期望的变化情况等；

ⅲ）与"6.1.5法律法规要求和其他要求的确定"中识别的质量、安全、环境方面适用的法律法规要求和其他要求的变化情况等；

ⅳ）与"6.1.4环境因素识别评价"中识别的重要环境因素的变化情况；

ⅴ）与"6.1.1总则"中识别的质量、安全、环境方面风险和机遇的变化情况。

c）有关一体化管理体系绩效和有效性的信息，包括其趋势。

ⅰ）"9.1.4分析与评价"中对"顾客满意程度"分析评价的输出，以及有关相关方的反馈；

ⅱ）"5.2.1制定方针"中所确定方针的实现情况，"6.2.1质量安全环境目标"中目标监测的输出；

　　ⅲ）"9.1.1 总则"中"过程绩效，包括运行控制和其他控制的有效性"的监视、测量结果，"9.1.4 分析与评价"中对"工作和任务的符合性，安全、环境绩效"分析评价的输出；

　　ⅳ）"10.2 事件、不符合（不合格）和纠正措施"中发现的一体化管理体系运行过程中的事件、不符合（不合格）所采取的纠正措施的实施情况及其效果方面的信息，以及改进措施的实施情况和效果等方面的信息；

　　ⅴ）"9.1.1 总则"中监视、测量的结果信息等；

　　ⅵ）"9.1.3 安全环境合规性评价"中适用的安全、环境法律法规要求和其他要求的合规性评价的结果等；

　　ⅶ）"9.2 内部审核"中内部审核的结果，以及外部审核的结果。主要内容包括对发射场一体化管理体系的评价情况、审核中发现的主要问题、不符合项整改情况以及一体化管理体系运行中的薄弱环节及改进建议等；

　　ⅷ）"9.1.4 分析与评价"中对"外部供方的绩效"分析评价的输出，如外部供方供货的及时性、产品和服务的质量状况和满意情况，以及对不合格采取纠正和纠正措施的有效性等进行监视、测量、分析和评价的结果等；

　　ⅸ）"5.4 工作人员的协商和参与"中工作人员的协商和参与情况等；

　　ⅹ）"6.1.1 总则"中确定的风险和机遇的控制情况。

　　d）"7.1 资源"中人员、基础设施、过程运行环境、监视和测量资源以及发射场的知识等的充分性，特别是当面临的内、外部环境发生变化，引发相关资源需求增加时，资源提供是否依然保持充分等。

　　e）"7.4 信息交流"中的信息交流情况，包括抱怨等。

　　f）"9.1.4 分析与评价"中对"应对风险和机遇所采取措施的有效性"分析评价的输出。

　　g）"9.1.4 分析与评价"中对"一体化管理体系改进的需求"分析评价的输出，以及"10. 改进"中确定的改进的机会等。

　　管理评审输入内容应包括但不局限于上述内容，凡是与保持、完善、改进一体化管理体系有关的信息都可以列为管理评审输入的内容。重要的是管理评审输入一定要准确、完整、可信，分析评价一定要透彻、客观、公正，改进建议一定要具体、明确、可行。

　　管理评审输入应易于用于确定趋势，以便做出有关一体化管理体系的决策和采取措施。通常，管理评审的输入信息应由各相关职能部门、单位在管理评审前进行准备，各职能部门对管理评审覆盖的时间段的信息进行收集、整理、分析，汇总后形成输入材料，做好管理评审的准备。

▲ 实施要点

　　1）对管理评审输入进行策划，明确需要提供相关输入的部门、单位及内容要求等。

2）各相关职能部门、单位按照管理评审输入策划的安排，在评审前通过收集、整理、分析，形成现实状况、研究分析和改进建议等内容的输入材料，做好管理评审的准备。

3）若策划的时间间隔内进行多次管理评审，每一次可不必覆盖管理评审输入的全部内容，但策划的时间间隔内所进行的管理评审应覆盖管理评审输入的全部内容。

▲ **审核要点**

通过与领导层及主管业务部门有关人员交流，结合查阅有关成文信息，核查管理评审输入的充分性情况。

▲ **常见问题**

管理评审的输入不够全面、充分。

▲ **标准条文**

> 9.3.3　管理评审输出
>
> 管理评审的输出应包括与下列事项相关的决定和措施：
>
> a）一体化管理体系在实现其预期结果方面的持续适宜性、充分性和有效性；
>
> b）持续改进的机会；
>
> c）任何对一体化管理体系变更的需求；
>
> d）资源需求；
>
> e）如需要，目标未实现等情况需采取的措施；
>
> f）如需要，改进一体化管理体系与其他工作和任务过程融合的机会；
>
> g）对发射场战略方向的任何影响。
>
> 最高管理者应就相关的管理评审输出与工作人员及其代表（若有）进行沟通（见7.4）。
>
> 发射场应保留成文信息，作为管理评审结果的证据。

▲ **理解要点**

1）本条旨在确保管理评审能够提供关于一体化管理体系绩效和有效性以及所需的任何决策和措施方面的输出和信息。

管理评审的输出是发射场在分析评价一体化管理体系持续的适宜性、充分性和有效性之后所形成的决定和措施，决定应明确，措施应可行。

2）管理评审的输出应包括：

a）对一体化管理体系在实现预期结果的适宜性、充分性、有效性方面的现状做出的基本评价。

b）做出有关识别改进机会的决策和措施（见10.1），如方针和目标的调整，设施设备、过程、方法、技术的改进等。

c）确定一体化管理体系需要的变更（见 6.3），如对组织结构、职责、权限的调整，规章制度、标准的补充完善等。

d）有关资源需求的决定和措施（见 7.1），如对人员的补充调整，设施设备的更新改造，过程运行、工作环境的改善，知识的更新等。

e）当出现目标未实现等情况时，对是否需要采取措施的决定。

f）改进一体化管理体系与其他工作过程融合的机会。指一体化管理体系的运行与发射场现有的运行机制、文化传统等还存在结合融合的问题，需识别评价出这些问题，并确定需要采取的措施。

g）任何与发射场战略方向相关的改进方面的决定和措施，如落实上级机关有关指示精神及其他顾客要求拟采取的措施等。

管理评审的结果要做出一些改进决策并执行这些决策，但这并不是说每一次的管理评审都要对上述方面做决策，而是根据管理评审输入和评审过程的实际情况确定。管理评审的输出也可能只涉及其中某一方面的改进决策。

3）最高管理者应就相关的管理评审输出与工作人员及其代表（若有）进行沟通，使其及时了解相关情况。

4）应保留管理评审输出结果的成文信息，如管理评审报告、会议纪要等。

▲ 实施要点

1）在对管理评审输入进行全面讨论、分析、评价的基础上，形成与管理评审输出要求有关的决定和措施。

2）就相关的管理评审输出与工作人员及其代表（若有）进行沟通。

3）保留作为管理评审结果证据的成文信息，以证实管理评审得到有效实施。

4）与管理评审决定和措施相关的责任部门采取切实可行的措施，有效落实管理评审的有关决定和措施。

▲ 审核要点

1）通过与领导层及主管业务部门有关人员交流，结合查阅有关成文信息，核查管理评审输出与本条款要求的符合性情况、形成决议措施的落实情况等。

2）通过与工作人员及其代表（若有）进行交流，核查就相关的管理评审输出与相关人员的沟通情况。

3）通过与领导层及有关业务部门、单位人员交流，结合查阅有关成文信息，核查管理评审决定和措施的具体落实情况。

▲ 常见问题

1）管理评审输出未能体现对一体化管理体系的适宜性、充分性和有效性的评审结果。

2）未保留作为管理评审结果证据的成文信息。

3）未就相关的管理评审输出与工作人员及其代表（若有）进行沟通。

4）管理评审的决定和措施未得到有效落实。

3.10　改进

3.10.1　总则

标准条文

10　改进

10.1　总则

发射场应确定和选择改进机会（见第9章），并采取必要措施，以满足顾客要求，增强顾客满意，实现一体化管理体系的预期结果。这应包括：

a）改进工作和任务，以满足要求并应对未来的需求和期望；

b）纠正、预防或减少不利影响；

c）改进一体化管理体系的绩效和有效性。

注：改进的例子可包括纠正、纠正措施、持续改进、突破性变革、创新和重组。

理解要点

1）本章旨在确保发射场实施有效的改进活动，实现一体化管理体系的预期结果。本章是"改进"原则的具体体现，对整个一体化管理体系而言它也是PDCA循环中的"处置"过程。

本条旨在确保发射场确定改进的机会，以及策划并切实地实施相关措施，以实现预期结果和增强顾客满意。通过改进工作和任务、纠正和预防不利影响以及提高一体化管理体系的绩效和有效性等改进措施，可以帮助发射场实现预期结果，持续满足顾客的要求和期望。

2）发射场可以从"9.1监视、测量、分析和评价""9.2内部审核""9.3管理评审"过程中确定改进的机会。改进的方面包括但不限于：

a）改进工作和任务，如完善规章制度及标准、优化流程、改进工艺、缩短周期、提高质量、争取一次做对或提高一次通过率、降低成本、提高效益、改善条件等；

b）纠正、预防或减少不利影响，如通过返工等方式将不符合（不合格）变为符合（合格），通过采取风险防范措施防止不符合（不合格）发生等；

c）改进一体化管理体系的绩效和有效性，如通过严格落实一体化管理体系要求，提高整体管理水平、管理质量及质量安全环境绩效等。

3）改进的方法可以有多种，可以是被动地（如纠正、纠正措施）、渐进地（如持续改进）、跳跃式地（如突破性变革）、创造性地（如创新）或重组（如转型）等多种形式。具体采用何种方式实施改进，发射场应综合考虑其一体化管理体系的成熟度、所面临的风险和机遇、所需的资源与成本等因素确定改进的方法及优先次序。

4）改进的步骤可以包括：

a）建立改进的目标，即考虑从哪些方面进行改进；

b）掌握改进的工具和方法，即通过什么途径实施改进；

c）识别改进的机会，即选择什么合适的时机进行改进；

d）分析确认改进的合理性、可行性，包括资源的充分性，即全面分析是否具备改进的条件；

e）做出改进决定，即研究确定改进方案；

f）实施改进，即具体落实改进方案；

g）监测、评审、确认改进的效果，即评价是否达到了改进的目标，是否需要采取进一步的措施。

实施要点

1）建立有效的改进机制，包括明确改进的职责、范围、时机、程序、方法和要求等，建立激励改进的机制，营造全员积极参与、主动实施改进的氛围和环境，确保改进过程的有效实施和运行。

2）编制、确定、实施改进计划。

3）评价改进效果。

审核要点

1）通过与领导层及业务部门、单位有关人员交流，结合查阅有关成文信息，核查发射场确定和选择改进机会的情况。

2）通过与领导层及业务部门、单位有关人员交流，结合查阅有关成文信息，核查发射场对具体改进的策划和实施情况。

常见问题

1）对改进的策划缺乏系统性的考虑，计划性不强。

2）采取预防性措施不够充分，导致问题时有发生。

3.10.2　事件、不符合（不合格）和纠正措施

标准条文

10.2　事件、不符合（不合格）和纠正措施

10.2.1　发射场应建立、实施和保持包括报告、调查和采取措施在内的过程，以确定和管理事件和不符合（不合格）。当出现事件或不符合（不合格）时，包括来自投诉的不符合（不合格），发射场应：

　　a）及时对事件和不符合（不合格）做出反应，并在适用时：

　　　　1）采取措施予以控制和纠正；

　　　　2）处置后果，包括减轻不利影响。

　　b）在工作人员的参与（见5.4）和其他相关方的参加下，通过下列活动，评价是否需要采取措施，以消除产生事件或不符合（不合格）的根本原因，防止其再次发生或者在其他场合发生：

　　　　1）调查和评审事件或不符合（不合格）；

　　　　2）确定导致事件或不符合（不合格）的原因；

　　　　3）确定是否存在或可能发生类似的事件或不符合（不合格）。

　　c）按照控制层级（见8.1.1）和变更控制（见8.1.2、8.2.4、8.3.6、8.5.6），确定并实施任何所需的措施，包括纠正措施；

　　d）在采取措施前，评价与新的或变化的过程、危险源、重要环境因素相关的质量安全环境风险；

　　e）评审所采取的任何措施的有效性，包括纠正措施；

　　f）需要时，对现有的风险和机遇的评价进行评审，更新在策划期间确定的风险和机遇（见6.1）；

　　g）需要时，变更一体化管理体系。

　　纠正措施应与事件或不符合（不合格）所产生的影响或潜在影响相适应。

　　当工作和任务发生严重、重大质量问题时，发射场应实施问题的技术归零和管理归零。

　　注：技术归零的五条要求：定位准确、机理清楚、问题复现、措施有效、举一反三；管理归零的五条要求：过程清楚、责任明确、措施落实、严肃处理、完善规章。

　　当确认不符合（不合格）是外部供方的原因所致时，发射场应要求外部供方采取纠正和纠正措施，并评价措施的有效性。

10.2.2　发射场应保留成文信息，作为下列事项的证据：

　　a）事件、不符合（不合格）的性质以及随后所采取的任何措施；

　　b）任何措施和纠正措施的结果，包括其有效性。

　　发射场应就有关的成文信息与相关工作人员及其代表（若有）和其他有关的相关方进行沟通。

　　注：及时报告和调查事件可有助于消除危险源和尽快降低相关安全风险。

▲　理解要点

　　1）本条旨在确保发射场处置事件、不符合（不合格），并在适用时实施纠正措施；确保保留成文信息，以便为已按要求完成的纠正或纠正措施提供证据。

　　处理事件、不符合（不合格），进行纠正，采取纠正措施是改进的重要活动和手段，其目的是控制及纠正事件、不符合，减少事件、不符合的危害和影响，消除产生事件、不符合（不合格）的原因，防止事件、不符合（不合格）的再次发生。

2）发射场应寻求永久地消除可能对以下方面产生负面影响的问题的原因和后果：

a）结果；

b）工作和任务、过程或一体化管理体系；

c）顾客满意。

3）"不符合"（GB/T 19000—2016 标准中 3.6.9）是指"未满足要求"。这里的"要求"既包括一体化管理体系的要求，也包括法律法规要求和其他要求，还包括发射场规章制度、标准等的要求，以及工作和任务的要求。

"纠正"（GB/T 19000—2016 标准中 3.12.3）是指"为消除已发现的不合格所采取的措施"。纠正可与纠正措施一起实施，或在其之前或之后实施。

"纠正措施"（GB/T 19000—2016 标准中 3.12.2）是指"为消除不合格的原因并防止再发生所采取的措施"。一个不合格可以有若干个原因。

纠正是针对事件、不符合（不合格）本身所采取的处置措施（如返工、降级、改正等），但该类事件、不符合（不合格）今后可能还会再发生。而纠正措施是为消除导致事件、不符合（不合格）的原因所采取的措施，通过纠正措施的实施，可以达到防止同类事件、不符合（不合格）再次发生的效果。

4）事件、不符合（不合格）的潜在来源和其类型包括但不限于：

a）内外部审核发现；

b）监视和测量结果；

c）不合格输出；

d）顾客或相关方投诉；

e）不符合法律法规要求；

f）未执行规定程序；

g）外部供方的问题；

h）工作人员已识别的问题；

i）上级或责任人的观察或过程巡查；

j）安全防护设备、环境保护设备不能正常工作；

k）人员平地跌倒（无论有无损伤）、听力损伤；

l）设施设备损坏及财务损失；

m）环境污染。

5）当出现事件或不符合（不合格）时，包括来自投诉的不符合（不合格），发射场应采取以下方面的行动：

a）及时对事件和不符合（不合格）做出反应，并在适用时：

ⅰ）采取措施予以控制和纠正，如：出现设施损坏、设备故障情况的，及时进行维修、修复；违反有关安全操作规程、环境管理规定的立即改正等；

ⅱ）处置后果，包括减轻不利影响，如：对因指挥口令、作业文件错误导致的不良后果及时采取有效补救措施；对已经出现的人身伤害、健康损害情况，采取及时医治、调整岗位等措施；对已经形成环境污染的情况，及时采取相应的环境治理措施等。

b）在工作人员的参与（见5.4）和其他相关方的参加下，通过下列活动，评价是否需要采取措施，以消除产生事件或不符合（不合格）的根本原因，防止其再次发生或者在其他场合发生。

ⅰ）调查和评审事件或不符合（不合格）。全面了解事件或不符合（不合格）发生的经过，评审其造成的影响（性质及严重程度）等；

ⅱ）确定导致事件或不符合（不合格）的原因。全面深入分析、确定导致事件或不符合（不合格）的原因，包括直接、间接原因，内部、外部因素等；

ⅲ）确定是否存在或可能发生类似的事件或不符合（不合格）。针对已经发生的事件或不符合（不合格）在所有部门、单位进行举一反三、全面排查。

c）确定并实施任何所需的措施，如经评价认为需要采取措施，应在考虑事件或不符合（不合格）造成的影响程度的基础上，针对分析评价找出的原因，制定切实可行的、适宜的措施，包括纠正措施。

在采取措施时可采用多种方法，包括但不限于：根本原因分析，八步（8D）问题解决法，"五问"分析法，失效模式与影响分析（FMEA），因果分析图等。

确定措施时应符合8.1.1条中控制层级和8.1.2、8.2.4、8.3.6、8.5.6条中变更管理的要求。

采取何种纠正措施取决于事件或不符合（不合格）所带来的相关风险。针对带有普遍性、规律性、重复性或造成重大影响和后果的事件或不符合（不合格）应当采取纠正措施，对偶然的、个别的或需要投入很大成本才能消除原因的事件或不符合（不合格），综合评价事件或不符合（不合格）的影响程度，做出是否需要采取纠正措施的决定。对于一体化管理体系审核中确定的不符合项，均应采取相应的纠正措施。不需要花费很大费用去解决一个带来很小损失的问题。

在评价所需采取的措施时，要考虑可能存在无法消除事件、不符合（不合格）原因的情况。因此，应考虑采取措施，以便能够查明事件、不符合（不合格）的影响并在其再次发生时将其影响降至最低。

d）在采取措施前，评价与拟采取的措施有关的新的或变化的过程、危险源、重要环境因素相关的质量安全环境风险。

e）评审所采取的任何措施的有效性，包括纠正措施。应对采取措施后的效果进行评价，如果采取纠正措施后达到了防止有关事件或不符合（不合格）再次发生的目的，则可以认为该纠正措施有效，否则，应考虑确定并实施更为有效的纠正措施。

f）6.1条要求确定需要应对的风险和机遇，如果已经出现的事件或不符合（不合格）表明此前对风险和机遇的识别不够全面充分时，则应当更新在策划期间确定的风险和机遇。

g）根据所发生的事件或不符合（不合格），以及所需采取措施的情况，需要时，变更一体化管理体系，如针对所采取的调整职责权限、优化工作和任务流程、加强监视测量等措施，及时修订完善有关规章制度、标准。

6）当工作和任务发生严重、重大质量问题时，发射场应从技术和管理两个方面实施质量问题归零工作。

a）技术归零是指针对发生的质量问题，从技术上按"定位准确、机理清楚、问题复现、措施有效、举一反三"的五条要求逐项落实，并形成技术归零报告、技术文件和相关证明材料的活动。

ⅰ）"定位准确"是指确定质量问题发生的准确部位，如哪项工作、哪个环节、哪个单位、哪个人、哪个设施（设备）、哪个部位（部件）、哪个零件（元器件）等；

ⅱ）"机理清楚"是指通过分析、计算或试验等手段，确定质量问题发生的根本原因；

ⅲ）"问题复现"是指通过试验或其他验证方法，复现发生的质量问题，证实定位的准确性和机理分析的正确性；

ⅳ）"措施有效"是指针对发生的质量问题，制定并实施纠正和纠正措施，并经过验证，确保质量问题得到解决；

ⅴ）"举一反三"是指把发生质量问题的信息反馈给本组织、本型号并通报其他组织、其他型号，检查有无可能发生类似模式或机理的问题，并采取预防措施。

b）管理归零是指针对发生的质量问题，从管理上按"过程清楚、责任明确、措施落实、严肃处理、完善规章"的五条要求逐项落实，并形成管理归零报告、相关文件和证明材料的活动。

ⅰ）"过程清楚"是指查明质量问题发生和发展的全过程，分析产生问题的原因，查找管理上的薄弱环节或漏洞。

ⅱ）"责任明确"是指分清造成质量问题的责任单位和责任人，分清责任的主次和大小。

ⅲ）"措施落实"是指针对管理上的薄弱环节或漏洞，制定并落实有效的纠正措施和预防措施。

ⅳ）"严肃处理"是指对由于管理问题造成的质量问题应严肃对待，从中吸取教训，达到教育人员和改进管理工作的目的；对重复性和人为责任质量问题的责任单位和责任人，应根据情节和后果，按规定给予处罚。

ⅴ）"完善规章"是指针对管理上的薄弱环节或漏洞，健全和完善规章制度，从制度上避免质量问题的发生。

质量问题技术和管理归零的具体要求和程序参见 GB/T 29076《航天产品质量问题归零实施要求》。

7）事件、不符合（不合格）的性质以及随后所采取的任何措施的成文信息可以包括事件、不符合（不合格）发生的经过、造成的影响、全部的原因、采取的措施等。任何措施和纠正措施的结果的成文信息可以包括纠正的效果、减轻不利影响的情况、纠正措施的效果等。

8）对于安全方面的事件或不符合，及时报告和调查事件可有助于消除危险源和尽快降低相关安全风险。及时就有关的成文信息与相关工作人员及其代表（若有）和其他有关的相关方进行沟通，可以引起相关人员的思想重视，并落实相关措施，防止事件或不符合的再次发生。

◤ **实施要点**

1）建立、实施和保持确定和管理事件、不符合（不合格）的过程，包括明确部门、单位的职责权限、个人的责任义务、报告的渠道，以及调查、采取措施、评价所采取措施的有效性、更新风险和机遇、变更管理体系、保留成文信息、沟通交流的要求等。安全事件的报告、调查应符合《军队安全管理条例》中的有关规定。

在建立、实施和保持确定和管理事件、不符合（不合格）的过程时，应落实 5.4e）10）条款的要求，安排非管理类工作人员参与。

2）依据建立的过程，处置发生的事件、不符合（不合格）。

◤ **审核要点**

1）通过与领导层及业务部门、单位有关人员交流，结合查阅有关成文信息，了解是否建立确定和管理事件、不符合（不合格）的过程。

2）通过与领导层及业务部门、单位有关人员交流，结合查看现场、查阅有关成文信息，了解是否发生事件、不符合（不合格），核查对其的处理是否符合本条款要求及已建立过程的要求，关注原因分析的全面性、准确性，采取措施的有效性，风险和机遇更新、一体化管理体系变更的及时性，成文信息保持的完备性等方面。

◤ **常见问题**

1）建立的确定和管理事件、不符合（不合格）的过程不够系统、全面，操作性不强。

2）事件、不符合（不合格）的处理不符合本条款要求及所建立过程的要求，如原因分析不准确、采取措施不到位、评价工作未进行、风险和机遇更新及一体化管理体系变更不及时、成文信息未保持等。

3.10.3　持续改进

◤ **标准条文**

10.3　持续改进

发射场应通过下列方式持续改进一体化管理体系的适宜性、充分性和有效性：

a）提升质量安全环境绩效；

b）促进支持一体化管理体系的文化；

c）促进工作人员参与一体化管理体系持续改进措施的实施；

d）就有关持续改进的结果与工作人员及其代表（若有）进行沟通；

e）考虑分析和评价的结果以及管理评审的输出，以确定是否存在需求或机遇，这些需求或机遇应作为持续改进的一部分加以应对。

发射场应保持和保留成文信息作为持续改进的证据。

▲ **理解要点**

1）本条旨在确保发射场持续改进一体化管理体系的适宜性、充分性和有效性。

"持续改进"（GB/T 19000—2016 标准中 3.3.2）是指"提高绩效的循环活动"。

持续改进可包括为了确保或增强输出、工作和任务的一致性而采取的措施，以便提高输出的合格（合规）水平、改进过程能力和减少过程变异、提高绩效、使顾客和有关相关方满意。

2）持续改进的方式包括但不限于以下方面：

a）提升质量安全环境绩效，如提升完成工作和任务的质量、效率，降低质量、安全、环境问题或事件发生率，节能降耗、减少污染物排放、改善生态环境等。

b）促进支持一体化管理体系的文化，如进行一体化管理体系知识的全员培训，在制定规章制度、标准中融入管理体系的有关要求，养成按照一体化管理体系要求开展各项工作和任务的良好习惯等。

c）促进工作人员参与一体化管理体系持续改进措施的实施，如制定鼓励创新改进的相关制度，广泛开展"小发明、小革新、小创造、小设计、小建议""QC 小组"活动等。

d）就有关持续改进的结果与工作人员及其代表（若有）进行沟通。

e）考虑 9.1.4 条中分析和评价的结果以及 9.3 条中管理评审的输出，识别和发现存在的一体化管理体系、过程以及工作和任务方面的改进需求和机遇。这些需求和机遇应作为持续改进的一部分加以应对。

▲ **实施要点**

1）建立持续改进的机制，明确持续改进的职责、途径、方法、步骤、要求等事项。

在建立持续改进的机制时，应落实 5.4d）9）条款的要求，与非管理类工作人员进行协商。

2）开展各方面、各类型、各层次、常态化的持续改进活动。

3）保持和保留成文信息作为持续改进的证据。

▲ **审核要点**

1）通过与领导层及业务部门、单位有关人员交流，结合现场观察、查阅有关成文信息，核查持续改进的策划、实施情况。

2）通过与工作人员及其代表（若有）进行交流，核查就有关持续改进的结果进行沟通的情况。

▲ **常见问题**

1）未针对一体化管理体系适宜性、充分性和有效性方面存在的明显问题实施改进。

2）未就有关持续改进的结果与工作人员及其代表（若有）进行沟通。

第4章　质量安全环境一体化管理体系的建立运行

本章简要介绍质量安全环境一体化管理体系建立的基本步骤，初始状态评审的主要内容，管理体系的实施、保持和持续改进，以及管理体系认证等有关内容。

4.1　质量安全环境一体化管理体系的建立

4.1.1　建立质量安全环境一体化管理体系的基本步骤

质量安全环境一体化管理体系的建立运行是一项系统性工作。对于不同的发射场或发射场所属的不同单位，由于其类型、规模和基础的差异，建立一体化管理体系的过程未必完全相同，总体而言，建立一体化管理体系主要包括工作准备、体系策划与设计、体系文件编写等基本步骤。

4.1.1.1　工作准备

建立一体化管理体系准备阶段的工作主要是为体系策划与设计阶段的工作提供输入，以增强体系策划与设计的针对性，本阶段的工作主要包括：

1）最高管理者决策。发射场建立一体化管理体系首先需要最高管理者做出决策。最高管理者只有真正认识到建立一体化管理体系的必要性和紧迫性，才有可能对管理体系的建立工作给予强有力的支持和资源上的保障，发射场才能在其决策的正确指引下有效地开展工作。最高管理者应通过综合分析发射场的内外部因素，做出一体化管理体系的建设决定，明确建立一体化管理体系的指导思想、遵循原则、主要目标等有关事宜。

2）成立工作组。可由一体化管理体系建设的分管领导、主管部门及有关业务部门人员、技术专家等组成工作组，主要负责一体化管理体系建设的组织计划、体系策划、检查指导，组织文件编写，协调解决有关问题等工作。

3）制定工作计划。明确一体化管理体系建设的阶段划分、各阶段的主要工作、各项工作的责任部门及责任人等，如工作计划有变更，应及时进行调整。

4）人员培训。主要对一体化管理体系组织计划、初始状态评审、体系策划、文件编写等有关人员进行培训，使其准确理解管理体系相关标准及法律法规要求，掌握相关专业知识。

5）初始状态评审。全面了解掌握与发射场质量安全环境管理相关的外部因素、相关方的需求和期望，以及发射场的组织机构、职责分工、人员能力、基础设施、业务活动、危险源、环境因素、规章制度、整体绩效等现状，评价其与一体化管理体系标准要求及适用的法律法规要求和其他要求的符合程度，分析发射场面临的风险和机遇，提出建立一体化管理体系的有关建议。

4.1.1.2　体系策划与设计

本阶段工作以准备阶段工作的输出为输入，完成一体化管理体系的策划与设计，作为体系文件编写阶段的输入，主要工作包括：

1）确定一体化管理体系范围。在充分考虑发射场所处的环境、相关方的需求和期望、组织机构、职能、活动及场所、控制权限及能力的基础上，按照本标准"4.3 确定一体化管理体系范围"的要求确定一体化管理体系范围。

2）确定质量安全环境方针。按照本标准"5.2 方针"的要求，建立发射场的质量安全环境方针。

3）明确组织机构和职责分工。按照本标准"5.3 岗位、职责和权限"的要求，明确发射场的机构组成及其在质量安全环境管理方面的职责和权限。

4）制定质量安全环境目标。按照本标准"6.2 目标及其实现的策划"的要求，建立发射场的质量安全环境目标。

5）确定一体化管理体系所需的过程，策划一体化管理体系文件构成。按照本标准"4.4 一体化管理体系及其过程""7.5.1 总则"的要求，在充分考虑初始状态评审的结果，继承成熟有效管理经验、规章制度的基础上，确定发射场一体化管理体系所需的过程及其文件构成，包括文件的类型、各级文件的构成、各类文件的要素等。管理体系文件在于精、在于简，不在于多，达到有之刚好、无之不行的程度最好。

4.1.1.3　体系文件编写

本阶段工作以策划与设计阶段的结果为输入，按照本标准"7.5 成文信息""8.3 工作和任务的设计和开发"的要求，完成一体化管理体系文件编写，主要工作包括：

1）文件编写分工。宜按照谁分管、谁负责，谁使用、谁负责的原则确定文件编写的负责部门或人员，有关部门或人员参加编写。

2）文件编写。各类文件编写前，拟制相应的编写规范，明确格式、要素等要求，有助于实现各类文件的规范性、针对性、符合性和可操作性。按照本标准"8.3 工作和任务的设计和开发"的要求进行文件编写，有利于确保输入充分、正确，满足相关法律法规要求和其他要求，输出符合标准要求、符合实际工作，使形成的文件实用、管用、好用。

3）文件评审、批准。文件编写完成后，宜广泛征求意见，必要时进行实际验证，组织有关单位、人员进行评审，批准后发布，确保其适宜性、符合性、充分性。

管理体系建立运行中比较普遍的问题是"两张皮"，其表现形式主要有两种，一是管理体系文件与实际工作结合不紧密，导致文件与实际的"两张皮"；二是未能按照管理体系文件规定的要求落实，导致执行与规定的"两张皮"。科学合理地策划管理体系文件，能够有效防止"两张皮"问题的发生，一要避免抛开已有规章制度另搞一套，出现两套制度同时运行且不够协调一致的问题，如管理体系建立前制定有文件管理的相关规定，建立管理体系后又编制了文件管理程序，没有充分考虑规章制度的整合等；二要避免文件内容与实际不符，导致文件不易执行或不能执行的问题，如文件中规定的程序、内容、方法、标准等要求与实际工作脱节等，需要在体系文件编写时加以有效解决。

4.1.2　质量安全环境一体化管理体系的初始状态评审

4.1.2.1　初始状态评审的时机

初始状态评审是在管理体系建设准备阶段所要开展的一项工作，通常在管理体系有关标准要求、法律法规要求及相关专业知识培训后，在管理体系文件策划前进行的活动。

4.1.2.2　初始状态评审的目的

初始状态评审的主要目的是：

1）为制定管理方针、目标提供依据。

2）明确质量、安全、环境管理的重点、风险和机遇。

3）确保管理体系充分关注并满足适用的质量、安全、环境法律法规要求和其他要求。

4）为建立并实施一体化管理体系奠定良好基础。

初始状态评审是一项繁杂的系统工作，其所收集的信息是否准确完整，分析评审是否全面深入，提出的对策建议是否合理可行，对于将要建立的一体化管理体系是否符合发射场实际具有决定性的影响。做好初始状态评审工作，将为后续一体化管理体系的建立实施奠定良好基础，有效避免一体化管理体系的先天不足。

4.1.2.3　初始状态评审的范围

确定初始状态评审范围时一般需考虑以下几方面因素：

1）管理权限。初始状态评审的范围应覆盖发射场管理权限的内涵和外延，避免整体或局部的遗漏。由于质量工作、安全问题及环境影响无处不在，尽管有些部门的质量、安全和环境管理责任不是十分重要和典型，其质量、安全风险及环境影响也相对较小，但在初始状态评审时也不应忽视。

2）现场区域。初始状态评审应确保全面覆盖发射场的不同现场，只要是处于发射场控制之下的现场即便是临时现场，无论其位置如何，也应作为初始状态评审的样本予以关注。当现场或作业内容有较大变化时，应予以特别重视。

3）发射场的服务、活动领域。要从服务、活动的全过程、全方位考虑初始状态评审。从服务角度讲，要考虑航天发射服务的全过程。从活动角度讲，要同时考虑发射场过去、现在和将来三种时态，正常、异常和紧急三种状态下的质量、安全风险及环境因素，还应关注与相关方有关的质量、安全风险及环境因素。

4.1.2.4　初始状态评审的内容

在进行初始状态评审时，应综合考虑发射场（但不限于）以下方面的有关情况：

1）面临的外部环境；

2）相关方的需求和期望；

3）业务活动、危险源、环境因素；

4）适用的法律法规要求和其他要求；

5）现行管理模式、制度体系；

6) 曾经发生过的质量问题、安全及环境紧急情况;

7) 相关管理体系和可利用的资源等;

8) 面临的风险和机遇。

4.1.2.5 初始状态评审的方法

在进行初始状态评审时,可根据发射场的工作、活动性质,采用调查表、面谈、直接检查和测量,参考过去的检查或评审结果,以及使用与工作人员、承包方或其他有关的外部相关方协商的结果等方式。不论采用什么方法,只要能达到全面摸清发射场质量安全环境管理现状的目的即可。

4.1.2.6 初始状态评审的实施

(1) 初始状态评审准备

1) 确定初始状态评审范围。一体化管理体系的范围界定了其在发射场中应用的方式、地点和内容,初始状态评审的范围与一体化管理体系的范围紧密相关。通常情况下,初始状态评审应考虑发射场涉及的所有服务和活动,或者说应考虑其所涉及的所有部门、场所和活动,在对其进行全面分析评价后,为确定一体化管理体系建立范围提供依据。一般来讲,初始状态评审范围≥体系建立范围≥申请认证范围。如果发射场需要在某一范围内实施一体化管理体系,那么初始状态评审的范围至少应覆盖该拟定的范围。

2) 成立初始状态评审工作组。初始状态评审是一项专业性较强的调查研究活动,应根据初始状态评审的范围、复杂程度和资源水平确定评审组的规模和人员构成。评审组成员一般应包括管理体系建立有关部门的人员及有关专业技术人员。除了发射场的内部人员之外,也可借助外部咨询专家的力量,由双方人员共同组成评审组。评审人员应了解有关管理体系标准及相关法律法规要求和其他要求,具备一定的专业知识和管理经验,具有相关的沟通、观察、分析、研究、文字工作等评审技巧和能力。

3) 进行相关培训。评审组组成后应进行必要的技能培训,使其成员全面理解掌握初始状态评审的目的、范围、要求、方法以及相关的法律法规要求和专业知识。

4) 制定评审计划。为了保证评审工作有序、高效进行,应编制评审计划,对评审工作内容、责任人、程序、时间表以及配合部门的人员等做出明确规定。

5) 编制调查和分析用表。除评审组人员亲临现场实地观察和检测之外,比较常用的评审方法是运用调查表进行更为广泛细致的调查。此外,观察、检测或调查到的信息也必须经过填表、登记和汇总之后才能进行分析研究。因此,设计科学、实用的调查、登记和分析图表也是评审工作前期准备的重要内容。应当本着能够全面系统地收集到必要的信息而又便于填写和分析的原则,设计一些适用性好且操作简便的表格。

(2) 信息资料的收集

收集充分的资料和信息,不仅可以使评审人员了解发射场以往的质量安全环境管理状况,而且也可以为更深入地进行调查和评审提供依据,做到有的放矢。信息资料的收集应力求全面、系统、针对性强,分清轻重主次,根据初始状态评审计划的要求和安排有目的、有重点地进行收集。

通常，在初始状态评审时收集的资料和信息包括（但不限于）：

1）国内外航天发射场的质量安全环境管理水平；

2）发射场所处区域的自然环境状况和社会环境状况；

3）发射场适用的质量、安全、环境法律法规要求和其他要求；

4）上级组织及有关业务主管部门对发射场质量安全环境管理现状的评价；

5）相关方的需求和期望以及相关方的资料（包括上级或驻地质量、安全、职业卫生、环保、公安、医疗、消防等主管部门及技术服务部门，周围社区、企事业单位，主要供方的有关情况及联络渠道等）；

6）发射场概况，包括规模、性质、组织机构及职能分配、承担的工作和任务、活动、场所、设施、设备、物（材）料、岗位、工作人员（包括质量、安全、环境管理方面的专业人员）、工作（艺）流程、平面布局等；

7）危险源、环境因素；

8）所使用物料、材料的安全参数，包括种类、特性、年使用量、最高储存量等；

9）所消耗的资源、能源情况，包括名称、型号、规格、消耗情况等；

10）废弃物、污染物的产生量、浓度及处置方式等信息；

11）重要岗位、特种作业、特种设备操作人员持证上岗情况；

12）现有安全防护、环境保护设施设备及其运行情况；

13）安全、环境有关评价、监测报告，包括安全评价报告、环境评价报告、"三同时"验收报告、环境监测报告、职业危害因素监测报告、职业健康体检报告等；

14）以往质量问题，安全、环境事件，违法行为及其调查处理情况；

15）工作人员及相关方有关职业健康安全管理方面的要求、意见、建议、抱怨和处理结论；

16）现行质量、安全、环境规章制度、工作惯例、作业文件等。

需要强调的是，上述过程中进行的危险源、环境因素、法律法规要求和其他要求收集活动主要是为管理体系的建立提供依据，其不能代替管理体系运行过程中所要求的危险源辨识、环境因素识别、法律法规要求和其他要求识别活动。一体化管理体系运行过程中，要依据本标准要求持续进行危险源辨识、及时识别环境因素、及时更新法律法规要求和其他要求。

（3）现场调查

现场调查是在先期收集信息资料的基础上，依据初始状态评审计划对现场进行的实地考察、核实。调查中应注意覆盖发射场的所有服务和活动，覆盖所有工作现场，注意对收集到的信息资料加以验证核实。

（4）分析和评审

分析和评审的主要目的是评判发射场现行质量安全环境管理实践与相应管理体系标准要求及相关法律法规要求和其他要求的符合程度，确定哪些予以继承和保留，哪些进行补充和完善，比如需要建立哪些部门，调整、增加哪些管理职责，增加、修订哪些规章制度、标准，建设、增配哪些设施、设备、人员等。

现场评审之后，评审组应对初始状态评审所得到的全部信息和评审结论进行归类、汇总、分析、评价。将重点放在对基础信息的筛选、分类和分析上，关注对现行质量安全环境管理的总体状况评价，总结管理方面的经验和教训，以便为一体化管理体系建立时各个要素的策划提供依据。同时，关注工作人员和其他相关方的意见和诉求，分析发射场建立一体化管理体系的有利条件和不利因素，有针对性地提出建设性的意见和建议，包括优先项问题、可行的解决办法、最佳实用技术、体系文件构成及未来改进方向和发展机遇等，为一体化管理体系建立策划提供必要信息输入。

（5）初始状态评审总结和报告

将初始状态评审所完成的工作编制成初始状态评审报告，将有利于一体化管理体系的建立、运行和保持。初始状态评审报告内容可包括：

1）初始状态评审的目的、范围。

2）初始状态评审起止时间。

3）参加评审工作的人员及分工情况。

4）评审工作实施过程简述。

5）评审计划的落实和完成情况。

6）质量安全环境管理现状分析，可包括方针、目标、组织机构、职责分配、主要安全风险、重要环境因素、现行控制措施、质量安全环境管理绩效、适用法律法规要求和其他要求及合规性评价、现行管理体系与有关管理体系标准之间存在的差距等。

7）需解决的质量、安全、环境管理优先项问题。

8）建立一体化管理体系的未来发展机遇等。

9）建立、实施一体化管理体系的有关建议，可包括方针及目标的制定、管理体系的范围、组织机构的调整、职责权限界定、基础设施完善、人员培训、体系文件构成等。

4.2　质量安全环境一体化管理体系的运行

4.2.1　一体化管理体系文件的全员培训

一体化管理体系的培训几乎贯穿管理体系建立、实施的全过程，在一体化管理体系文件发布实施之后的全员培训十分重要、必不可少。

（1）培训的对象

一体化管理体系的运行会不同程度涉及其范围内的所有人员，并且需要发射场全体人员的积极参与，要使一体化管理体系的要求落到实处，首先应使有关人员准确掌握相关要求。因此，一体化管理体系实施之前的培训应覆盖其范围内的所有人员，包括最高管理者、各级管理人员、各类工作人员。

（2）培训的目的

通过培训，使一体化管理体系覆盖范围内的所有人员牢固树立管理体系意识，确立对管理体系地位、作用、意义的正确认识，掌握与岗位工作相关的一体化管理体系有关要求。

（3）培训的内容

对领导层、管理层、骨干层、执行层的培训应各有侧重。对所有人员主要进行一体化管理体系的基本理念、基础知识的培训，包括一体化管理体系的地位、作用和意义，质量意识、安全意识、环境保护意识、风险意识、质量管理原则、过程方法、PDCA 循环、基于风险的思维、质量安全环境方针、管理体系运行的基本要求，岗位工作职责、所从事工作和任务的重要性及其对一体化管理体系有效性的贡献，不符合管理体系要求及工作和任务要求的后果等；对领导层的培训侧重于领导作用和承诺的要求等；对管理层的培训侧重于理清按照管理体系要求开展工作的思路、方法，管理体系的文件构成及要素的要求，管理体系自我完善自我改进机制的要求等；对骨干层的培训侧重于掌握管理体系标准的具体要求，能够提出将管理体系要求融入具体业务过程的解决方案，具备评审管理体系文件符合性的能力以及实施内部审核的能力等；对执行层的培训侧重于岗位工作相关的规章制度、标准、完成岗位工作所需的专业知识，以及违反操作规定可能会导致的不良后果、需要采取的应急措施等。

4.2.2　一体化管理体系的实施

一体化管理体系的实施就是在实际工作和任务中具体落实一体化管理体系要求的过程，包括确定内外部环境、确定相关方的需求和期望、危险源辨识、环境因素识别、确定需要遵守的法律法规要求和其他要求、确定需要应对的风险和机遇、建立目标及策划措施、提供所需资源、按照准则进行过程控制、实施监视测量、进行绩效评价等。只有在实际工作和任务中全面具体落实好一体化管理体系的有关要求，才能发挥一体化管理体系的应有作用，实现预期结果。一体化管理体系实施中，要注重以下几方面的工作：

（1）领导要持续重视

领导重视是做好任何工作的重要前提，一体化管理体系的实施同样如此。领导重视既要体现在其思想方法上，更要体现在实际行动中，不仅要体现在体系建立阶段，也要体现在体系实施之中，在制定建设规划、进行工作筹划、方案评审批准、组织工作检查、问题归零确认、开展工作总结等各个环节中贯彻好管理体系要求，身体力行、身先士卒，引导所属人员养成用体系思想策划、按体系方法控制的良好习惯。

（2）骨干要功底扎实

管理体系标准虽然不是什么高深莫测的科学知识，但也不是无师自通的简单要求，而是一种系统完整的科学管理体系，需要深刻领会，融会贯通，有效运用，做到这一点，骨干作用的发挥不可或缺。只有骨干掌握标准灵魂，摸清实际情况，才能提出科学可行、行之有效的管理体系要求落地生根的措施办法，并带动和影响身边人员理解掌握、具体落实管理体系要求。

（3）全员要积极参与

管理体系是给自己用的，不是做给别人看的，不能成为管理体系骨干等少数人的工作、一阵子的工作，而应成为全体人员普遍掌握的管理工具、一以贯之的自觉行动，在工作和任务中落实好管理体系的具体要求。尤其要注意掌握管理体系文件中的刚性要求，如"应""确定""确保""建立""实施""保持""保留""评审""验证""确认"等的具体要求，结合岗位工作实际，明确并落实每项工作的输入、输出，以及程序、方法、标准等过程控制要求，从而有效保证各项工作和任务的过程受控、结果圆满。

4.2.3　一体化管理体系的保持和持续改进

一体化管理体系经过建立、实施阶段，只是完成了管理体系建设的第一步工作，更重要的是要做好管理体系的保持和持续改进工作。

（1）及时进行调整修正

一体化管理体系实施过程中，可能会遇到内外部环境变化的情况，也可能遇到管理体系策划时未考虑到或考虑不够系统、全面、详细的情况，导致实施过程中出现与实际情况脱节、控制不够规范、结果难以保证等问题。发射场应根据有关情况或问题的性质及对管理体系绩效的影响程度及时调整和修正管理体系，保持一体化管理体系的持续适宜性，使其发挥应有作用。

（2）认真组织内部审核

内部审核是发射场对其一体化管理体系的自我检查。发射场应按策划的时间间隔，通过系统、全面、深入的内部审核，判定其一体化管理体系是否符合管理体系有关标准的要求，是否符合其内外部环境，是否符合其一体化管理体系的要求，是否得到了有效的实施和保持，及时发现问题和不足，提出持续改进管理体系的合理建议。

（3）系统进行管理评审

发射场的最高管理者应按照策划的时间间隔对其一体化管理体系进行评审，管理评审的输入应系统、全面、充分，覆盖一体化管理体系的运行范围，通过评审，对其一体化管理体系的持续适宜性、充分性和有效性做出准确评价，形成持续改进一体化管理体系的具体决定，采取措施加以落实，从而保持一体化管理体系的持续适宜性、充分性和有效性，提升质量安全环境绩效。

4.3　一体化管理体系的认证

发射场建立实施一体化管理体系后，根据自身需要选择是否进行认证。认证的主要过程包括：提出申请、受理申请、签订认证合同；提交文件、审核的启动、文件评审；现场审核活动的准备，现场审核活动的实施，编制、批准和分发审核报告，审核的完成；审核评定、批准注册、颁发认证证书；监督审核；再认证等。认证过程流程如图4-1所示。

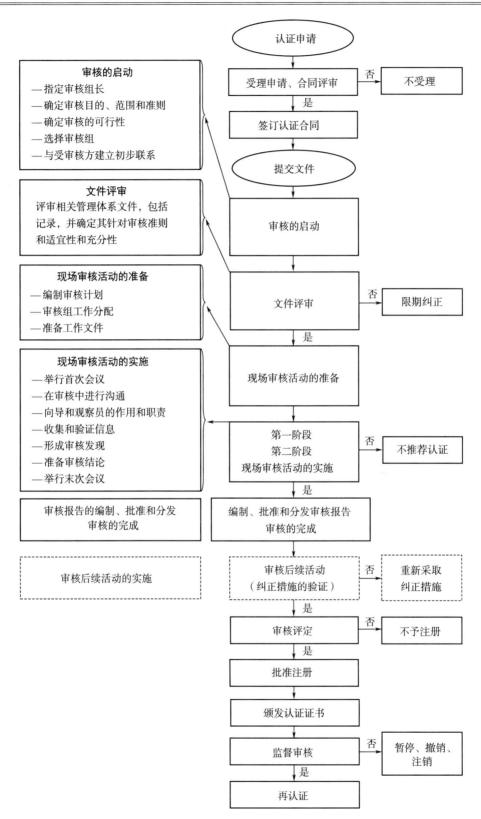

审核的启动
—指定审核组长
—确定审核目的、范围和准则
—确定审核的可行性
—选择审核组
—与受审核方建立初步联系

文件评审
评审相关管理体系文件，包括
记录，并确定其针对审核准则
和适宜性和充分性

现场审核活动的准备
—编制审核计划
—审核组工作分配
—准备工作文件

现场审核活动的实施
—举行首次会议
—在审核中进行沟通
—向导和观察员的作用和职责
—收集和验证信息
—形成审核发现
—准备审核结论
—举行末次会议

审核报告的编制、批准和分发
审核的完成

审核后续活动的实施

认证申请

受理申请、合同评审 —否→ 不受理

是

签订认证合同

提交文件

审核的启动

文件评审 —否→ 限期纠正

是

现场审核活动的准备

第一阶段
第二阶段
现场审核活动的实施 —否→ 不推荐认证

是

编制、批准和分发审核报告
审核的完成

审核后续活动
（纠正措施的验证） —否→ 重新采取
纠正措施

是

审核评定 —否→ 不予注册

是

批准注册

颁发认证证书

监督审核 —否→ 暂停、撤销、
注销

是

再认证

图 4-1　认证过程流程图

（1）提出申请、受理申请、签订认证合同

发射场初步确定管理体系拟认证的范围、方式、时机，选择认证机构，提出认证申请。

确定认证范围时，应明确认证的管理体系，如质量管理体系、职业健康安全管理体系、环境管理体系；明确认证的产品或服务，如航天发射测控服务；明确覆盖的部门、单位、场所。

确定认证方式时，应明确采用单独审核、结合审核中的哪种方式。单独审核是只对其中的一个管理体系进行审核。结合审核是对两个或更多的不同领域的管理体系共同进行的审核。

认证时机的选择可以根据发射场的工作和任务周期性活动合理确定，一般应在管理体系运行3个月以上，且进行了内部审核、管理评审以后。

发射场在初步确定管理体系认证的范围、方式、时机后，即可选择认证机构，商讨有关认证事宜，提出认证申请。

认证机构在接到认证申请及相关资料后，进行评审，确定是否可以受理认证申请。

认证机构确认申请可接受后，发射场即可与其签订认证合同。

（2）提交文件、审核的启动、文件评审

发射场与认证机构签订认证合同后，根据认证机构安排提交相关文件审查材料，一般包括发射场的管理手册、组织机构图、平面布局图、主要危险源及安全风险、重要环境因素、适用的法律法规、相关安全检验报告、环境监测报告等。

认证机构启动审核工作，指定审核组长，确定审核目的、范围和准则，确定审核的可行性，选择审核组，与发射场建立初步联系。

认证机构通常委派审核组长进行文件评审。文件初步评审一般在第一阶段审核前或结合第一阶段审核进行。文件评审完成后，形成文件审查报告。发射场应按文件审查报告中的意见修改完善管理体系文件，经审核员核查符合要求后，审核组方可进行第二阶段的现场审核。结合现场审核还需对文件的符合性、充分性、适宜性进一步审查。

（3）现场审核活动的准备

现场审核活动准备阶段的主要工作包括编制审核计划、现场审核前审核组内部沟通和审核工作分配、准备审核工作文件等。

审核组进入审核现场前，应在与发射场充分沟通的基础上，合理编制现场审核计划，明确审核的起止时间、人员分组、审核内容、审核流程等有关事宜，经认证机构批准后通知发射场做好审核准备工作。

在审核组进入发射场审核前，发射场应主动与审核组沟通，了解人员行程，通报驻地气候条件，准备审核相关文件及审核所需计算机、打印机等办公设备，安排食宿、交通、会议场所、向导等相关事宜。

（4）现场审核活动的实施

初次审核是对发射场的管理体系进行的首次正式审核。初次审核分为两个阶段实施：

第一阶段和第二阶段。

第一阶段审核的目的是了解发射场管理体系的准备情况，确定第二阶段审核的可行性和重点，并明确认证范围。

第二阶段审核的目的是评价发射场管理体系的实施情况，确认管理体系是否符合相关标准和相关认证要求并有效运行，确定是否推荐注册。

现场审核的流程通常为：举行首次会议、收集和验证信息、形成审核发现、准备审核结论、举行末次会议等。

初次认证的审核结论应该是审核组在对第一阶段和第二阶段审核中收集的所有信息和证据进行了分析、评审审核发现后达成的。

为了保证现场审核的顺利有效进行，发射场应为审核组成员安排向导。

向导是发射场指定的协助审核组的人员。向导可以陪同审核组，但不应影响或干扰审核的进行。向导的职责可包括：

1）协助审核员确定面谈的人员并确认时间安排；

2）安排访问发射场的特定场所；

3）确保审核组成员和观察员了解和遵守有关场所的安全规则和安全程序；

4）代表发射场对审核进行见证；

5）在收集信息的过程中，做出澄清或提供帮助。

（5）编制、批准和分发审核报告，审核的完成

审核组长按照认证机构的要求编写审核报告。认证机构按审核方案程序的规定批准审核报告。当审核计划中的所有活动均已完成，并分发了经批准的审核报告时，审核即告结束。

（6）审核后续活动

审核后续活动通常不视为审核的一部分。如果审核组在审核中发现了不符合项，向发射场提出了采取纠正措施的要求，则还需要实施一些审核后续活动。

审核后续活动通常可包括：

1）发射场及时采取措施，以消除所发现的不符合项及其原因；

2）认证机构组织对纠正措施的有效性进行跟踪验证。

（7）审核评定、批准注册、颁发认证证书

认证机构指定进行认证决定的人员（或委员会）对审核组的审核过程及其结果进行评定，做出能否认证注册的结论。认证机构在评审审核发现和结论的基础上作出认证决定，批准注册，颁发认证证书。

（8）监督审核、再认证、特殊审核

监督审核是对已取得认证证书的发射场的管理体系的保持和持续改进情况进行现场检查评价的活动。

监督审核应定期进行，以验证发射场的管理体系是否持续满足审核准则的要求和有关的认证要求，并保持有效运行，以确定是否保持推荐认证注册。

监督审核是现场审核，但不一定是对整个管理体系的审核。监督审核应至少每年进行一次。初次认证后的第一次监督审核应在第二阶段审核后 12 个月内进行。

再认证审核的目的是确认管理体系作为一个整体的持续符合性与有效性，以及与认证范围的持续相关性和适宜性。

认证机构应根据再认证审核的结果，以及认证周期内的管理体系评价结果，做出是否更新认证的决定。

特殊审核包括扩大认证范围、提前较短时间通知的审核。对于已授予的认证，认证机构应对扩大认证范围的申请进行评审，并确定任何必要的审核活动，做出是否可予扩大的决定。认证机构为调查投诉、对变更做出回应或对被暂停的发射场进行追踪，可能需要在提前较短时间通知发射场后对其进行审核。

从上述过程可以看出，认证是一个大过程，而审核是这个大过程中的几个子过程（初次审核、监督审核、再认证审核和特殊审核）。管理体系审核与管理体系认证之间的关系可以用表 4 - 1 简要说明。

表 4 - 1　管理体系审核与管理体系认证的关系

	管理体系审核	管理体系认证
性质	为获得审核证据并对其进行客观的评价，以确定满足审核准则的程度所进行的系统的、独立的并形成文件的过程	按程序对管理体系符合规定要求（标准）提供书面保证的活动
依据	管理体系标准、认证规则、适用的法律法规要求和其他要求、管理体系文件	认可规范、GB/T 19011《管理体系审核指南》
过程	从审核启动到审核完成	从受理申请到初次审核、颁发证书、监督审核、再认证的全过程
实施者	审核组	认证机构
结果	提交审核报告，提出推荐、暂缓推荐和不推荐的意见	做出认证资格的授予、保持、更新、扩大、缩小、暂停、恢复、撤销、注销、变更等认证决定

附 录

《航天发射场质量安全环境一体化管理体系要求》与 GB/T 19001—2016、

GB/T 24001—2016、GB/T 45001—2020 的对应关系

一体化管理体系	GB/T 19001—2016	GB/T 24001—2016	GB/T 45001—2020
1 范围	1 范围	1 范围	1 范围
2 引用文件	2 规范性引用文件	2 规范性引用文件	2 规范性引用文件
3 术语和定义	3 术语和定义	3 术语和定义	3 术语和定义
4 组织所处的环境	4 组织环境	4 组织所处的环境	4 组织所处的环境
4.1 理解组织及其所处的环境	4.1 理解组织及其环境	4.1 理解组织及其所处的环境	4.1 理解组织及其所处的环境
4.2 理解工作人员和其他相关方的需求和期望	4.2 理解相关方的需求和期望	4.2 理解相关方的需求和期望	4.2 理解工作人员和其他相关方的需求和期望
4.3 确定管理体系的范围	4.3 确定质量管理体系的范围	4.3 确定环境管理体系的范围	4.3 确定职业健康安全管理体系的范围
4.4 管理体系及其过程	4.4 质量管理体系及其过程	4.4 环境管理体系	4.4 职业健康安全管理体系
5 领导作用和工作人员参与	5 领导作用	5 领导作用	5 领导作用和工作人员参与
5.1 领导作用和承诺	5.1 领导作用和承诺	5.1 领导作用与承诺	5.1 领导作用和承诺
5.1.1 总则	5.1.1 总则		
5.1.2 以顾客为关注焦点	5.1.2 以顾客为关注焦点		
5.2 方针	5.2 方针		
5.2.1 制定方针	5.2.1 制定质量方针	5.2 环境方针	5.2 职业健康安全方针
5.2.2 沟通方针	5.2.2 沟通质量方针		
5.3 岗位、职责和权限	5.3 组织的岗位、职责和权限	5.3 组织的角色、职责和权限	5.3 组织的角色、职责和权限
5.4 工作人员的协商和参与			5.4 工作人员的协商和参与
6 策划	6 策划	6 策划	6 策划
6.1 应对风险和机遇的措施	6.1 应对风险和机遇的措施	6.1 应对风险和机遇的措施	6.1 应对风险和机遇的措施
6.1.1 总则		6.1.1 总则	6.1.1 总则
6.1.2 质量风险评估			

续表

一体化管理体系	GB/T 19001—2016	GB/T 24001—2016	GB/T 45001—2020
6.1.3 危险源辨识及风险和机遇的评价			6.1.2 危险源辨识及风险和机遇的评价
6.1.4 环境因素识别评价		6.1.2 环境因素	
6.1.5 法律法规要求和其他要求的确定		6.1.3 合规义务	6.1.3 法律法规要求和其他要求的确定
6.1.6 措施的策划	6.1 应对风险和机遇的措施	6.1.4 措施的策划	6.1.4 措施的策划
6.2 目标及其实现的策划	6.2 质量目标及其实现的策划	6.2 环境目标及其实现的策划	6.2 职业健康安全目标及其实现的策划
6.2.1 质量安全环境目标		6.2.1 环境目标	6.2.1 职业健康安全目标
6.2.2 实现目标的措施的策划		6.2.2 实现环境目标的措施的策划	6.2.2 实现职业健康安全目标的策划
6.3 变更的策划	6.3 变更的策划		
7 支持	7 支持	7 支持	7 支持
7.1 资源	7.1 资源	7.1 资源	7.1 资源
7.1.1 总则	7.1.1 总则		
7.1.2 人员	7.1.2 人员		
7.1.3 基础设施	7.1.3 基础设施		
7.1.4 过程运行环境	7.1.4 过程运行环境		
7.1.5 监视和测量资源	7.1.5 监视和测量资源		
7.1.6 组织的知识	7.1.6 组织的知识		
7.2 能力	7.2 能力	7.2 能力	7.2 能力
7.3 意识	7.3 意识	7.3 意识	7.3 意识
7.4 信息交流	7.4 沟通	7.4 信息交流	7.4 沟通
7.4.1 总则		7.4.1 总则	7.4.1 总则
7.4.2 内部信息交流		7.4.2 内部信息交流	7.4.2 内部沟通
7.4.3 外部信息交流		7.4.3 外部信息交流	7.4.3 外部沟通
7.5 成文信息	7.5 成文信息	7.5 文件化信息	7.5 文件化信息
7.5.1 总则	7.5.1 总则	7.5.1 总则	7.5.1 总则
7.5.2 创建和更新	7.5.2 创建和更新	7.5.2 创建和更新	7.5.2 创建和更新
7.5.3 成文信息的控制	7.5.3 成文信息的控制	7.5.3 文件化信息的控制	7.5.3 文件化信息的控制
8 运行	8 运行	8 运行	8 运行

续表

一体化管理体系	GB/T 19001—2016	GB/T 24001—2016	GB/T 45001—2020
8.1 运行的策划和控制	8.1 运行的策划和控制		
8.1.1 总则			
8.1.2 变更管理			
8.2 工作和任务要求	8.2 产品和服务的要求		
8.2.1 顾客沟通	8.2.1 顾客沟通		
8.2.2 工作和任务要求的确定	8.2.2 产品和服务要求的确定		
8.2.3 工作和任务要求的评审	8.2.3 产品和服务要求的评审		8.1 运行策划和控制
8.2.4 工作和任务要求的更改	8.2.4 产品和服务要求的更改		8.1.1 总则 8.1.2 消除危险源和降低职业健康安全风险 8.1.3 变更管理
8.3 工作和任务的设计和开发	8.3 产品和服务的设计和开发		
8.3.1 总则	8.3.1 总则		
8.3.2 设计和开发策划	8.3.2 设计和开发策划		
8.3.3 设计和开发输入	8.3.3 设计和开发输入		
8.3.4 设计和开发控制	8.3.4 设计和开发控制		
8.3.5 设计和开发输出	8.3.5 设计和开发输出	8.1 运行策划和控制	
8.3.6 设计和开发更改	8.3.6 设计和开发更改		
8.4 外部提供的过程、产品和服务的控制	8.4 外部提供的过程、产品和服务的控制		
8.4.1 总则	8.4.1 总则		
8.4.2 控制类型和程度	8.4.2 控制类型和程度		8.1.4 采购
8.4.3 提供给外部供方的信息	8.4.3 提供给外部供方的信息		
8.5 工作和任务的实施	8.5 生产和服务提供		
8.5.1 工作和任务实施的控制	8.5.1 生产和服务提供的控制		8.1 运行策划和控制 8.1.1 总则
8.5.2 标识和可追溯性	8.5.2 标识和可追溯性		8.1.2 消除危险源和降低职业健康安全风险
8.5.3 顾客或外部供方的财产	8.5.3 顾客或外部供方的财产		
8.5.4 防护	8.5.4 防护		
8.5.5 交付后的活动	8.5.5 交付后的活动		
8.5.6 变更控制	8.5.6 更改控制		8.1.3 变更管理
8.6 工作和任务的放行	8.6 产品和服务的放行		
8.7 不合格输出的控制	8.7 不合格输出的控制		

续表

一体化管理体系	GB/T 19001—2016	GB/T 24001—2016	GB/T 45001—2020
8.8 应急准备和响应		8.2 应急准备和响应	8.2 应急准备和响应
9 绩效评价	9 绩效评价	9 绩效评价	9 绩效评价
9.1 监视、测量、分析和评价	9.1 监视、测量、分析和评价	9.1 监视、测量、分析和评价	9.1 监视、测量、分析和评价绩效
9.1.1 总则	9.1.1 总则	9.1.1 总则	9.1.1 总则
9.1.2 顾客满意	9.1.2 顾客满意		
9.1.3 安全环境合规性评价		9.1.2 合规性评价	9.1.2 合规性评价
9.1.4 分析与评价	9.1.3 分析与评价	9.1.1 总则	9.1.1 总则
9.2 内部审核	9.2 内部审核	9.2 内部审核	9.2 内部审核
9.3 管理评审	9.3 管理评审	9.3 管理评审	9.3 管理评审
9.3.1 总则	9.3.1 总则		
9.3.2 管理评审输入	9.3.2 管理评审输入		
9.3.3 管理评审输出	9.3.3 管理评审输出		
10 改进	10 改进	10 改进	10 改进
10.1 总则	10.1 总则	10.1 总则	10.1 总则
10.2 事件、不符合（不合格）和纠正措施	10.2 不合格和纠正措施	10.2 不符合和纠正措施	10.2 事件、不符合和纠正措施
10.3 持续改进	10.3 持续改进	10.3 持续改进	10.3 持续改进

参 考 文 献

[1] 中国国家标准化管理委员会 . 质量管理体系 基础和术语：GB/T 19000—2016 [S]. 北京：中国标准出版社，2017.

[2] 中国国家标准化管理委员会 . 质量管理体系 要求：GB/T 19001—2016 [S]. 北京：中国标准出版社，2017.

[3] 中国国家标准化管理委员会 . 质量管理体系 GB/T 19001—2016 应用指南：GB/T 19002—2018 [S]. 北京：中国标准出版社，2019.

[4] 中国国家标准化管理委员会 . 职业健康安全管理体系 要求及使用指南：GB/T 45001—2020 [S]. 北京：中国标准出版社，2020.

[5] 中国国家标准化管理委员会 . 环境管理体系 要求及使用指南：GB/T 24001—2016 [S]. 北京：中国标准出版社，2017.

[6] 中国国家标准化管理委员会 . 管理体系审核指南：GB/T 19011—2013 [S]. 北京：中国标准出版社，2014.

[7] 中国国家标准化管理委员会 . 风险管理 原则与实施指南：GB/T 24353—2009 [S]. 北京：中国标准出版社，2009.

[8] 中国国家标准化管理委员会 . 风险管理 风险评估技术：GB/T 27921—2011 [S]. 北京：中国标准出版社，2012.

[9] 中国国家标准化管理委员会 . 知识管理 第 2 部分：术语：GB/T 23703.2—2010 [S]. 北京：中国标准出版社，2011.

[10] 中国国家标准化管理委员会 . 知识管理 第 4 部分：知识活动：GB/T 23703.4—2010 [S]. 北京：中国标准出版社，2011.

[11] 中国国家标准化管理委员会 . 航天产品质量问题归零实施要求：GB/T 29076—2012 [S]. 北京：中国标准出版社，2013.

[12] 国家标准局 . 企业职工伤亡事故分类：GB 6441—1986 [S]. 北京：中国标准出版社，1986.

[13] 中国国家标准化管理委员会 . 生产过程危险和有害因素分类与代码：GB/T 13861—2009 [S]. 北京：中国标准出版社，2009.

[14] 中国国家标准化管理委员会 . 建筑消防设施的维护管理：GB 25201—2010 [S]. 北京：中国标准出版社，2010.

[15] 国家卫生和计划生育委员会 . 职业健康监护技术规范：GBZ 188—2014 [S]. 北京：中国标准出版社，2014.

[16] 国家发展与改革委员会 . 变电站运行导则：DL/T 969—2005 [S]. 北京：中国标准出版社，2006.

[17] 中央军委装备发展部 . 质量管理体系要求：GJB 9001C—2017 [S]. 北京：国家军用标准出版发行部，2017.

[18] 中华人民共和国公安部 . 仓储场所消防安全管理通则：GA 1131—2014 [S]. 北京：中国标准出版社，2014.

[19] 中国合格评定国家认可委员会. 管理体系认证机构要求：CNAS - CC01：2015 [Z]. 2015.

[20] 中国合格评定国家认可委员会. CNAS - CC01 在一体化管理体系审核中的应用：CNAS - CC106：2014 [Z]. 2014.

[21] 全国质量管理和质量保证标准化技术委员会，等. 2016 版质量管理体系国家标准理解与实施 [M]. 北京：中国质检出版社，中国标准出版社，2017.

[22] 黄进，等. GB/T 24001—2016《环境管理体系　要求及使用指南》理解与实施 [M]. 北京：中国质检出版社，中国标准出版社，2017.

[23] 陈元桥. 2011 版职业健康安全管理体系国家标准理解与实施 [M]. 北京：中国质检出版社，中国标准出版社，2012.

[24] 李在卿. 质量环境职业健康安全管理体系内部审核员最新培训教程 [M]. 北京：中国质检出版社，中国标准出版社，2016.

[25] 陈全. 职业健康安全风险管理 [M]. 北京：中国质检出版社，中国标准出版社，2011.

[26] 陈全. ISO 45001：2018《职业健康安全管理体系　要求及使用指南》原理与实施 [M]. 北京：中国质检出版社，中国标准出版社，2018.

[27] 全国人民代表大会常务委员会. 中华人民共和国安全生产法：主席令第 13 号 [Z]. 2014.

[28] 全国人民代表大会常务委员会. 中华人民共和国消防法：主席令第 29 号 [Z]. 2019.

[29] 全国人民代表大会常务委员会. 中华人民共和国产品质量法：主席令第 22 号 [Z]. 2018.

[30] 全国人民代表大会常务委员会. 中华人民共和国特种设备安全法：主席令第 4 号 [Z]. 2014.

[31] 全国人民代表大会常务委员会. 中华人民共和国标准化法：主席令第 78 号 [Z]. 2018.

[32] 全国人民代表大会常务委员会. 中华人民共和国职业病防治法：主席令第 24 号 [Z]. 2018.

[33] 全国人民代表大会常务委员会. 中华人民共和国固体废物污染环境防治法：主席令第 43 号 [Z]. 2020.

[34] 中华人民共和国国务院. 危险化学品安全管理条例：国务院令第 645 号 [Z]. 2013.

[35] 中华人民共和国国务院. 医疗废物管理条例：国务院令第 588 号 [Z]. 2011.

[36] 环境保护部. 突发环境事件应急管理办法：环境保护部令第 34 号 [Z]. 2015.

[37] 中华人民共和国国务院. 中华人民共和国认证认可条例：国务院令第 666 号 [Z]. 2016.

[38] 国家安全监管总局. 用人单位职业病危害因素定期检测管理规范：安监总厅安健〔2015〕16 号 [Z]. 2015.

[39] 公安部. 机关、团体、企业、事业单位消防安全管理规定：公安部令第 61 号 [Z]. 2001.

[40] 中华人民共和国国务院. 突发事件应急预案管理办法：国办发〔2013〕101 号 [Z]. 2013.

[41] 应急管理部. 生产安全事故应急预案管理办法：应急管理部令第 2 号 [Z]. 2019.

[42] 中国合格评定国家认可委员会秘书处. 认证机构、实验室、检验机构认可年报 [J]. 中国认证认可，2020（2）：18.